Rainer Jäger
Edgar Stein

Übungen zur Leistungselektronik

Prof. Dr.-Ing. Rainer Jäger
Prof. Dr.-Ing. Edgar Stein

Übungen zur Leistungselektronik

82 Übungsaufgaben mit Lösungen
43 Digitale Simulationen

mit CD-ROM

VDE VERLAG • Berlin • Offenbach

Die Deutsche Bibliothek – CIP-Einheitsaufnahme

Ein Titeldatensatz für diese Publikation ist bei
Der Deutschen Bibliothek erhältlich

ISBN 3-8007-2385-9

Druck: AALEXX Druck GmbH, Großburgwedel 0102

Vorwort

Das vorliegende Übungsbuch ist eine Ergänzung zu dem im selben Verlag in der 5. Auflage erschienenen Lehrbuch „Leistungselektronik – Grundlagen und Anwendungen“. Die dort behandelten Inhalte werden durch die hier angebotenen Übungsaufgaben ergänzt und quantitativ verdeutlicht. Sie dienen der Vertiefung, der Anschauung und auch der Selbstkontrolle der Leser. Viele sind außerdem so ausgerichtet, dass sie über den direkten Bezug hinaus weisen und übergeordnete Einsichten vermitteln. Damit wird angestrebt, den Studierenden möglichst realistische und praxisnahe Vorstellungen der Materie zu vermitteln. Dies betrifft vor allem die Dimensionierung der Bauelemente und ihrer Kühlung, die Auswahl und Berechnung von Stromrichterschaltungen sowie die Bestimmung von Einzelheiten ihrer Betriebseigenschaften.

Die Gliederung des Übungsbuchs entspricht derjenigen des Lehrbuchs, wodurch bei der Bearbeitung der Aufgaben ein gezielter Rückgriff auf die Theorie und den Kontext der Fragestellungen ermöglicht wird. Die Aufgaben haben allesamt engen Praxisbezug. Vielfach sind sie von Problemen aus der konkreten Anwendung heraus abgeleitet. Zu ihrer Lösung sind „Handrechnungen“ nach wie vor ein probates Mittel der Praxis, besonders für zunächst überschlägige und danach vertiefte Klärung mit dem Ziel einer möglichst geschlossenen Lösung. Sie setzen ein solides mathematisches Rüstzeug voraus. Als die dem Ingenieur nützlichste Darstellung der Ergebnisse wird möglichst häufig eine grafisch aufbereitete Lösung angegeben.

Mit der zunehmenden Verbreitung und Leistungssteigerung der Personal Computer werden in der Praxis verstärkt numerische Lösungsmethoden eingesetzt. Die digitale Simulation gehört heute als Werkzeug in der Entwicklung und Projektierung zum Standard. Der Kostendruck sowie kurze Entwicklungs- und Testzeiträume verlangen nach diesen modernen Hilfsmitteln, um Problemstellungen grundlegend zu klären, bevor die kostenträchtige schaltungstechnische Umsetzung begonnen wird. Die Erfahrungen in der Lehre haben aber auch gezeigt, dass eine didaktisch begleitete Simulation ein vorzügliches Mittel ist, um die Funktionsweise von Stromrichterschaltungen anschaulich zu erklären. Nicht zuletzt lassen sich auf diesem Weg im Selbststudium eigene Überlegungen überprüfen. Daher wurden in das Übungsbuch zu allen Sachthemen Simulationen aufgenommen, wobei die zur konventionellen Rechnung unterschiedliche Herangehensweise erläutert wird.

Greift man auf „fertige“ Programmpakete zurück, so stehen die geeignete Modellierung und die ingenieurmäßige Interpretation der Ergebnisse im Vordergrund.

Obwohl in vielen Fällen vorteilhaft, sind fundierte analytische Kenntnisse dazu nicht erforderlich. Um so wichtiger ist die kritische Bewertung der Resultate und der immer wieder herzustellende Bezug zu Messergebnissen an ausgeführten Geräten und Anlagen, um die Möglichkeiten, aber auch die Grenzen der Simulation realistisch einzuschätzen.

Es gibt sowohl ausschließlich unternehmensinterne als auch frei zugängliche Simulationsprogramme, die speziell auf die Erfordernisse der Leistungselektronik, Antriebs- und Regelungstechnik abgestimmt sind. Im vorliegenden Buch wird das Programm Simplorer® der Firma Simec GmbH + Co. KG, Chemnitz, verwendet. Damit lassen sich auch Systeme aus benachbarten Technikfeldern, wie Elektrische Maschinen und Antriebe, Regelungstechnik und Mechanik in einem gemeinsamen Modell abbilden. Diesem Buch liegt eine CD-ROM bei, die eine auf die gestellten Aufgaben abgestimmte Version des Programms enthält. Alle Simulationsbeispiele sind gespeichert und können direkt gestartet werden. Darüber hinaus findet man weitere interessante Anwendungen.

Wir hoffen, dass die Auswahl der Fragestellungen und die dargestellten Lösungen die Arbeit mit dem Lehrbuch wirksam unterstützen. Anregungen für verbesserte Formulierungen und Ergänzungsvorschläge nehmen wir gern entgegen.

Wir danken Herrn Dipl.-Ing. R. Werner vom Lektorat des VDE VERLAGS für die bewährte Unterstützung. Die Firma Simec stellt die Simulations-Software unentgeltlich zur Verfügung. Dafür und für die stets angenehme und fachlich anregende Zusammenarbeit gilt ihr unser besonderer Dank. Für die mühevolle Aufbereitung des Manuskripts zur Druckvorlage danken wir dem Assistenten Dipl.-Ing. (FH) M. Schröder, FH Kaiserslautern.

Koblenz/Kaiserslautern im Januar 2000

Rainer Jäger
Edgar Stein

Inhalt

Benutzerhinweis

In diesem Buch wird vielfach auf das zugehörige Lehrbuch „Leistungselektronik – Grundlagen und Anwendungen“, 5. Auflage, VDE VERLAG, 2000, verwiesen. Dessen Gliederung stimmt mit derjenigen des vorliegenden Übungsbuchs überein, wodurch ein schneller Zugriff auf den Kontext der Aufgaben ermöglicht wird. Den Verweisen auf Abschnitte, Bilder, Gleichungen und Tabellen des Lehrbuchs ist jeweils ein **L** vorangestellt.

Das Buch enthält drei Kategorien von Übungsaufgaben, die durch folgende Icons gekennzeichnet sind:

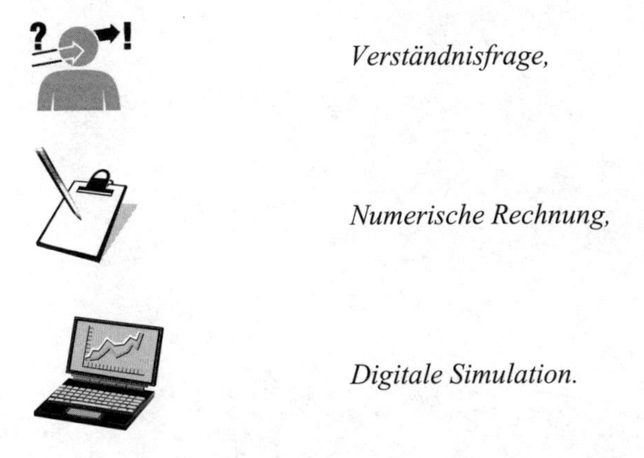

Schon in der Aufgabenstellung wird so dem Leser die Lösungsmethode angezeigt, und er kann – auf Wunsch – eine Vorauswahl treffen.

Alle Simulationsaufgaben sind mit dem Programm Simplorer® der Firma Simec GmbH + Co KG, Chemnitz, bearbeitet. Die dafür verwendeten Schaltbilder geben die Darstellung in der Form dieses Programms wieder, die nicht völlig den geltenden europäischen Normen entspricht. Sie wurde jedoch zugunsten der Vergleichbarkeit mit eigenen Ergebnissen der Leser nicht verändert. Entsprechendes gilt für die Zeitdiagramme der Systemgrößen. Sie enthalten als Ordinatenachsen-Beschriftung lediglich die verwendeten Skalierungsfaktoren, nicht aber die dargestellten Größen. Diese Systemgrößen sind teils direkt an den Zeitverläufen, teils in Form der benutzten Messpunkte an der rechten oberen Ecke der Diagramme angegeben.

Anmerkend sei darauf hingewiesen, dass Simplorer die Dateien beim Simulatorstart automatisch speichert, wodurch vorgenommene Änderungen in den Beispielen sofort übernommen werden. Um die Buchbeispiele in ihrem ursprünglichen Zustand zu erhalten, ist es daher sinnvoll sie vor der Simulation zu sichern, bzw. sie vor Änderungen unter einem neuen Namen abzuspeichern.

0 Einführung in das Simulationssystem Simplorer

Simplorer ist ein Simulationssystem, das speziell für die Anforderungen der Leistungselektronik und der Antriebstechnik entwickelt wurde. Die nachfolgende Beschreibung ermöglicht einen schnellen Einstieg in das Programm. Wegen der hier notwendigen Beschränkung auf die Grundlagen wird ergänzend auf die ausführliche Anleitung hingewiesen, die auf der beiliegenden CD-ROM enthalten ist.

Zur Beschreibung von Sachverhalten sind in der Einführung folgende Darstellungsarten verwendet:

- <Bearbeiten> Schaltfläche zum Betätigen einer Auswahl
- DATEI ÖFFNEN Menüfolge zum Ausführen einer Aktion
- «Eigenschaften» Text in Menüs, Optionen-Feldern und Funktionen in Kontextmenüs

In vielen Fällen sind Kontextmenüs mit speziellen Funktionen verfügbar. Sie sind mit einem rechten Mausklick zu öffnen. Wenn nicht ausdrücklich auf die rechte Maustaste hingewiesen wird, so ist immer die linke Maustaste gemeint.

0.1 Installation

Die in der **Tabelle 0.1.1** genannten Werte entsprechen nicht einer Mindestvoraussetzung für Simplorer, sondern sind Anhaltspunkte für eine zufriedenstellende Programmfunktion. Grundsätzlich sind schnellere Rechner zu empfehlen, um hinsichtlich der Rechenzeit die volle Leistungsfähigkeit zu erhalten.

Tabelle 0.1.1 Hardwarevoraussetzungen und Betriebssysteme

CPU	Pentium
Arbeitsspeicher	32 MByte
Festplatte	70 MByte (2GByte)
Betriebssystem	Windows 95/98 Windows NT Windows 2000/ME

Für die vollständige Installation wird ein Festplattenspeicher von etwa 70 MByte benötigt. Die Ausgabe der Simulationsergebnisse beansprucht mitunter wesentlich mehr Speicherplatz. Dies muss bei der Auswahl und Konfiguration der Festplatte berücksichtigt werden.

Zur Installation des Simplorers gilt folgenden Vorgehensweise:

1. Einlegen der Installations-CD in das CD-ROM-Laufwerk; das Setup-Menü wird automatisch gestartet.

2. Beginnen des Setup-Programms mit <Installation>.

3. Befolgen der Anweisungen des Setup-Programms.

Wird das Setup-Programm nicht automatisch gestartet, so muss über den Windows-Explorer die Datei SETUP.EXE auf der Installations-CD des Simplorers aufgerufen werden.

Die Simulationsdateien zu den einzelnen Übungsaufgaben befinden sich nach der Installation in dem Verzeichnis ...\SIMPLORER\Beispiele\Buch\Kapitel 1 bis Kapitel 9\.

Die diesem Buch beiliegende Version des Programms ist gegenüber der käuflichen Basisversion hinsichtlich ihrer Leistungsfähigkeit eingeschränkt. Die **Tabelle 0.1.2** gibt einen Überblick der Einschränkungen.

Tabelle 0.1.2 Unterschied zwischen Simplorer-Basisversion und -Übungsbuchversion

Basisversion	Übungsbuchversion
Programm-Module	***Programm-Module***
• Simplorer-Texteditor	• Simplorer-Texteditor
• Graphische Eingabe Schematic	• Graphische Eingabe Schematic
• Modelldatenbank Model Agent	• Modelldatenbank Model Agent
• Simulator	• Simulator
• Postprozessor DAY	• Postprozessor DAY
• Postprozessor DAY Optim	• Postprozessor DAY Optim
• Experimentator	• Experimentator
Standard-Modell-Bibliotheken	***Standard-Modell-Bibliotheken***
Systembegrenzung	***Systembegrenzung***
maximale Anzahl der Systemgrößen	eingeschränkte Anzahl der Systemgrößen

0.2 Simplorer Übersicht

Das Simulationssystem Simplorer besteht aus einzelnen Programm-Modulen, wobei jedes Modul einem der nachfolgenden Aufgabenbereiche zugeordnet werden kann:

- Projektverwaltung,
- Modellierung,
- Simulation und,
- Auswertung.

Hinsichtlich dieser Aufgaben ergibt sich die im **Bild 0.2.1** dargestellte Programmstruktur. Als Steuerzentrale ist der *SSC-Commander* (SSC → Simplorer-Simulation-Center) für die Projektverwaltung zuständig, d. h. für das Verwalten und Anlegen aller Dateien und der benutzerbezogenen Einstellungen. Aus ihm heraus werden die aufgabenspezifischen Programm-Module zur Modellierung, Simulation und Auswertung gestartet.

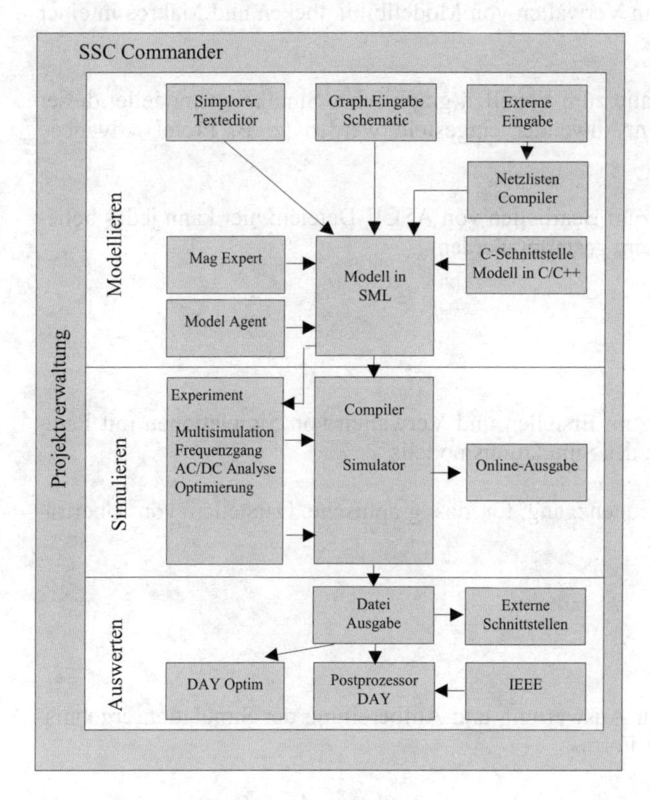

Bild 0.2.1 Programmstruktur von Simplorer

Die einzelnen Programme sind in der nachfolgenden Liste aufgeführt und können über die Icons im SSC Commander ausgewählt werden.

Simplorer Programmliste

- Modellieren und Simulieren

Simplorer-Schematic zum Erstellen von graphischen Simulationsmodellen

Simplorer-Texteditor zum Erstellen von Simulationsmodellen in SML Text

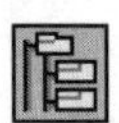

Model Agent zum Verwalten von Modellbibliotheken und Makros in einer Modelldatenbank

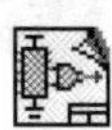

Externes Schematic zum Erstellen graphischer Simulationsmodelle; dieser Editor kann vom Anwender eingestellt werden (z. B. Protel Advanced Schematic)

Externer Editor zum Bearbeiten von ASCII-Dateien; hier kann jedes beliebige Textprogramm gestartet werden

- Simulieren

Experimentator zum Erstellen und Verwalten von Simulationen mit Parametervariationen des Simulationsmodells

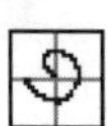

Analytischer Frequenzgang für das graphische Darstellen von Übertragungsfunktionen

- Auswerten

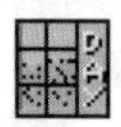

Postprozessor zur Auswertung und Aufbereitung der Simulationsergebnisse in graphischer Form

Postprozessor zur Auswertung von Optimierungsläufen

Somit ergibt sich die in **Bild 0.2.2** aufgezeigte grundsätzliche Herangehensweise:

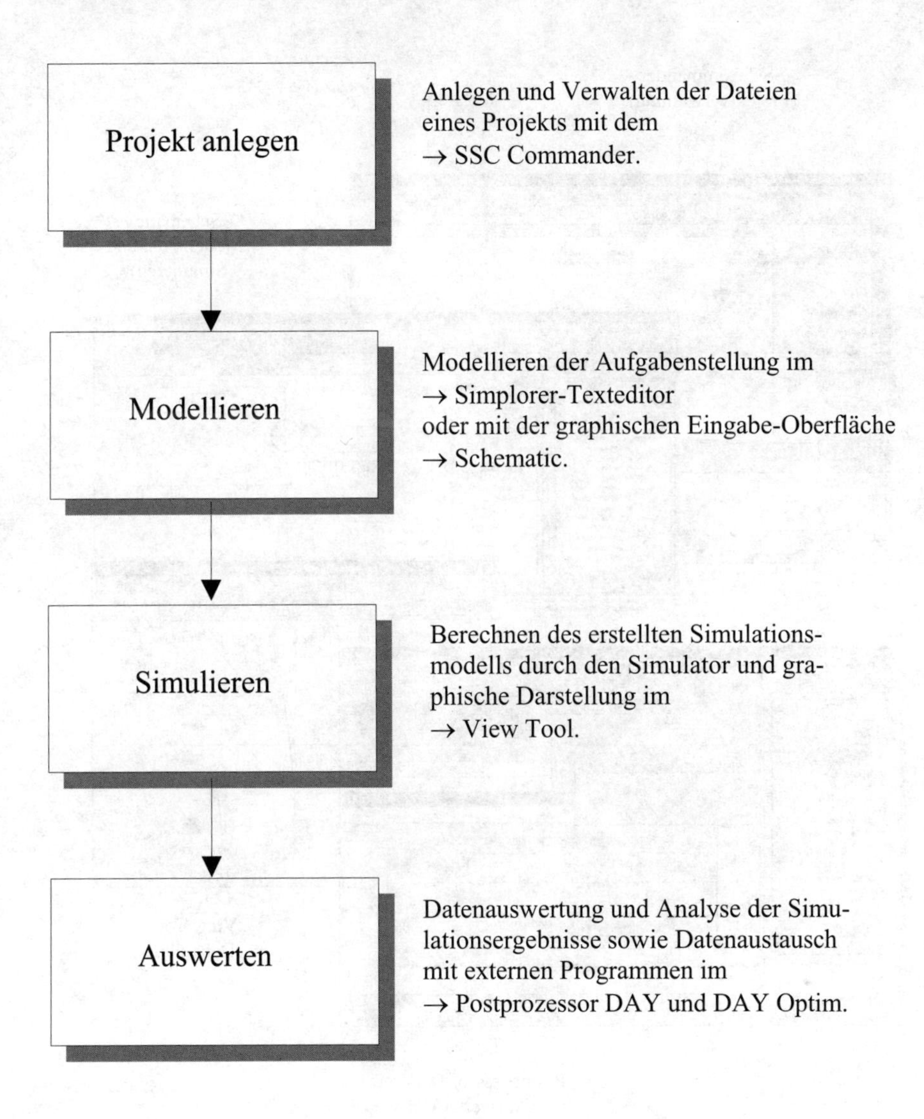

Bild 0.2.2 Schritte zur Problemlösung

Eine mögliche Arbeitssitzung könnte somit, ausgehend von der in Bild 0.2.2 gezeigten Verfahrensweise, folgende Simplorer-Programme zeigen (**Bild 0.2.3**).

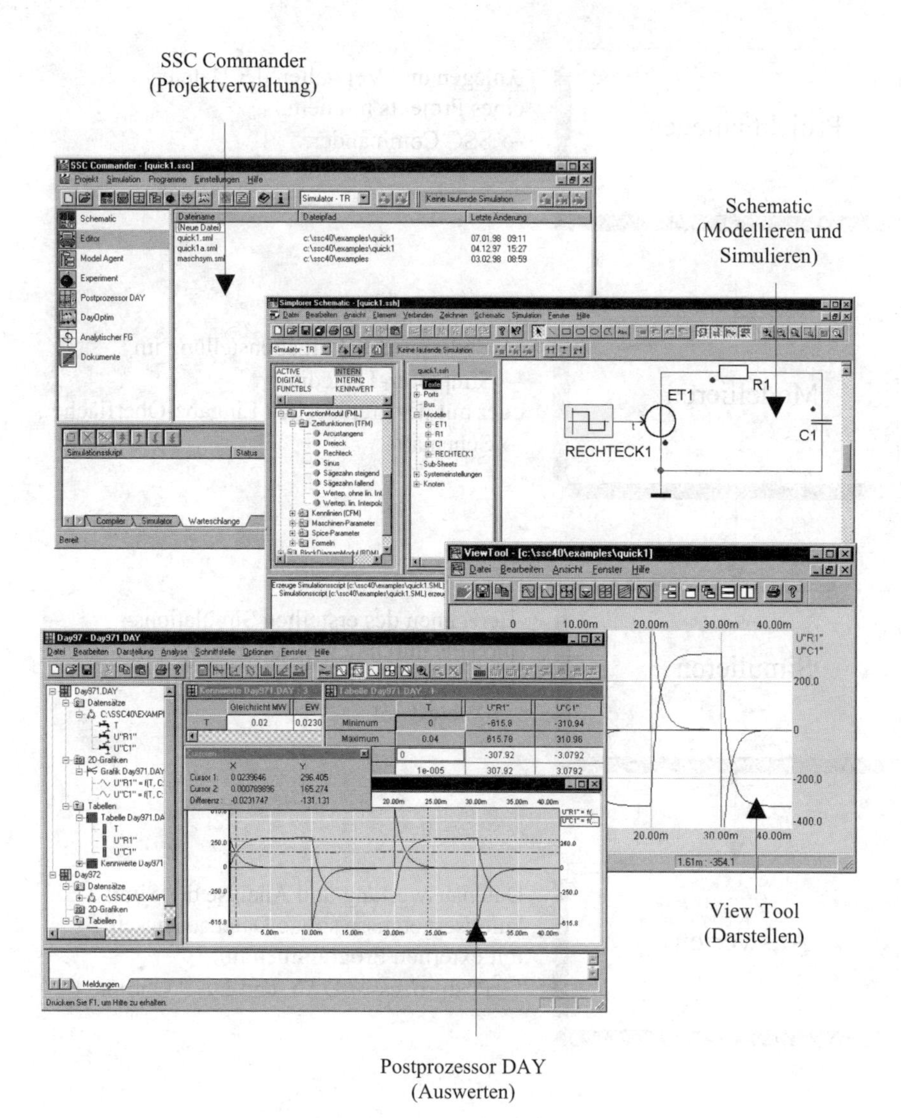

Bild 0.2.3 Geöffnete Simplorer-Programme während einer Arbeitssitzung

0.3 SSC Commander

Der SSC Commander ist, wie schon erwähnt, die Steuerzentrale von Simplorer. Hier werden die Programm-Module der Programmliste gestartet, Projekte verwaltet und Optionen für die Programmumgebung festgelegt.
Nach dem Laden eines Projekts (Auswahl von <Letztes Projekt> beim Programmstart oder PROJEKT ÖFFNEN) präsentiert sich das in **Bild 0.3.1** dargestellte Fenster des SSC Commanders.
In einem Projekt sind alle Dateien (Simulationsdaten, Kennlinien usw., siehe Tabelle 0.3.1), die zu einer Simulationsaufgabe gehören, zusammengefasst. Das Anlegen, Öffnen, usw. von Projekten erfolgt in der Menüleiste unter PROJEKT.
Das Einfügen von Dateien aus den einzelnen Programmmodulen, wie z. B. Schematic, Postprozessor DAY, in die Dateiliste eines Projekts geschieht entweder automatisch beim Speichern oder über eine Abfrage. Nicht zu einem Projekt gehörende Dateien können in den jeweiligen Programmen über das Menü DATEI geöffnet werden sowie nachträglich editiert und zur Dateiliste des Projekts ergänzt werden.

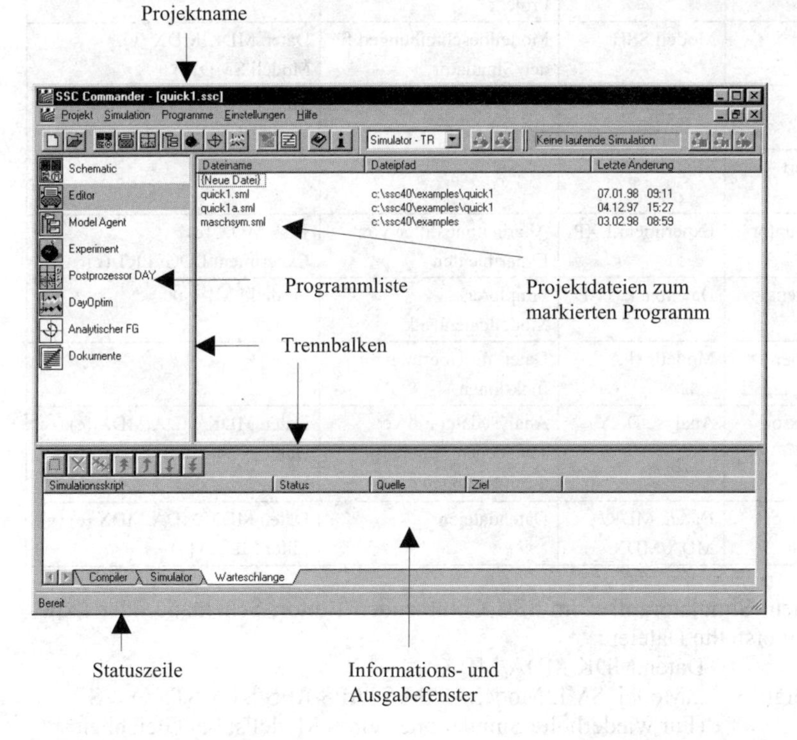

Bild 0.3.1 SSC Commander

Das linke Teilfenster des SSC Commanders enthält die Icons der Simplorer-Programme. Das rechte Fenster zeigt die Projektdateien zum ausgewählten Programm. Im Informations- und Ausgabefenster gibt der Simulator während der Simulation aktuelle Meldungen und Fehler des Compilers und des Simulators aus und zeigt die aktuellen Simulationsaufträge in der Simulatorwarteschlange.

Die Dateistruktur

Simplorer verwendet und erstellt eine Vielzahl programmspezifischer Dateien. Die **Tabelle 0.3.1** gibt einen Überblick der verwendeten Dateierweiterungen und die Verwendung in den verschiedenen Programm-Modulen.

Tabelle 0.3.1 Die Programm-Module und die dazugehörigen Dateien

Programm-Modul	Datei	Beschreibung	Erstellte (e) oder verwendete (v) Dateien
SSC Commander	Projekt.SSC	Dateiverwaltung für Projekt	
Schematic	Modell.SSH	Modellbeschreibungen für den Simulator	Daten.MDK/MDX (v), Modell.SML (e)
Simplorer-Texteditor	Modell.SML		Model.SML (e) (v)
Mag Expert	Modell.MEP		
Experimentator	Experiment.EXP	Abarbeitungsfolge von Experimenten	Task.MDX (e) Experiment.LOG/ PRT (e)
Model Agent	Datenbank.SMD	Simplorer Modelldatenbank	Modell.SML (v)
Analytischer Frequenzgang	Modell.AFA	Daten für Übertragungs-funktionen	
Postprozessor DAY	Analyse.DAY	Analysedatei mit verschiedenen Simulationsergebnissen	Daten.MDK/MDA/MDX (e) (v) Daten.XLS/MDB (e) (v)
Postprozessor Day Optim	Daten..MDK/ MDA/MDX	Datendateien	Daten.MDK/MDA/MDX (e) (v) Filter.FIL (e) (v)

Nach einem Simulatoraufruf im SSC Commander, Editor, Schematic oder Experimentator erstellte Dateien:

- Daten: Daten.MDK/MDA/MDX
- Temporär: ...Model_SML\Model.AUS/LST/IPS/RES/STA/STK/AWS (Für wiederholte Simulationen eines Modells: bei Gleichheit keine Neuerstellung)

0.4 Modellieren mit Schematic

Schematic ist die graphische Eingabeoberfläche von Simplorer. Die Erstellung eines Simulationsmodells mit Schematic erfolgt in graphisch anschaulicher Form. Es werden

1. die Elemente aus den installierten Bibliotheken ausgewählt,
2. die Elemente auf der Arbeitsfläche (Sheet) angeordnet und verbunden,
3. die Elementeigenschaften festgelegt,
4. die Simulationsparameter definiert,
5. der Simulator aufgerufen und eine SML-Datei (Modellbeschreibungssprache: **S**implorer **M**odeling **L**anguage) generiert.

Das View Tool stellt die als graphische Ausgaben definierten Größen dar. Bei fehlerhaften oder unvollständigen Modellen erscheinen im Informations- und Ausgabefenster Warnungen oder Fehlermeldungen. Weiter gehören zum Schematic eine Reihe von graphischen Gestaltungselementen, mit denen die erstellte Schaltung anschaulich dokumentiert werden kann.

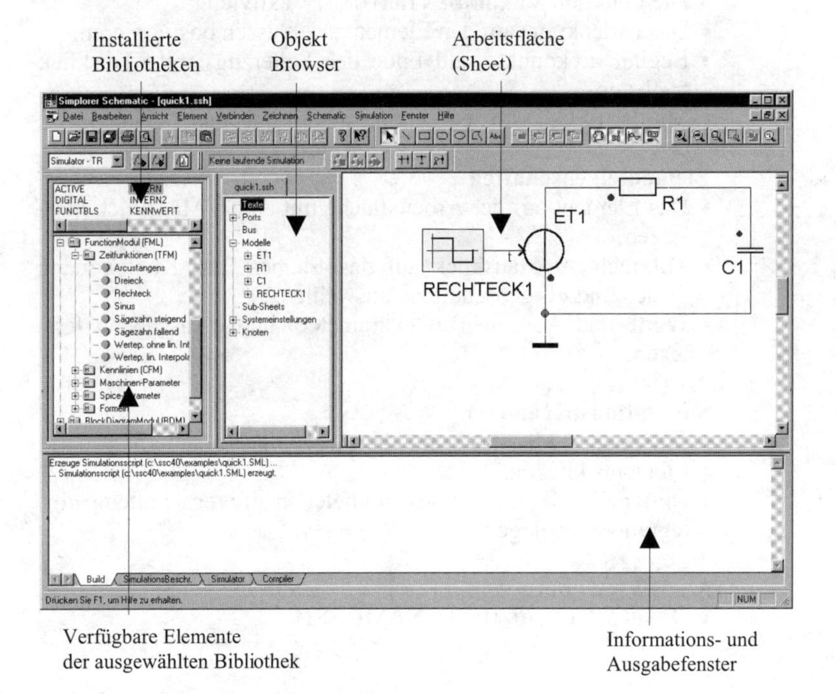

Bild 0.4.1 Graphische Eingabe Schematic

0.4.1 Modellierung

Das prinzipielle Vorgehen für das Erstellen eines Simulationsmodells zeigt das Ablaufdiagramm in **Bild 0.4.2**.

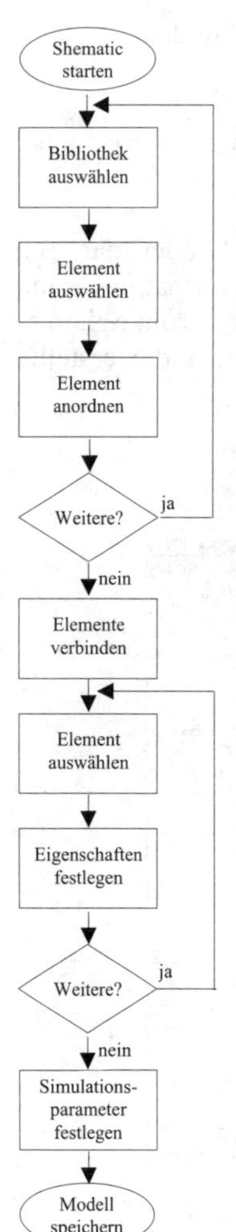

Platzieren
- Im Fenster «Installierte Bibliotheken» mit Mausklick eine Bibliothek markieren.
- Im Fenster «Verfügbare Elemente» mit Mausklick ein Element markieren.
- Das Element mit gedrückter Maustaste auf die Arbeitsfläche ziehen und platzieren (Drag & Drop).
  → Das markierte Element kann durch Drücken der R-Taste (Rotate) gedreht oder der F-Taste (Flip) gespiegelt werden.

Verbinden
- Die Funktion VERBINDEN LEITUNGEN aktivieren.
- Das Fadenkreuz auf den Elementanschlüssen positionieren.
- Beginn, Eckpunkte und Ende des Leiterzugs mit Mausklick festlegen.
- Mit der ESC-Taste den Leitungsmodus beenden.

Elementeigenschaften
- Das Element auf der Arbeitsfläche mit einem Mausklick markieren.
- Mit rechtem Mausklick auf das Element das Kontextmenü öffnen und «Eigenschaften» auswählen.
- Werte und Ausgaben in «Parameter» und «Ausgaben» festlegen.

Simulationsparameter
- Mit rechter Maustaste auf die Arbeitsfläche außerhalb eines Elements klicken.
- Optionen und Simulationsparameter in «Eigenschaften» «Integration» festlegen

Modell speichern
- DATEI SPEICHERN UNTER NAME.SSH

Bild 0.4.2 Erstellen eines Modells

0.4.2 Bibliotheken

Im linken Teilfenster (**Bild 0.4.3**) werden die installierten Bibliotheken angezeigt. In Abhängigkeit der ausgewählten Bibliothek erscheinen in einem Verzeichnisbaum die enthaltenen Elemente.
Eine Auswahl der standardmäßig installierten Bibliotheken zeigt **Tabelle 0.4.1**.

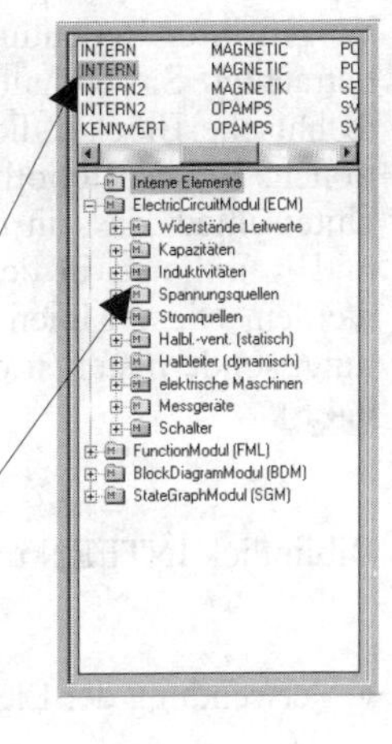

Bild 0.4.3 Bibliotheksauswahl

Tabelle 0.4.1 Auswahl einiger Standardbibliotheken

Bibliothek	Beschreibung.
DISPLAY	Elemente für die graphische und numerische Ausgabe der Simulationsergebnisse während der Simulation auf der Arbeitsfläche.
INTERN	Elektrische Bauelemente, Regelungstechnische Blöcke, Elemente für Zustandsgraph, Kennlinien, Zeitfunktionen.
INTERN2	Analog zu INTERN, aber die Elemente sind ohne graphischen Steuereingang, d. h. der Bezug zu anderen Elementen wird über den Namen hergestellt (siehe Bild 0.4.4 und Bild 0.4.5).
KENNWERT	Funktionen zur Beschreibung charakteristischer Kennwerte von Signal- und Zeitverläufen.
LEITUNG	Makros, die basierend, auf der Gamma-Ersatzschaltung, Leitungssegmente simulieren.
LEHRBUCH	Modelle zum Lehrbuch
MAGNETIK	Elektromagnetische Bauelemente.
TRANSFMR	Transformatorenmodelle.
USER	Verzeichnis für Nutzer-Bibliotheken

Weiterhin sind u. a. Herstellerbibliotheken von ANALOG DEVICES, FUJI, MAXIM, NATIONAL, SEMIKRON ... verfügbar, sowie weitere optionale Bibliotheken.

Wegen ihrer Bedeutung werden die Bibliotheken INTERN und INTERN2 näher betrachtet. Sie enthalten die Modelle der elektrischen Bauelemente, Regelungstechnische Blöcke, die Elemente für Zustandsgraphen, Kennlinien und Zeitfunktionen. Beide Bibliotheken verwalten Elemente gleicher Funktionalität mit dem Unterschied, dass in der Bibliothek INTERN Verknüpfungen zu Zeitfunktionen und Kennlinien in der graphischen Eingabe mit einer Verbindungslinie erstellt werden. Diese Linien sind keine Verbindungen im Sinne einer elektrischen Leitung, sondern stellen nur eine optische Zuordnung her (siehe **Bild 0.4.4** und **Bild 0.4.5**).

Bibliothek INTERN und INTERN2

• Verwendung der Elemente der Bibliothek INTERN

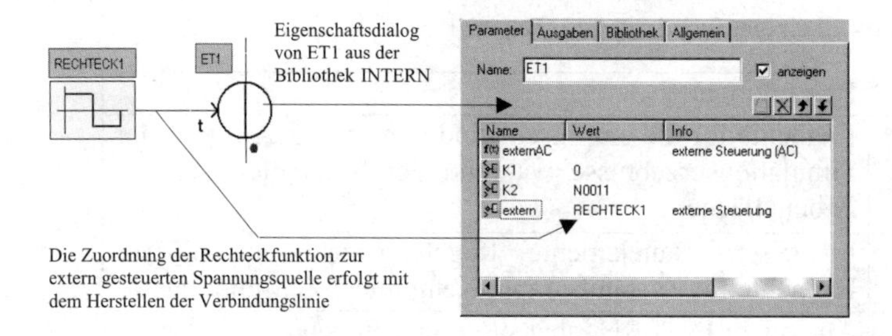

Bild 0.4.4 Element aus der Bibliothek INTERN

• Verwendung der Elemente der Bibliothek INTERN2

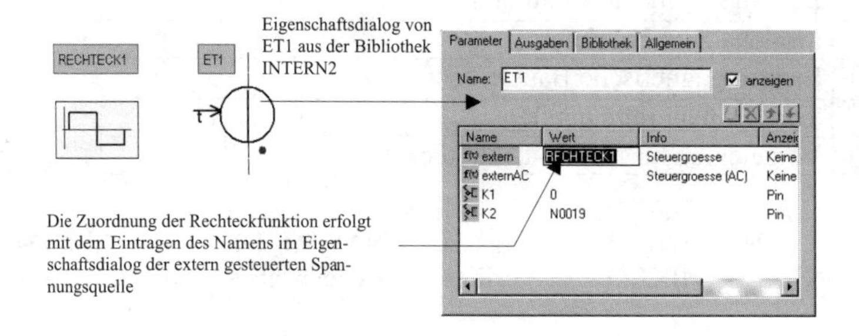

Bild 0.4.5 Element aus der Bibliothek INTERN2

0.4.3 Platzieren und Verbinden von Elementen

Beim Verbinden und Platzieren von Elementen muss die Art der Elementengruppe berücksichtigt werden. So können z. B. Elemente des elektrischen Netzwerks nicht mit Block- und Zustandselementen graphisch verknüpft werden. Die Verknüpfung erfolgt entweder über eine Namenszuweisung bei Zustandgraphen oder über ein dafür speziell vorhandenes Element bei Blockdiagrammen.

Elemente auf der Arbeitsfläche platzieren

Element im Modellbaum der Bibliothek anklicken und mit gedrückter Maustaste auf die Arbeitsfläche ziehen.

Masseknoten

Auswahl des Masseanschlusses mit dem Icon [I] in der Symbolleiste oder in der Menüleiste VERBINDEN MASSE (Strg + G).

Der Masseknoten stellt für das Netzwerk einen Bezugspunkt dar, der nicht mit einem real existierenden physikalischen Massepunkt zu verwechseln ist. So benötigt das in **L** Abschnitt 4.3.1, beschriebene Verfahren der Knotenspannungsanalyse einen Bezugsknoten, gegen den die Spannungen aller anderen Knoten angegeben werden. Somit muss ein Masseanschluss immer in einem elektrischen Netzwerk vorhanden sein. Für die Wahl des Bezugsknotens kann jeder Knoten ausgewählt werden, wobei die Lage des Knotens die numerische Stabilität beeinflusst. Das Analyseverfahren ordnet diesem Bezugsknoten das Potential null zu.

Elemente anordnen

Ein markiertes Element kann mit der R-Taste gedreht (Rotate) oder mit der F-Taste (Flip) gespiegelt werden.

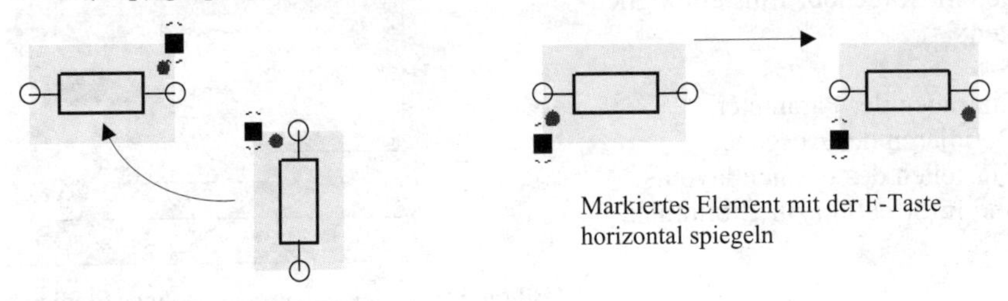

Bild 0.4.6 Rotieren und Spiegeln von Elementen

Elemente verbinden

Aktivieren des Leitungsmodus mit dem Icon in der Symbolleiste oder VERBINDEN LEITUNG (Strg + W). Der Cursor verwandelt sich in ein Fadenkreuz, das auf den Elementanschlüssen platziert wird. Ein Mausklick legt jeweils Anfang und Ende einer Verbindung und Eckpunkte fest. Die Taste ESC beendet den Leitungsmodus.

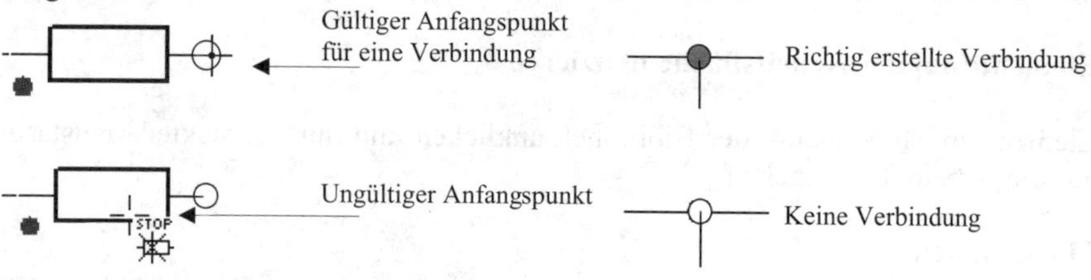

Bild 0.4.7 Verbinden von Elementen

Elemente

Jedes Element wird durch seinen Namen und seine Parameter bestimmt.

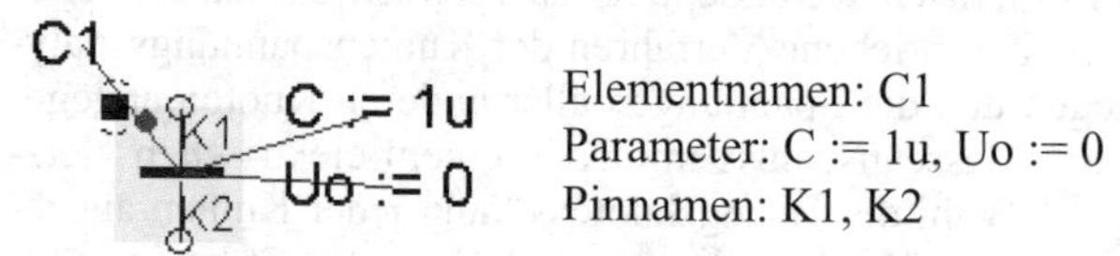

Bild 0.4.8 Kondensator aus der Bibliothek INTERN oder INTERN2

Ein Doppelklick mit der Maus auf das Elementsymbol öffnet das Eigenschaftsmenü. Es beinhaltet unter anderem folgende Einstellmöglichkeiten:

- Eintragen der Parameter,
- Definieren der Ausgabe,
- Einstellen des Elementlayouts,
- und Information zur Bibliothek.

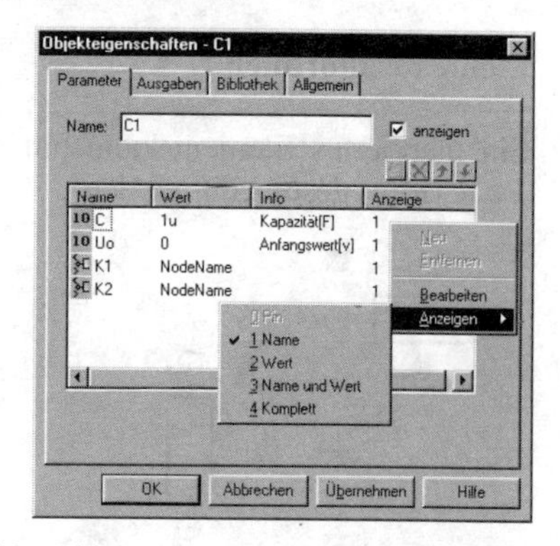

Bild 0.4.9 Objekteigenschaften eines Elements

Ein roter Punkt in der Darstellung des Elements kennzeichnet immer den Anschlussknoten K1. Ein in den Anschluss K1 fließender Strom wird positiv gezählt. Für die Spannung zwischen dem Knoten K1 und dem Knoten K2 gilt daraufhin auch eine positive Zählrichtung. Sonderfälle sind aktive Quellen. Dort wird bei positiver Zählrichtung des Stroms die Spannung negativ gezählt.

In **Bild 0.4.10** ist in einem Ablaufdiagramm die mögliche Vorgehensweise für das Einstellen der Elementeigenschaften dargestellt.

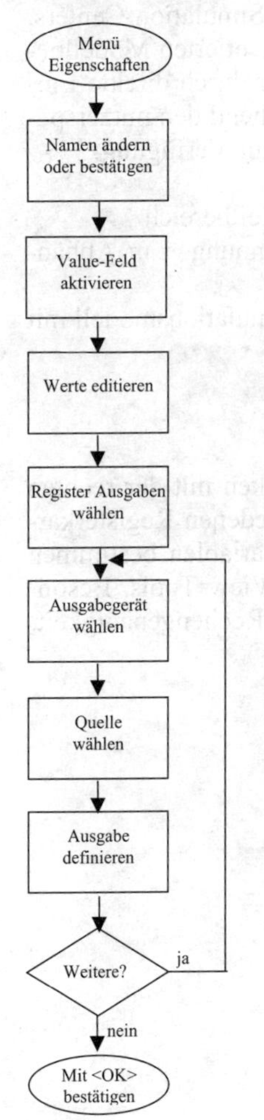

- Ändern oder Akzeptieren des vorgeschlagenen Namens.

  Namen dürfen aus max. 50 Zeichen (Buchstaben, Ziffern und „_") bestehen und müssen mit einem Buchstaben beginnen.

  → Groß- und Kleinbuchstaben werden unterschieden.

- Festlegen der Elementeparameter.

  Für Zahlenangaben sind folgende Notationen gültig:

Notation	Wert		Beispiel
k, K	10^3	kilo	100k
m, M	10^{-3}	milli	10.5m
u, U	10^{-6}	mikro	5u
n, N	10^{-9}	nano	40n
P, p	10^{-12}	pico	100p

! Das Komma als Dezimaltrennzeichen ist nicht zulässig.

- Ausgabegerät und Quelle mit Mausklick markieren.

  z. B. Ausgabe des Stroms des Kondensators C1 ins View Tool: Ausgabegerät: Bildschirm
  Quelle: I"C1"
  z. B. Ausgabe des Strom des Kondensators C1 in eine Datei: Ausgabegerät: Datei (ASCII)
  Quelle: I"C1"

- Mit <Hinzufügen> die Auswahl definieren.

  → Eine Ausgabe kann für verschiedene Geräte festgelegt werden (siehe obiges Beispiele).

- Mit <OK> werden die Eingaben übernommen.

Bild 0.4.10 Festlegen der Elementeigenschaften

0.5 Simulator und View Tool

0.5.1 Simulator

Der Simulator ist das Kern-Programm-Modul des Simplorer-Simulation-Centers. Er berechnet das Simulationsmodell auf der Basis einer textorientierten Modellbeschreibungssprache, erzeugt aus der graphischen Eingabe oder durch direkte Eingabe im Simplorer-Texteditor und schreibt Ausgaben entsprechend den nutzerspezifischen Vorgaben. Es stehen drei verschiedene Simulatoren zur Verfügung:

1. Simulator-TR: Berechnung des Simulationsmodells im Zeitbereich
2. Simulator-AC: Berechnung komplexer Ströme und Spannungen in Abhängigkeit von der Frequenz
3. Simulator-DC: Berechnung des Arbeitspunkts für ein Simulationsmodell mit nichtlinearen Bauelementen

Simulationsparameter festlegen

Über das Menü SCHEMATIC EIGENSCHAFTEN oder durch Klicken mit der rechten Maustaste auf die Arbeitsfläche wird das Fenster mit verschiedenen Registerkarten geöffnet (**Bild 0.5.1**). Die in diesem Menü definierten Variablen bestimmen die Ablaufsteuerung der Simulation und die Skalierung des View Tools. Besonders die minimale und maximale Schrittweite beeinflussen die Rechengenauigkeit.

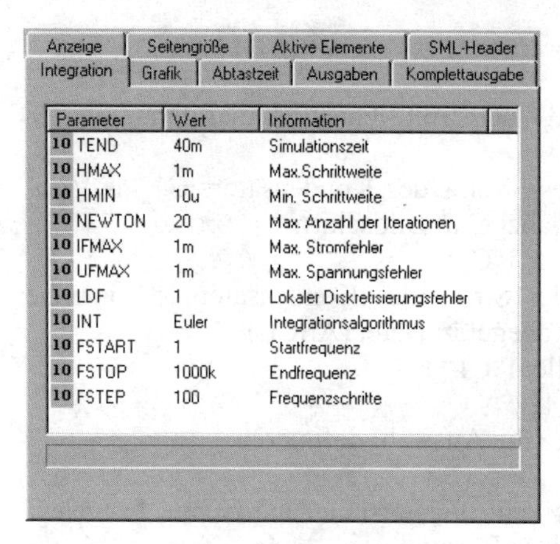

Bild 0.5.1 Registerkarte zur Einstellung der Simulationsparameter

Wenn die Felder für die Variablenwerte mit der Maus markiert sind, kann der Eintrag editiert werden. Die Tab-Taste schaltet in das nächste Eingabefeld weiter.

Mit <OK> wird die Änderung bestätigt. Die Kenngrößen für den Darstellungsbereich des View Tools, Y_{min} und Y_{max}, befinden sich im Register «Grafik». Liegen Simulationsergebnisse außerhalb des definierten Bereichs, werden sie im View Tool nicht dargestellt. Im Register «Ausgaben» sind alle für das Simulations-Modell festgelegten Ausgaben angezeigt. Eine Änderung der Eintragungen kann an dieser Stelle für die Skalierung und Verschiebung vorgenommen werden.

Simulation starten

Für den Simulatoraufruf gibt es mehrere Möglichkeiten:

- mit der Taste F12
- über das Symbol in der Icon-Leiste (**Bild 0.5.2**)
- über das Menü SIMULATION STARTEN

Nach dem Start wird das Modell automatisch gespeichert. Ist noch kein Name festgelegt, erfolgt eine Abfrage zum Dateinamen. Der Simulator wird gestartet und berechnet das erstellte Modell.

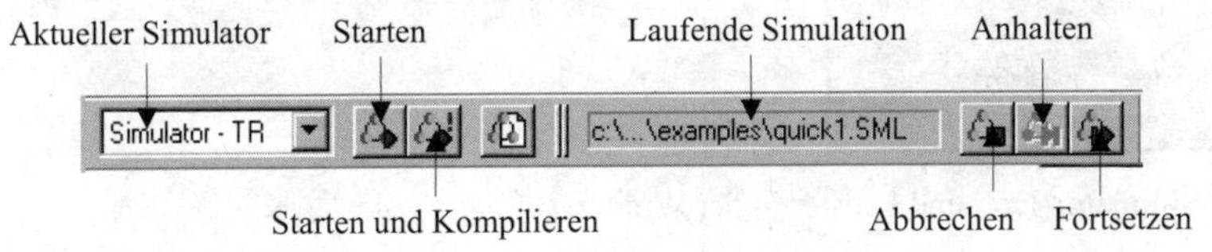

Bild 0.5.2 Symbolleiste Simulation

Mit dem Start des Simulators wird die Datei durch den Compiler aufbereitet, in ein simulatornahes Format transformiert und die Simulation ausgeführt. Dieser Ablauf ist programmintern und kann vom Anwender nicht beeinflusst werden.

Ausgaben und Meldungen werden im Informations- und Ausgabefenster angezeigt (**Bild 0.5.3**).
Bei fehlerhaften Ausdrücken und Definitionen erscheinen Fehlermeldungen des Compilers oder des Simulators.

Bild 0.5.3 Informations- und Ausgabefenster

Kontrolle und Änderungen während der Simulation

Mit dem Start des Simulators erfolgt die Berechnung des Simulationsmodells und die Ausgabe der Simulationsdaten in Dateien oder auf dem Bildschirm. Mit dem Start stellt der Simulator den Simulations- und Systemmonitor zur Verfügung. Beide sind eine wichtige Kontrolle für den Ablauf und die Steuerung der laufenden Simulation, besonders wenn aus Gründen der Rechenzeitersparnis auf direkte graphische Ausgaben über das View Tool oder Aktive Elemente verzichtet wurde. Die Monitore werden über das Menü des Simulator-Icons, das sich in der Task-Leiste der Windows-Oberfläche befindet, aufgerufen.

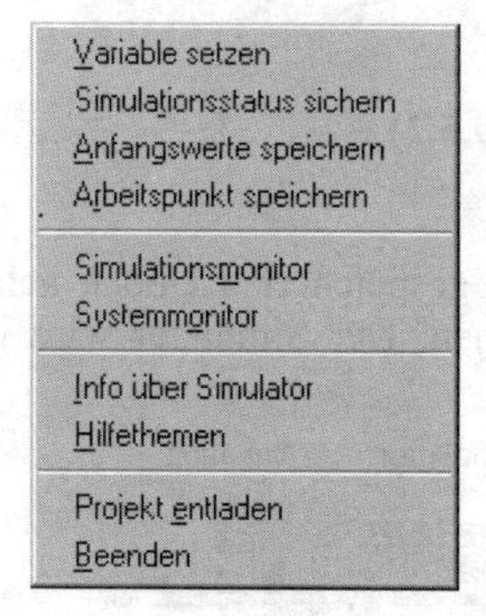

Bild 0.5.4 Simulator-Icon und Fenster in der Windows-Task-Leiste

Der Simulationsmonitor zeigt den Namen des aktuellen Simulationsmodells, Simulationsfortschritt, Start-, Stop- und Simulationszeit und die aktuellen Simulationsparameter an.

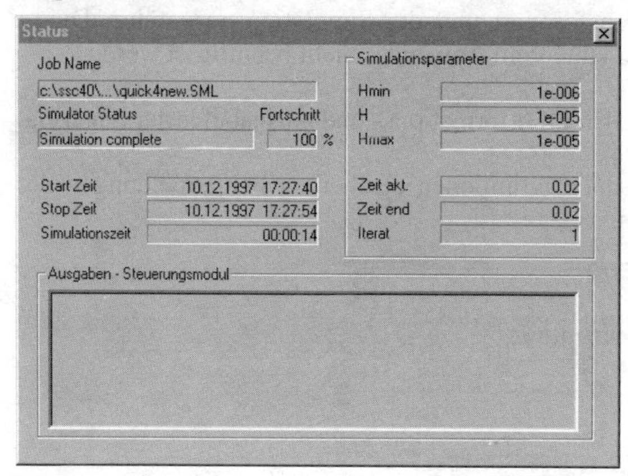

Bild 0.5.5 Simulationsmonitor

Zusätzlich kann über das gleiche Menü der Systemmonitor aktiviert werden. Er zeigt die Anzahl der aktuell verwendeten und die maximal mögliche Anzahl der Systemgrößen.

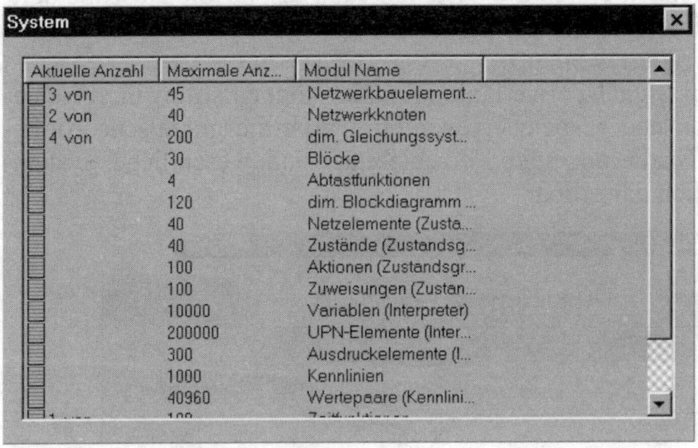

Bild 0.5.6 Systemmonitor

Ist eine laufende Simulation angehalten, ist der Dialog «Variable setzen» aktiv. Alle veränderbaren Variablen können in Listenfeldern selektiert und der Wert modifiziert werden. Nach dem Fortsetzen der Simulation werden diese Werte für die Berechnung verwendet. Die ursprüngliche Notation der Modellparameter wird von dieser Veränderung nicht beeinflusst.

Bild 0.5.7 Ändern der Parameter während der Simulation

0.5.2 Online-Ausgabe mit dem View Tool

Mit dem View Tool steht dem Nutzer ein Werkzeug zur Kontrolle der laufenden Simulation zur Verfügung. Es wird bei jedem Simulatoraufruf gestartet und auf dem Bildschirm eingeblendet. Durch die Visualisierung der für die Ausgabe definierten Kenngrößen werden ungünstige Simulationsparameter oder Modellfehler sichtbar und können korrigiert werden.
Die Daten der einzelnen Signal-Zeitverläufe (Kanäle) können sofort in verschiedene Formate übertragen und gespeichert werden. Durch die graphische Aufbereitung mit Hilfe von Skalierung und Verschiebung sind wesentliche Systemeigenschaften übersichtlich darstellbar.

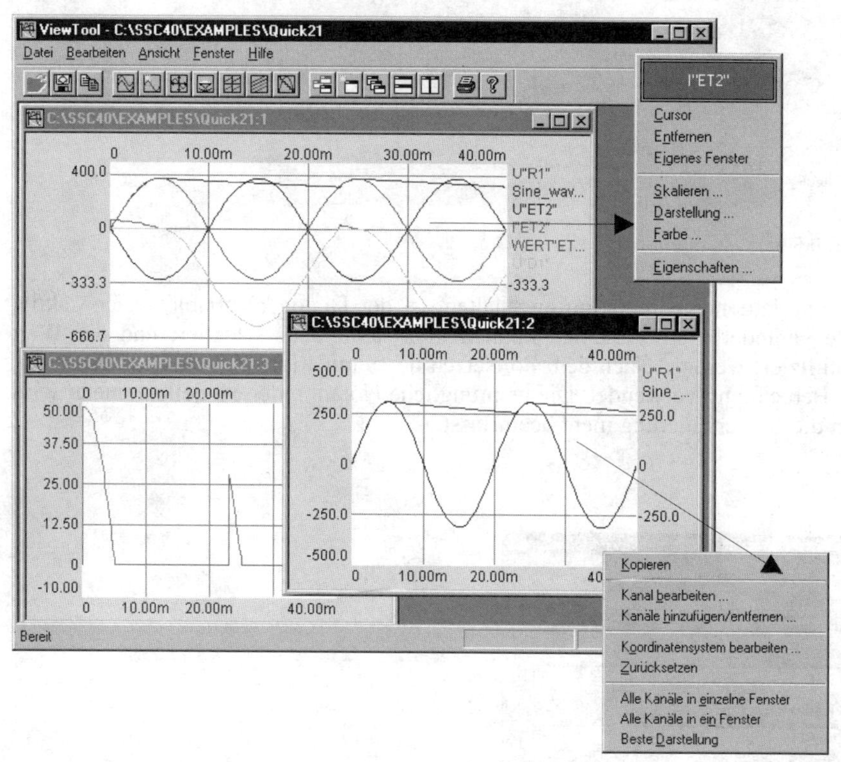

Bild 0.5.8 View-Tool-Fenster mit verschiedenen Darstellungen

Ein Klick mit der rechten Maustaste auf den Namen eines Datenkanals oder auf den Graphikhintergrund öffnet das Kontextmenü mit verschiedenen Bearbeitungsfunktionen.

0.6 Datenauswertung mit dem Postprozessor DAY

Der Postprozessor DAY ist das Simplorer-Programm für die detaillierte graphische und numerische Aufbereitung der Simulationsdaten.
Der Postprozessor liest und erstellt Analysedateien *.DAY, die verschiedenste Simulationsdaten von Modellen und Experimenten und graphische Auswertungen enthalten. Die Datendateien *.MDK und *.MDX werden zunächst importiert und dann innerhalb des Postprozessors bearbeitet. Die Ursprungsdaten bleiben dabei bestehen und werden nicht verändert.

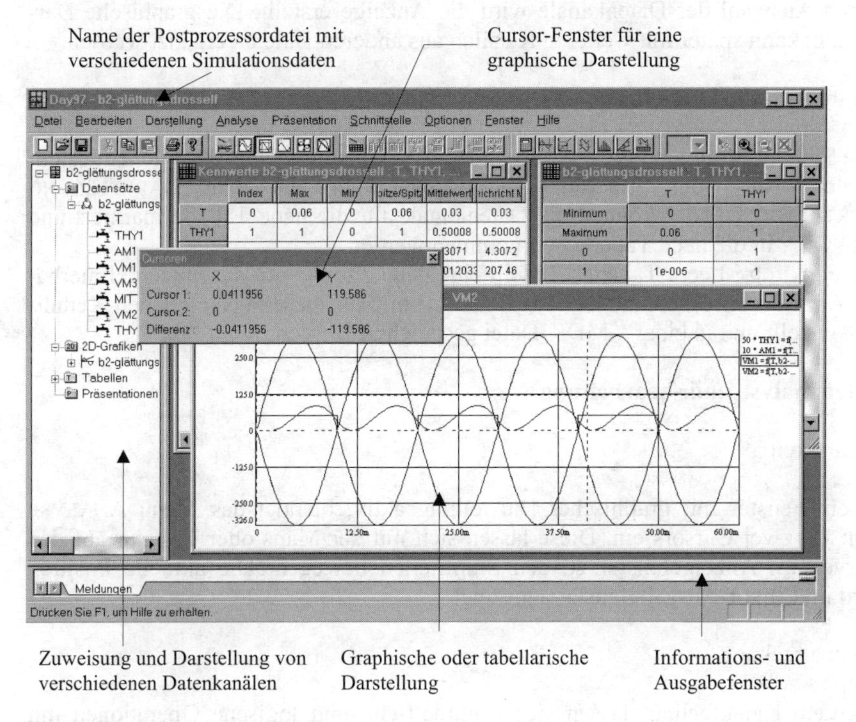

Bild 0.6.1 Postprozessor DAY

Nach dem Aufruf des Postprozessors ohne die Auswahl einer bereits existierenden *.DAY-Datei wird das Fenster für den Import von Simulationsdaten geöffnet. Lesbar sind alle vom Simulator erstellten Dateien *.MDK und *.MDX. Alle importierten Simulationsdateien fasst der Postprozessor zu einer Analysedatei *.DAY zusammen. Aus der Analysedatei können wieder Kennwertdateien für die Modellierung in Simplorer erstellt werden.

Visualisierung der Simulationsergebnisse

- Graphische Darstellung

Alle verfügbaren Kanäle einer Ergebnisdatei können für die graphische Ausgabe selektiert und in einem gemeinsamen Fenster dargestellt werden. Die Auswahl für die Anzeige wird im Menü DARSTELLUNG 2D-GRAFIK NEU festgelegt. Die Größe für die X-Achse wird markiert; die Datenkanäle für die Y-Achse werden markiert und mit <Hinzufügen> in das rechte Fenster und somit in die graphische Darstellung übernommen.
Durch Auswahl der Datenkanäle wird die Anzeige erstellt. Die graphische Darstellung kann später mit weiteren Kanälen aus anderen Dateien ergänzt werden.

- Tabellarische Darstellung

Alle Simulationsergebnisse einer Ergebnisdatei können in einer Tabelle dargestellt werden. Nach der Auswahl der Ergebnisdatei aus dem DARSTELLUNG WERTETABELLE NEU können die Datenkanäle für die neue Tabelle markiert und mit <OK> in die neue Tabelle übernommen werden.
Die Funktion <Leere Tabelle> erstellt eine neue Tabelle mit der nutzerdefinierbaren Anzahl von Datenkanälen und Datensätzen. Auf diese Weise können Kennlinien erstellt und in einer *.MDK-Datei gespeichert werden.

Datenanalyse und -bearbeitung

- Cursoren

Ist ein Fenster mit graphischer Darstellung aktiv, blendet das Menü ANALYSE CURSOR zwei Cursors ein. Diese lassen sich mit der Maus oder Tastatur auf den Kurven im Anzeigefenster zu den Stützstellen bewegen. Die aktuelle Position wird im Cursor-Ausgabefenster angezeigt.

- Kanalrechner

Mit dem Kanalrechner lassen sich arithmetische und logische Operationen mit allen zur Verfügung stehenden Kanälen durchführen. Neue Kanäle können berechnet und sofort in die aktuelle Tabelle integriert werden.

- Integration und Differentation

Das Menü bietet die Integration bzw. Differentation über eine bestimmte Größe. Dabei kann der Bereich, in welchem die Operation ausgeführt werden soll, für die Cursorposition, den gesamten Bereich oder für einzelne Werte festgelegt werden.

• Smooth

Mit Smooth erfolgt eine Mittelwertberechnung eines Datenkanals. Aus einer Messreihe wird ein Quellkanal selektiert, für den die Filtergröße und das Ziel für das Ergebnis festgelegt werden.

• FFT Schnelle Fouriertransformation

Mit einer schnellen FFT wird das Frequenzspektrum für einen Datenkanal berechnet. Voraussetzung für eine Berechnung ist, dass im aktiven Fenster eine graphische Darstellung mit einer Kurve zur Verfügung steht. Das Ergebnis wird in einem separaten Fenster entsprechend den Einstellungen graphisch oder als Tabelle dargestellt.

• Leistung

Für zwei Datenkanäle, die einen Strom und eine Spannung repräsentieren, wird die Leistung oder das Frequenzspektrum berechnet. Aus dieser Berechnung kann sofort eine graphische oder tabellarische Darstellung der Ergebnisse erzeugt werden. Schein-, Wirk- und Blindleistung sind sofort ablesbar.

• Kennwerte

Für verfügbare Datenkanäle werden wichtige Kennwerte zur Systemanalyse im Zeitbereich berechnet. Kennwerte sind z. B.: Maximum, Minimum, Mittelwert, Welligkeit, Formfaktor usw.

0.7 Übungsbeispiele

0.7.1 M1-Schaltung als elektrisches Netzwerk

Als Beispiel für die Erstellung eines elektrischen Netzwerks dient der Einweggleichrichter mit ohmscher Belastung (**Bild 0.7.1**). Es soll ausschließlich das Schaltungsverhalten betrachtet werden; somit reicht eine Modellierungsebene mit statischen Halbleitermodellen vollkommen aus.

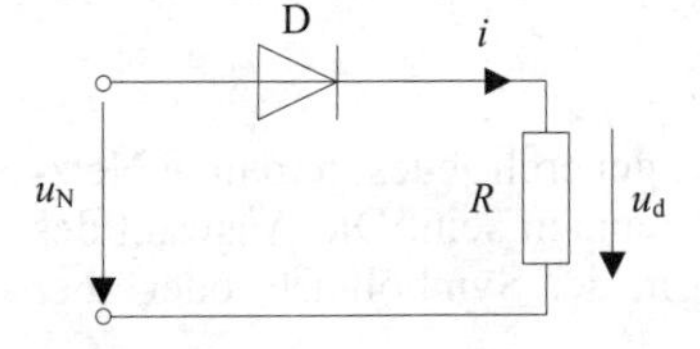

Bild 0.7.1 M1-Schaltung

Folgende Aufgabenstellung ist gegeben:

- graphische Erstellung des Modells mit Schematic,
- Simulation und Ausgabe im View Tool (zeitliche Verläufe von Strom und Spannung im Lastkreis und als Bezug die Quellenspannung).
- FFT-Analyse des Laststroms im Postprozessor DAY.

Graphische Eingabe des Modells mit Schematic

Für die nachfolgenden Ausführungen wird vorausgesetzt, dass Simplorer geöffnet ist und das Programm-Modul Schematic mit einer neuen Arbeitsfläche aus dem SSC-Commander gestartet wurde.

Die Herangehensweise zur Modellerstellung orientiert sich an dem in Bild 0.4.2 dargestellten Ablaufplan.

- *Bibliothek und Elemente auswählen*

Für die Modellierung der M1-Schaltung werden aus der Bibliothek INTERN und INTERN2 folgende Elemente benötigt (**Tabelle 0.7.1**). Das Modell einer Diode benötigt zur Beschreibung eine Kennlinie. Vorzugsweise wird eine Exponentialfunktion und die Diode aus der Bibliothek INTERN2 gewählt.

Tabelle 0.7.1 Benötigte Elemente

Element	Bibliothek	Modul
Extern gest. Spannungsquelle	INTERN	Electric Circuit Module (ECM)
Diode stat. Kennlinie (D)	INTERN2	Electric Circuit Module (ECM)
Widerstand	INTERN	Electric Circuit Module (ECM)
Sinusfunktion	INTERN	Function Module (FML)
Exponentialfunktion	INTERN2	Function Module (FML)

Die Bibliothek INTERN bzw. INTERN2 wird mit der Maus ausgewählt. Es erscheint ein Verzeichnisbaum, in dem die Elemente nach Modulen geordnet sind. Durch Anklicken der Elemente im Modellbaum und durch Ziehen mit gedrückter Maustaste werden sie auf der Arbeitsfläche platziert.

- *Masseknoten*

Weiterhin wird ein Masseknoten benötigt. So muss generell jedes getrennte Netzwerk mindestens einmal mit dem Masseknoten verbunden sein. Die Auswahl des Masseknotens erfolgt entweder über das Icon in der Symbolleiste oder über VERBINDEN MASSE (Strg + G).

- *Elemente anordnen*

Für das richtige Anordnen werden die Elemente markiert und mit gedrückter Maustaste verschoben. Mit der R-Taste können die Elemente gedreht oder mit der F-Taste gespiegelt werden.
Bei der Anordnung der Elemente ist darauf zu achten, dass der rote Punkt an einem Element die Zählpfeilrichtung angibt. Dies ist für das nachfolgende Verbinden der Elemente zu berücksichtigen.

- *Elemente verbinden*

Zum Verbinden der Elemente muss der Leitungsmodus mit dem Icon in der Symbolleiste oder mit VERBINDEN LEITUNG (Strg + W) aktiviert werden. Der Cursor ändert sich vom Pfeil in ein Fadenkreuz. Er wird auf die Elementanschlüsse platziert, wobei ein Mausklick jeweils Anfang und Ende einer Verbindung und der Eckpunkte festlegt (**Bild 0.7.2**). Beendet wird der Leitungsmodus mit der Taste ESC. Die Verbindung der Diode mit der Exponentialfunktion erfolgt nach Bild 0.4.5 über den Namen im Eigenschaftsmenü.

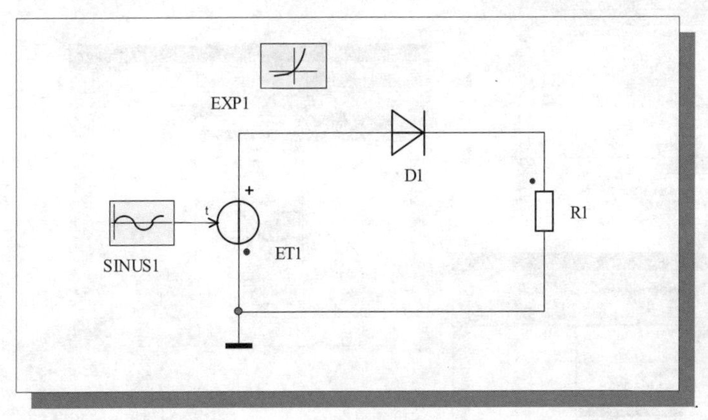

Bild 0.7.2 Modell der M1-Schaltung in der graphischen Eingabe Schematic

- *Elementeigenschaften festlegen*

Die Elementeigenschaften sind standardmäßig voreingestellt. In der **Tabelle 0.7.2** sind die Parameter und die Ausgaben aufgeführt, welche für die Simulation noch definiert und geändert werden müssen.
Das Festlegen der Elementeigenschaften erfolgt mit Doppelklicken auf das Element. Im Eigenschaftsmenü lassen sich unter «Parameter» die Werte eintragen. Unter «Ausgaben» werden die Größen definiert, die simuliert und dargestellt werden sollen.

Tabelle 0.7.2 Einstellen der Elementeigenschaften

Element	Bez.	Name/Wert	Ausgaben	Anmerkung
Widerstand	R1	R = 15 (15 Ω)	Gerät: Bildschirm Quelle: Spannung und Strom	Ausgabe im View Tool
			Gerät: Datei (ASCII) Quelle: Strom	Ausgabe in eine Datei für FFT
Sinus	SINUS1		Gerät: Bildschirm Quelle: Spannung und Strom	Ausgabe im View Tool
Diode	D1	Kennlinie = EXP1		

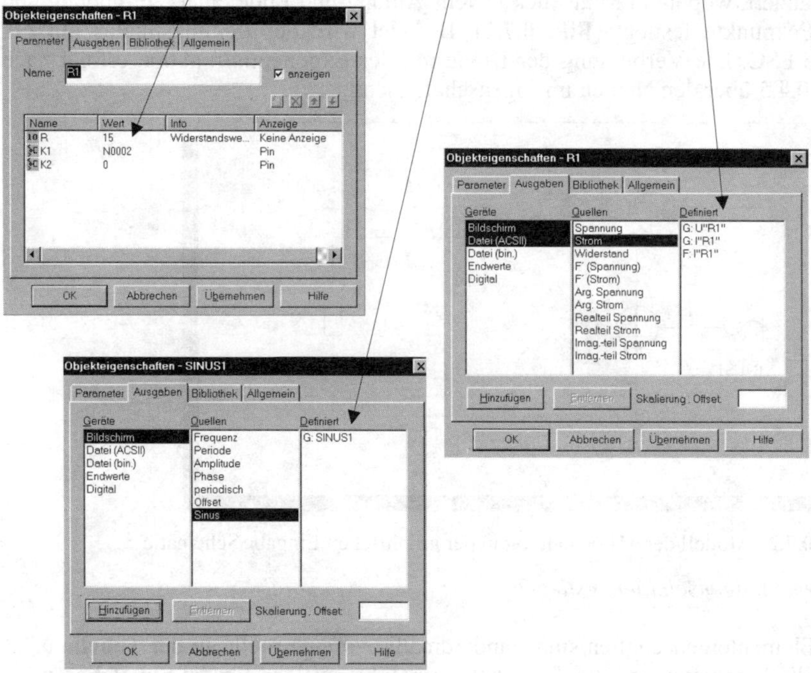

Bild 0.7.3 Elementeigenschaften der Elemente Widerstand R1 und SINUS1

Als Größen für die Simulation sind Strom und Spannung durch die Last und die Spannung der Quelle als Bezugsspannung definiert. Die Ausgabe des Stroms in eine Datei wird zur späteren FFT-Analyse im Postprozessor DAY benötigt.

Simulation und Ausgabe im View Tool

- *Simulator auswählen und Parameter festlegen*

Für die Simulation der definierten Größen der M1-Schaltung im Zeitbereich wird der Simulator-TR in der Symbolleiste ausgewählt (siehe Bild 0.5.2).

Das Einstellen der Parameter erfolgt über die Menüleiste SIMULATION PARAMETER im Eigenschaftsmenü. Dort können unter «Integration» Änderungen vorgenommen werden.
Für dieses Beispiel werden die standardmäßig vorgegeben Werte übernommen.

Als Hilfestellung zur Wahl der Schrittweiten H soll an dieser Stelle die **Tabelle 0.7.3** dienen.

Tabelle 0.7.3 Auswahl der Schrittweiten

Modelleigenschaften	Empfohlene Werte
Wie groß ist etwa die *kleinste* Zeitkonstante ($T_{L\,min}$) im Netzwerk ($R{\cdot}C$ bzw. L/R) oder Blockdiagramm (PTn-Glieder)?	$H_{min} < \frac{T_{L\,min}}{10}$
Wie groß ist etwa die *größte* Zeitkonstante ($T_{L\,max}$) im Netzwerk ($R{\cdot}C$ bzw. L/R) oder Blockdiagramm (PTn-Glieder)?	$H_{max} < \frac{T_{L\,max}}{10}$
Welche *kleinste* Periodendauer (T_{min}) von Schwingungen ist zu erwarten (betrifft Eigenschwingungen des Gesamtsystems und schwingende Eingangsgrößen)?	$H_{min} < \frac{T_{min}}{20}$
Welche *größte* Periodendauer (T_{max}) von Schwingungen ist zu erwarten (betrifft Eigenschwingungen des Gesamtsystems und schwingende Eingangsgrößen)?	$H_{max} < \frac{T_{max}}{20}$
Wie groß ist die kleinste Reglerabtastzeit ($T_{R\,min}$)?	$H_{min} < \frac{T_{R\,min}}{5}$ $H_{max} = T_{R\,min}$
Wie lange dauert der schnellste Übergangsvorgang ($T_{U\,min}$) (betrifft z. B. Flanken und Zeitfunktionen)?	$H_{min} < \frac{T_{U\,min}}{20}$
Wie groß ist das zu simulierende Zeitintervall (T_{end})?	$H_{max} < \frac{T_{end}}{50}$

Für die Lösung des Dgl.-Systems, basierend auf der modifizierten Knotenspannungsanalyse, kommen verschiedene numerische Integrationsverfahren zum Einsatz. Eine wichtige Eigenschaft der verwendeten Lösungsverfahren ist die automatische Schrittweitensteuerung. Sie realisiert in Abhängigkeit vom aktuellen Systemzustand eine Anpassung der Rechenschrittweite, so dass ein Optimum für die Genauigkeit und die Rechengeschwindigkeit erreicht wird. Die Begrenzung der Schrittweite erfolgt mittels der minimalen und maximalen Schrittweite (H_{min} und H_{max}). Die tatsächliche Schrittweite H wird demnach einen Wert zwischen diesen beiden Grenzen annehmen.

Mit der Taste F12 oder über die Symbolleiste (Bild 0.5.2) wird der Simulator gestartet, und die zuvor definierten Größen werden im View Tool graphisch ausgegeben.
Sollten beim Kompilieren oder Simulieren Fehler auftreten, so werden die Fehlermeldungen im Informations- und Ausgabefenster (Bild 0.5.3) angezeigt.

- *Ausgabe der definierten Größen im View Tool*

Nach dem Starten des Simulators wird automatisch das View Tool geöffnet, und die in der Ausgabe der Elemente ausgewählten Systemgrößen werden ausgegeben. Zur besseren Darstellung der Größen wird im View Tool über das Icon [icon] in der Symbolleiste die beste Darstellung ausgewählt. Das View Tool skaliert daraufhin die Ausgabegrößen (Kanäle) selbstständig.
Sollten einzelne Signale schlecht erkennbar sein, so ist es sinnvoll, die Farbe der Kanäle zu ändern oder jeden Kanal einzeln in einem eigenen Fenster darzustellen. In die verschiedenen Bearbeitungsfunktionen gelangt man durch Klicken mit der rechten Maustaste auf den Namen eines Datenkanals.

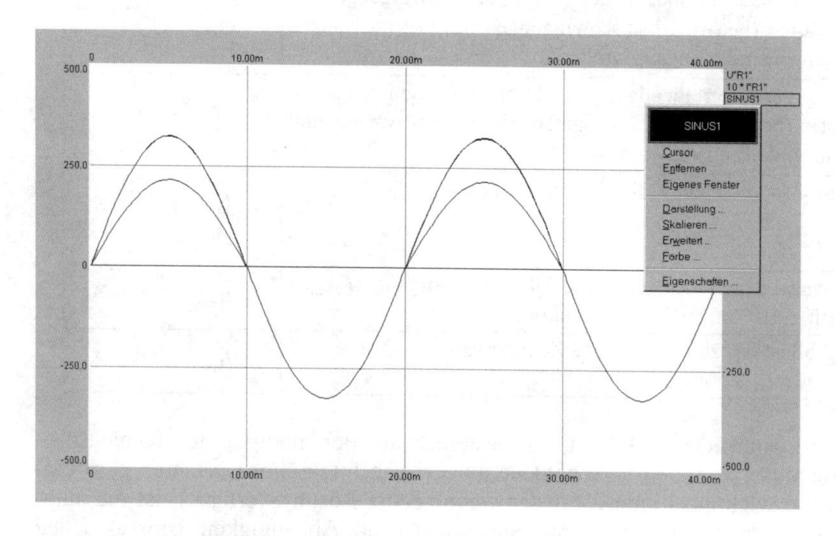

Bild 0.7.4 Simulierte zeitliche Verläufe im View Tool

FFT-Analyse des Laststroms mit dem Postprozessor DAY

Die FFT-Analyse des Laststroms erfolgt mit dem Programm-Modul Postprozessor DAY. Dazu wird im SSC Commander in der Programmliste das Icon des Postprozessors DAY markiert. Es erscheint die zum Projekt zugehörige MDX-Datei im linken Fenster. Diese Datei wurde während der Simulation des Übungsbeispiels erzeugt und enthält den zeitlichen Stromverlauf. Ein Doppelklicken auf die Datei öffnet sie mit dem Postprozessor DAY. Sie erscheint in der graphischen Darstellung als zeitlicher Verlauf.

In der Menüleiste unter ANALYSE FFT... wird das Dialogfenster zur FFT-Analyse geöffnet. Für dieses Beispiel werden die standardmäßig vorgegebenen Werte übernommen. Die einzige Einstellung betrifft die Wahl der Darstellung. Für die graphische Darstellung des Spektrums muss das Icon aktiviert sein. Abschließend wird das Spektrum berechnet, wodurch ein neues Fenster mit der graphischen Darstellung erscheint.

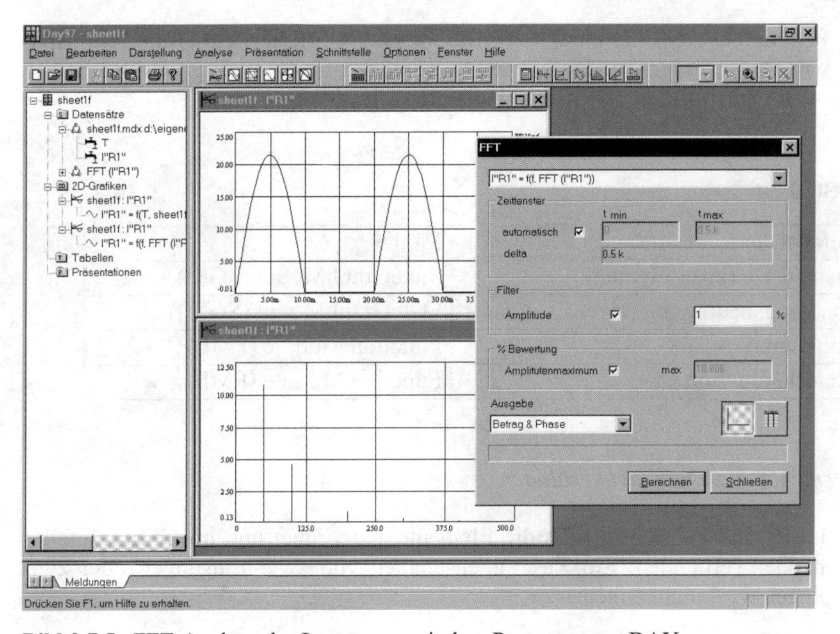

Bild 0.7.5 FFT-Analyse des Laststroms mit dem Postprozessor DAY

0.7.2 Erzeugung eines PWM-Signals mit einem Zustandsgraphen

Vorzugsweise Steuerprozesse lassen sich schnell und einfach mit Hilfe eines Zustandsgraphen modellieren. Als Übung soll das in **L** Abschnitt 8.3.1.3, angeführte Beispiel, die Erzeugung eines Steuersignals zur Pulsweiten-Modulation (PWM-Signal), betrachtet werden. Solche Signale werden zur Ansteuerung der Leistungshalbleiter benötigt. Der Zustandsgraph repräsentiert den Steuersatz einer leistungselektronischen Schaltung.
Zur Erzeugung des PWM-Signals wird eine Sinusfunktion als Referenzsignal mit einer Dreieck-Steuerfunktion verglichen. Es ergeben sich zwei Zustände:

- Sinus < Dreieck → PWM := 0 (Aus) → Zustand 1
- Sinus >= Dreieck → PWM := 1 (Ein) → Zustand 2

Wie zuvor in Abschnitt 0.7.1 erfolgt die Modellerstellung mit dem Programm-Modul Schematic.

Graphische Eingabe des Modells mit Schematic

- *Bibliothek und Elemente auswählen*

Alle benötigten Elemente enthält die Bibliothek INTERN2 (**Tabelle 0.7.4**). Ähnlich wie im vorhergehenden Beispiel werden die Elemente aus der Bibliothek ausgewählt und auf der Arbeitsfläche platziert.

Tabelle 0.7.4 Benötigte Elemente

Element	Modul
Zustand 1 1 (zwei Elemente)	StateGraphModul (SGM)
Übergangsbedingung (zwei Elemente)	StateGraphModul (SGM))
Sinusfunktion	Function Module (FML)
Dreiecksfunktion	Function Module (FML)

- *Elemente anordnen und verbinden*

Mit der R- und F-Taste werden die Elemente angeordnet und im Leitungsmodus miteinander verbunden. Ein Zusammenschalten von zwei Eingängen oder zwei Ausgängen wird nicht zugelassen.

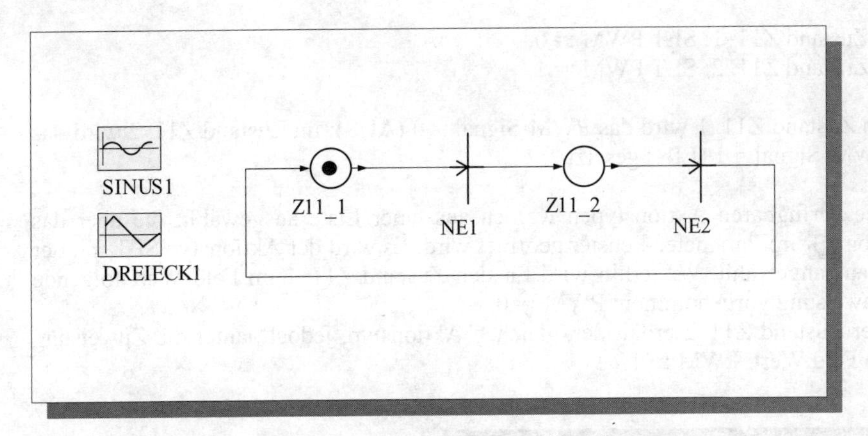

Bild 0.7.6 Zustandsgraph zur Erzeugung eines PWM-Signals

- *Elementeigenschaften festlegen*

In **Tabelle 0.7.5** sind die Elemente aufgeführt, deren Eigenschaften und Ausgaben festgelegt bzw. definiert werden müssen.

Tabelle 0.7.5 Einstellen der Elementeigenschaften

Element	Bez.	Name / Wert	Ausgaben
Zustand	Z11_1	SET PWM := 0	Gerät: Bildschirm Quelle: PWM
Zustand	Z11_2	SET PWM := 1	
Übergangs-bedingung	NE1	SINUS1 >= DREIECK1	
Übergangs-bedingung	NE2	SINUS1 < DREIECK1	
Dreieck	DREIECK1	Frequenz = 500 Periode = 2m Amplitude = 15	Gerät: Bildschirm Quelle: Dreieck
Sinus	SINUS1	Amplitude = 7	Gerät: Bildschirm Quelle: Sinus

- Zustände Z11_1 und Z11_2

Zum Festlegen der Aktionen eines Zustands wird durch Doppelklicken auf das Element das Eigenschaftsmenü geöffnet. Folgende Einträge müssen für die Zustände Z11_1 und Z11_2 vorgenommen werden:

- Zustand Z11_1: SET PWM := 0,
- Zustand Z11_2: SET PWM := 1.

Im Zustand Z11_1 wird das PWM-Signal = 0 (AUS); im Zustand Z11_2 wird das PWM-Signal = 1 (EIN) gesetzt.

Die verfügbaren Aktionstypen werden aus einer Liste ausgewählt, die über das Icon [Icon] im Parameter-Fenster geöffnet wird. Es wird der Aktionstyp SET mit der Maus angewählt. Weiterhin wird für den Zustand Z11_1 im Feld Wert folgende Zuweisung vorgenommen: PWM := 0.
Der Zustand Z11_2 erhält den gleichen Aktionstyp, jedoch lautet die Zuweisung im Feld Wert: PWM := 1.

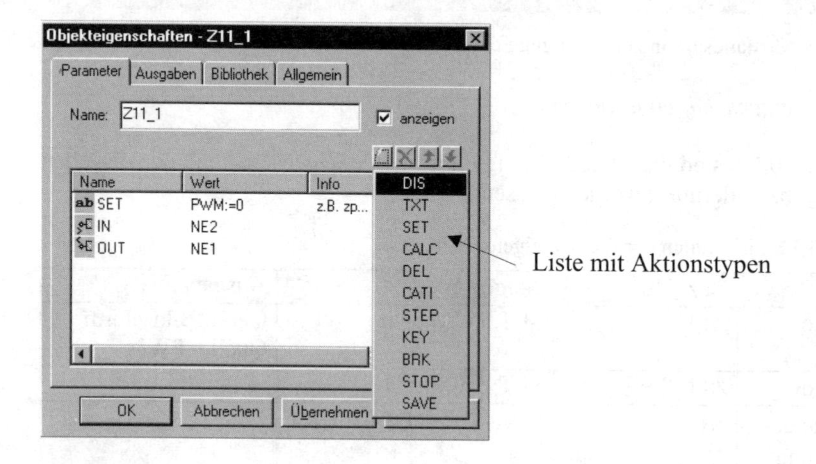

Bild 0.7.7 Eigenschaftsfenster des Zustands

Zum Simulationsstart muss ein Zustand definiert werden, der den Beginn im Zustandsgraphen festlegt. So kann generell jeder Zustandsgraph höchstens einen aktiven Zustand besitzen. Gekennzeichnet sind diese Zustände durch einen Punkt im Symbol. Zum Definieren eines solchen Zustands wird mit der Maus über die rechteckige Schaltfläche der Zustand markiert bzw. demarkiert (**Bild 0.7.8**). Die Schaltfläche des Markierungszustands ist nur sichtbar, wenn das Element markiert ist.

Bild 0.7.8 Festlegen des Zustands zum Simulationsstart

Das Definieren der Ausgabe des Zustands Z1 1_1 für das View Tool erfolgt wie in Abschnitt 0.7.1. Es wird der Zustandswert PWM als Quelle ausgewählt.

- Übergangsbedingung

In den Netzelementen NE1 und NE2 müssen die Übergänge definiert werden, welche die Bedingungen zum Weiterschalten in den nächsten Zustand festlegen. Der Wechsel zwischen Eingangs- und Ausgangszustand erfolgt, wenn die Bedingung den Wert „Wahr" annimmt.
Für die Übergangsbedingungen werden folgende Einträge im Feld Wert des Eigenschaftsmenüs vorgenommen:

- Übergangsbedingung NE 1: SINUS1 >= DREIECK1,
- Übergangsbedingung NE 2: SINUS1 < DREIECK1.

Grundsätzlich können alle Parameter der Modellschaltung sowie mathematische Ausdrücke in den Übergangsbedingungen verwendet werden. Dabei ist darauf zu achten, dass die Groß- und Kleinschreibung der Namen (SINUS1 ≠ Sinus1) eingehalten wird, vor und nach logischen Operationen (and, or,...) Leerzeichen stehen müssen und für Dezimaltrennzeichen in Zahlenwerten nur der Punkt zulässig ist.

- Funktionselemente

Für die Funktionselemente DREIECK1 und SINUS1 werden nach Tabelle 0.7.5 die Parameter eingetragen und die Ausgaben definiert. Die Vorgehensweise ist gleich der im Abschnitt 0.7.1 beschrieben Festlegung der Elemente-Eigenschaften.

Simulation und Ausgabe im View Tool

- *Simulator auswählen und Parameter festlegen*

Zustandsgraphen benötigen keine eigene Schrittweitensteuerung, da sie zeitdiskret arbeiten und zu jedem Berechnungszeitpunkt aktualisiert werden. Dennoch beeinflusst der Zustandsgraph die Schrittweite des Simulators. Dieses betrifft insbesondere die Erkennung von Ereignispunkten. Wird ein bestimmter Schwellenwert überschritten, versucht der Simulator, den Wert so genau wie möglich zu treffen, indem er den Schritt mit einer angepassten Schrittweite wiederholt, solange, bis die minimale Schrittweite erreicht worden ist. Ab dieser Grenze wird der Grenzwert als getroffen akzeptiert, und die Simulation wird fortgesetzt. Diese Synchronisation auf beliebige Ereigniszeitpunkte kann durch Wahl der Operatoren „>“ und „<“ unterbunden werden.

Folgende Einstellungen sind vorzunehmen bzw. zu überprüfen:

- Simulator: Simulator TR,
- Simulationszeit T_{end}: TEND = 40m,
- maximale Schrittweite H_{max}: HMAX = 100u,
- minimale Schrittweite H_{min}: HMIN = 10u.

Die Simulation wird über die F12-Taste oder über das Icon in der Menüleiste gestartet.

- *Ausgabe der definierten Größen im View Tool*

Im View Tool werden nun die vorher definierten Größen PWM, SINUS1 und DREIECK1 ausgegeben. Über das Icon Beste Darstellung in der Menüleiste werden die einzelnen Kanäle skaliert. Man erhält die in **Bild 0.7.9** dargestellten zeitlichen Verläufe.

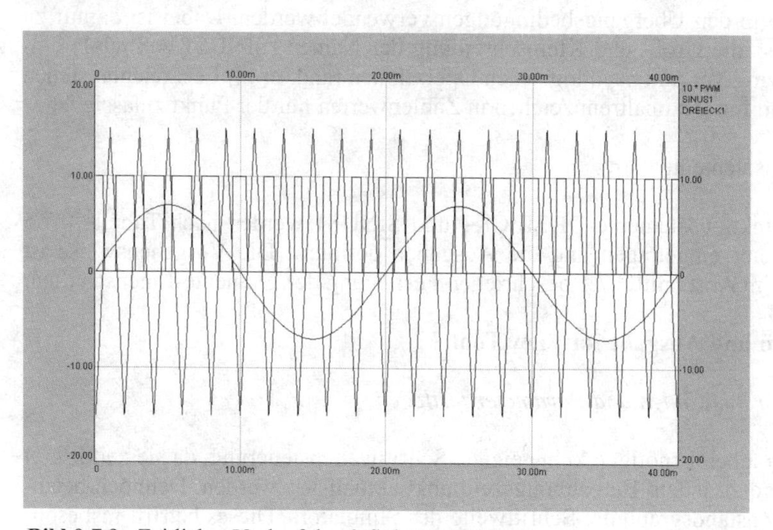

Bild 0.7.9 Zeitlicher Verlauf der definierten Größen

0.7.3 Bewegungsgleichung in Blockdiagramm-Darstellung

Als Beispiel für eine Simulation mit Blockelementen wird die Bewegungsgleichung eines rotatorischen Systems mit

$$J\frac{\mathrm{d}\Omega}{\mathrm{d}t} = M - M_{\mathrm{L}} \quad \rightarrow \quad \frac{\mathrm{d}\Omega}{\mathrm{d}t} = \frac{1}{J}\left(M - M_{\mathrm{L}}\right)$$

angeführt. Es soll das Verhalten der Drehzahl n beim Aufschalten eines konstant antreibenden Moments M und einem konstanten Lastmoment M_{L} betrachtet werden.
Für die Drehzahl gilt:

$$\Omega = 2\pi n \quad \rightarrow \quad n = \frac{\Omega}{2\pi}.$$

Aus den vorhergehenden Gleichungen ergibt sich folgende Blockdiagramm-Struktur.

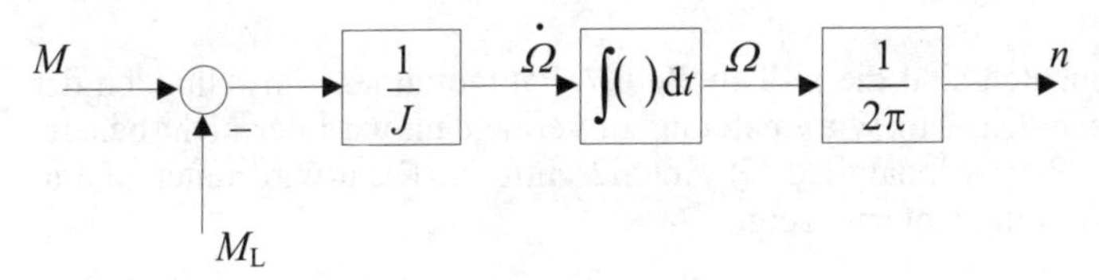

Bild 0.7.10 Blockdiagramm-Darstellung

Graphische Eingabe des Modells mit Schematic

- *Bibliothek und Elemente auswählen*

Zur Modellierung sind aus der Bibliothek INTERN die in **Tabelle 0.7.6** aufgeführten Elemente zu entnehmen.

Tabelle 0.7.6 Benötigte Elemente

Element	Modul
Konstante (zwei Elemente)	BlockDiagramModul (BDM)
P-Glied (zwei Elemente)	BlockDiagramModul (BDM)
I-Glied	BlockDiagramModul (BDM)
Negator	BlockDiagramModul (BDM)
Summierglied (2 Eingänge)	BlockDiagramModul (BDM)

- *Elemente anordnen und verbinden*

Die Elemente werden angeordnet und miteinander verbunden (**Bild 0.7.11**).

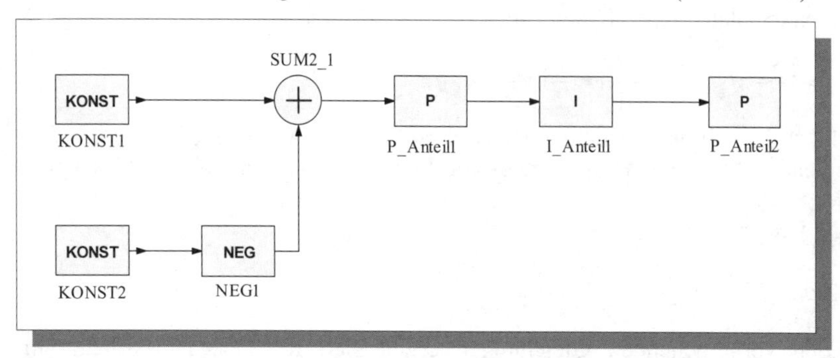

Bild 0.7.11 Blockdiagramm-Darstellung im Programm-Modul Schematic

- *Elementeigenschaften festlegen*

Für die Blockelementen sind die in **Tabelle 0.7.7** aufgeführten Einstellungen der Parameter vorzunehmen. Um Warnmeldung zu vermeiden, wird der nicht belegte Ausgang „O“ des Proportionalglieds P_Anteil2 entfernt. Dazu wird unter «Parameter Anzeige» der Pin nicht angezeigt.

Tabelle 0.7.7 Einstellen der Elementeigenschaften

Element	Bez.	Name / Wert	Ausgaben
Konstante	KONST1	Wert = 10	Gerät: Bildschirm Quelle: Wert
Konstante	KONST2	Wert = 5	
I-Glied	I_Anteil1	KI = 1	
P-Glied	P_Anteil1	KP = 1/5m	
P-Glied	P_Anteil2	KP = 1/2/pi	Gerät: Bildschirm Quelle: Name

Simulation und Ausgabe im View Tool

- *Simulator auswählen und Parameter festlegen*

Die Blockdiagramme werden entsprechend des Übertragungsverhaltens in der Reihenfolge des Signalflusses berechnet. Normalerweise ist bei Simulationsstart eine automatische Blocksortierung aktiv. Es kann jedoch bei fehlerhaften Ergebnissen notwendig sein, die Abarbeitungsreihenfolge zu ändern. Dies geschieht im Menü SCHEMATIC ABARBEITUNG FESTLEGEN. Die Steuerung der Schrittweite bei der Simulation mit Blockdiagrammen wird in den meisten Anwendungsfällen von den Zeitkonstanten des elektrischen Netzwerks bestimmt. Probleme ergeben sich dann, wenn die Zeitkonstanten des Blockdiagramms kleiner sind als die des elektrischen Netzwerks oder kein Netzwerk vorhanden ist. Das Festlegen bestimmter Abtastzeiten, zu denen die Übertragungsglieder berechnet werden, kann hierfür sinnvoll sein. Jedoch muss die Wahl der Zeitpunkte sorgfältig vorgenommen werden, da es gerade mit verschiedenen Abtastzeiten zu Laufzeiteffekten kommen kann. In diesem Beispiel, ohne elektrisches Netzwerk und vorgewählter Abtastzeit, ist die automatische Schrittweitensteuerung deaktiviert, wodurch das Blockdiagramm konstant mit der maximalen Schrittweiten H_{max} berechnet wird. Folgende Einstellungen sind vorzunehmen bzw. zu überprüfen:

- Simulator: Simulator TR,
- Simulationszeit T_{end}: TEND = 40m,
- maximale Schrittweite H_{max}: HMAX = 50u.

Der Simulator wird über die Taste F12 oder über die Menüleiste gestartet.

- *Ausgabe der definierten Größen im View Tool*

In **Bild 0.7.12** sind die zeitlichen Verläufe mit Hilfe des View Tools dargestellt.

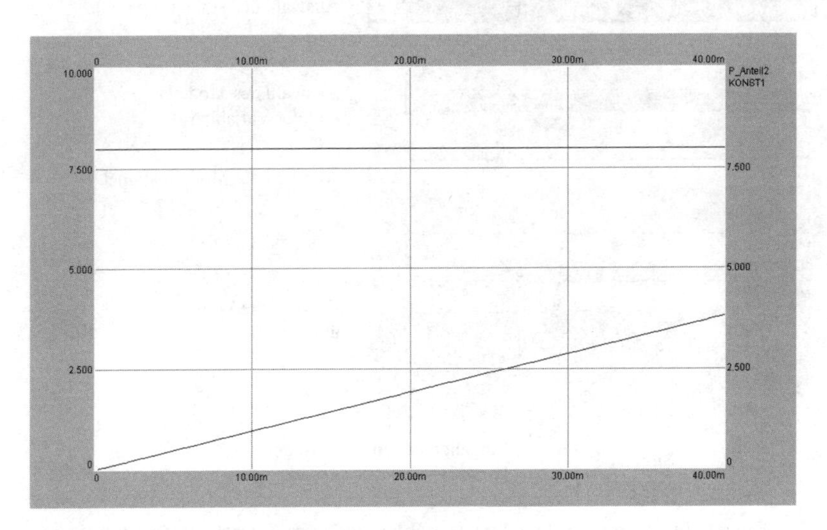

Bild 0.7.12 Zeitlicher Verlauf der definierten Größen

Das Differenzmoment zwischen antreibendem Moment und Lastmoment beschleunigt das rotatorische System. In dem vorliegenden einfachen Beispiel mit konstanten Drehmomenten steigt die Drehzahl linear an. In der Praxis wird sich bei einer bestimmten Drehzahl ein Gleichgewicht zwischen antreibendem Moment und Lastmoment einstellen. Der Beschleunigungsvorgang ist abgeschlossen, und die Drehzahl wird stabil auf diesem Niveau verharren.
Im Laufe solcher rechnergestützten Untersuchungen wird es vorkommen, dass die Simulationsdauer zu kurz gewählt wird und so einzelne Größen noch nicht in den stationären Zustand eingeschwungen sind bzw. in einem System für einen definierten Zeitpunkt ein oder mehrere Parameter geändert werden müssen. Für diese Fälle bietet Simplorer die Möglichkeit, die Simulation mit geänderten Werten fortzusetzen. Diese Technik des „Weiterrechnens" ist eine elegante Lösung für viele Betrachtungen und soll am letzten Beispiel demonstriert werden.

Die Berechnung des Beschleunigungsvorgangs läuft bis zum eingegebenen Simulationsende mit konstanten Differenzmoment. Nun soll weiterhin betrachtet werden, wie sich das System beim Gleichgewicht zwischen antreibendem Moment und Lastmoment verhält. Dazu wird über das Simulations-Kernel in der Taskleiste von Windows auf den Simulator zugegriffen. Das View Tool ist weiterhin geöffnet und zeigt die in Bild 0.7.12 simulierten Verläufe. Durch Klicken mit der Maus auf das Icon öffnet sich ein Fenster, in dem mit VARIABLEN SETZEN auf verschiedene Simulatormodule, Elemente und deren Werte zugegriffen werden kann.

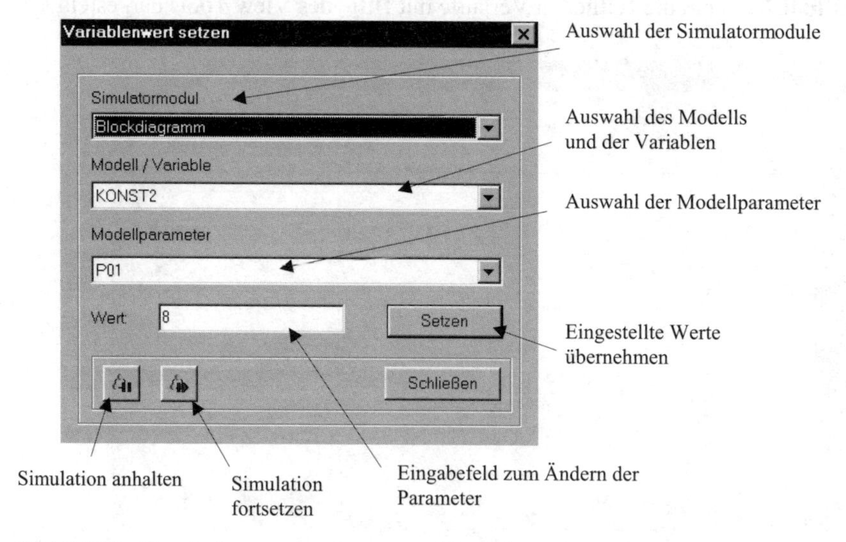

Bild 0.7.13 Eingabefenster zum Setzen von Variablen und zum Fortsetzen der Simulation

Zum Weiterrechnen der Simulation werden die in **Tabelle 0.7.8** aufgeführten Werte geändert.

Tabelle 0.7.8 Einstellwerte zum Weiterrechnen

Simulationsmodul	Modell / Variable	Modellparameter	Wert
Simulationsparameter	TEND	WERT	80m
Blockdiagramm	KONST2	P01	8

Mit der Maus werden die einzelnen Simulationsmodule angewählt. Es wird das Modell oder die Variable und deren Parameter festgelegt, um anschließend im Eingabefeld den neuen Wert aus Tabelle 0.7.8 einzutragen und mit ihn <Setzen> zu übernehmen.

Sind alle Werte eingetragen und übernommen wird der Simulator über das Icon [Icon] wieder gestartet, wodurch die vorhergehende Simulation mit geänderten Parametern fortgesetzt wird. Es zeigen sich daraufhin die in **Bild 0.7.14** dargestellten Verläufe.

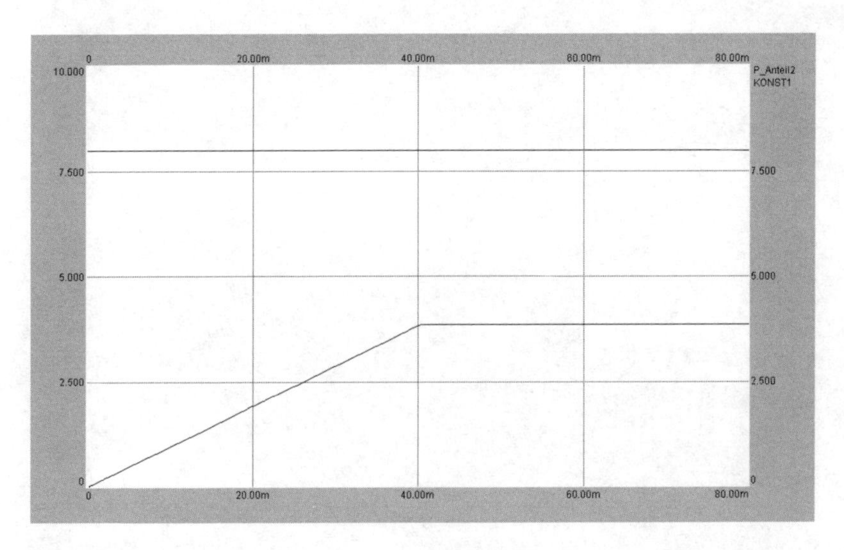

Bild 0.7.14 Zeitliche Verläufe der simulierten Größen nach dem Weiterrechnen

1 Halbleiter-Ventilbauelemente

1.1 Aufbau und statische Kennlinien

1.1.1 Dioden-Struktur

Welche typische Halbleiterstruktur besitzt eine Leistungs-Gleichrichterdiode? In welcher Weise schlagen sich die konstruktiven Merkmale in den Diodendaten nieder?

Antwort:

In der Raumladungszone eines PN-Übergangs steigt die elektrische Feldstärke von beiden Rändern zum PN-Übergang hin auf Grund der räumlich gleichmäßig verteilten ortsfesten Ladungen linear an. Das Maximum der Feldstärke entsteht am PN-Übergang. Die Steigung des Feldstärkeverlaufs ist von der Ladungskonzentration (Dotierungsstärke) abhängig. Die Fläche unter der Feldstärkekurve entspricht der an der Diode anliegenden Spannung. Soll eine Leistungsdiode für hohe Sperrspannungen ausgelegt werden, so darf einerseits die zulässige Feldstärke ($E_{max} \approx 250$ kV/cm) am PN-Übergang nicht überschritten werden. Andererseits ist aber eine der geforderten Spannungsfestigkeit entsprechende Fläche unterhalb des Feldstärkeverlaufs erforderlich. Um beide Forderungen zu befriedigen, muss eine niedrige Dotierung gewählt werden. Dabei ist es ausreichend, nur eine der beiden Halbleiterschichten so auszulegen. Die geringe Leitfähigkeit dieser Schicht im Durchlassbetrieb wird kompensiert, indem eine hochdortierte Schicht mit gleicher Ladungsart vorgelagert wird. Dies führt zu der charakteristischen $PN^{-}N$-Struktur (hoch dotiert – schwach dotiert – hoch dotiert) (**L** Abschnitt 1.1.1).

1.1.2 Bemessung von Ventil-Bauelementen

Warum ist bei der Bemessung von Ventil-Bauelementen ein Kompromiss zwischen hoher Sperrspannung und geringer Durchlassspannung notwendig?

Antwort:

Einerseits bestimmt die geforderte Sperrspannung U_{DRM} auf Grund der zulässigen Feldstärke in der Siliziumscheibe deren Dicke $d \approx U_{DRM}/E$ (E: räumlicher Mittelwert). Andererseits ist bei gegebener Scheibenfläche (Durchmesser) auch der

Durchlasswiderstand proportional zur Dicke. Daher muss die Scheibendicke *d* so gewählt werden, dass sich brauchbare Werte sowohl für die Sperr- als auch für die Durchlassspannung ergeben. Diese Abschätzung erklärt auch, warum bei hochsperrenden Bauelementen tendenziell höhere Durchlassverluste entstehen als bei Niederspannungs-Typen.

1.1.3 Durchlasseigenschaften

Worin besteht der charakteristische Unterschied der Durchlasseigenschaften von bipolaren und Feldeffekt-Transistoren?

Antwort:

Bei bipolaren Transistoren werden im leitenden Zustand Träger vom Emitter durch die dünne Basis in die schwach dotierte Kollektorzone injiziert. Dadurch wird der dort entstehende Durchlass-Spannungsfall stark verringert, woraus sich geringe Durchlassverluste ergeben. Beim FET tritt dieser Effekt nicht ein, weil die Leitfähigkeit des Kanals im schwach dotierten Substrat lediglich durch die Gatespannung bestimmt wird. Daher ist für die Durchlassspannung der ohmsche Kanalwiderstand zwischen Drain und Source $R_{DS\,(on)}$ maßgebend. Daraus ergibt sich für FET eine größere Durchlassspannung als für vergleichbare bipolare Transistoren.

1.2 Schalteigenschaften

1.2.1 Transistor-Schalteigenschaften

In welchen typischen Schalteigenschaften unterscheiden sich Feldeffekt- und IGB-Transistoren?

Antwort:

Das *Einschaltverhalten* der beiden Transistorarten ist weitgehend gleich, beide sind spannungsgesteuerte, extrem schnell schaltende Bauelemente; ihre typischen Einschaltzeiten liegen deutlich unter 1 µs. Beim *Ausschaltvorgang* wirkt sich die Vierschicht-Struktur des IGBT nachteilig aus. Sie erfordert eine relativ langwierige Rekombination von Ladungsträgern in der N-Substratschicht und bewirkt ein schweifförmiges Abklingen des Kollektorstroms. Dadurch wird der Abschaltvorgang gegenüber dem FET von etwa 500 ns auf ein Mehrfaches verlängert, und auch die Ausschaltverluste sind deutlich höher. Dies setzt auch die höchste erreichbare Schaltfrequenz herab, jedoch ist sie für die IGBT immer noch eine Größenordnung höher als bei leistungsmäßig etwa vergleichbaren GTO-Thyristoren (**L** Bild 1.27).

1.2.2 Schaltfrequenz

Welche Eigenschaften sind bei Feldeffekt-Transistoren, IGBT und Thyristoren für die größte erreichbare Schaltfrequenz maßgebend?

Antwort:

Generell wird die erreichbare Schaltfrequenz durch die Schaltzeiten und die Schaltverlustleistung bestimmt, wobei diese Eigenschaften nicht unabhängig voneinander sind (**L** Abschnitt 2.1).

Thyristoren benötigen nach dem Löschen zur Wiedergewinnung der Vorwärts-Sperrfähigkeit die Freiwerdezeit, die bei Hochleistungs-Bauelementen bis zu 500 μs betragen kann. Dadurch ist ihre Schaltfrequenz auf wenige hundert Hz beschränkt. Höhere Werte erreichen die *GTO-Thyristoren*, da sie bereits nach dem Abklingen des *Schweifstroms* wieder sperrfähig sind und dessen Dauer weit unter der Freiwerdezeit vergleichbarer Thyristoren liegt. Die *IGBT* weisen die für feldgesteuerte Elemente typischen kurzen Einschaltzeiten auf, jedoch wird der Ausschaltvorgang durch den Schweifstrom gegenüber FET verlängert. Die Schaltzeiten betragen dadurch mehrere μs, und es entstehen auch erhöhte Ausschaltverluste. Bei *FET* sind die Schaltzeiten extrem kurz (< 1 μs), ein Schweifstrom tritt bei Dreischicht-Elementen grundsätzlich nicht auf, so dass sie die höchsten Schaltfrequenzen erreichen.

Anhaltswerte der Grenzfrequenzen sind **L** Bild 1.27 zu entnehmen. Beim Vergleich ist zu berücksichtigen, dass nur IGBT den Leistungsbereich von Thyristoren erreichen, wogegen FET auf kleinere Leistungen beschränkt sind.

1.2.3 Ausschaltvorgang einer Leistungsdiode

Das den Ausschaltvorgang einer Leistungsdiode bestimmende *Reverse Recovery*-Verhalten – Wiedergewinnung der Sperrfähigkeit – ist zu simulieren. Man betrachte das Rückstromverhalten der Diode sowie die auf Grund des ohmsch-induktiven Charakters des Diodenkreises und des steilen Stromabrisses beim Sperren der Diode verursachten Überspannungen.

Datei: *Projekt*: Kapitel 1.ssc \ *Datei*: Diode-Recovery.ssh

Lösung:

Durch den Stromfluss im Durchlassbetrieb wird die Konzentration der Minoritätsträger angehoben, die beim Übergang in den Sperrbetrieb durch den Rückstrom und durch Rekombination wieder abgebaut werden muss. Der Strom erlangt daher auch in Sperrrichtung einen nicht zu vernachlässigenden Wert, reißt dann mehr oder weniger steil ab, um schließlich den stationären Wert des Sperrstroms anzunehmen. Das steile Abreißen des Stroms führt an den immer vorhandenen parasitären Induktivitäten zu hohen Induktionsspannungen, die in Sperrrichtung der Diode liegen und zu deren Zerstörung führen können.

Fast immer lässt sich für die Beschreibung des Abschaltvorgangs die Schaltung auf den im **Bild 1.2.1** angegebenen Kreis reduzieren. Die abgebildeten Messgeräte kennzeichnen für die Simulation die Messstellen des Stroms und der Spannung an der Diode. Die Stromquelle repräsentiert den Strom in Durchlassrichtung durch die Diode. Bedingt durch den konstruktiven Aufbau ist der Diodenzweig parasitär ohmsch-induktiv. Der Widerstand R_2 sorgt für die Grundbelastung der idealen Stromquelle nach Umlegen des Schalters. In ausgeführten Schaltungen wird funktionsbedingt nach dem Abschalten im Diodenkreis eine negative Spannung wirksam. Dies wird hier durch die Umschaltung auf eine negative Spannung nachgebildet. Um zu Simulationsbeginn keinen Einschwingvorgang des Stroms zu erhalten, wird der Induktivität L ein Strom I_0 = 50 A vorgegeben. Das Umschalten auf die negative Sperrspannung erfolgt nach 0,025 ms.

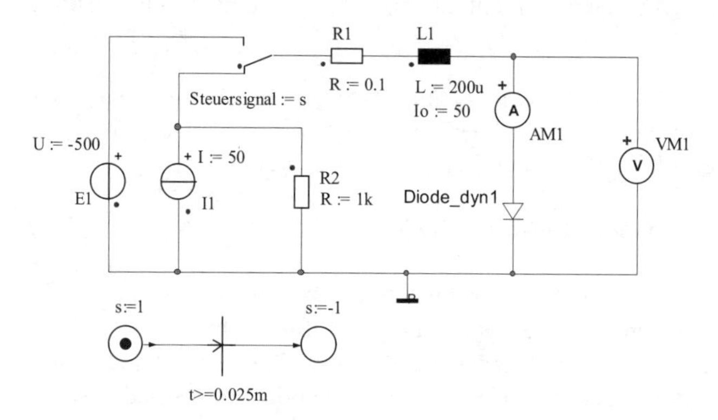

Bild 1.2.1 Simulationsmodell für das Reverse-Recovery-Verhalten einer Leistungsdiode

Auf Grund des überwiegend induktiven Charakters des Diodenkreises nimmt der Strom nahezu linear ab (**Bild 1.2.2**). Die Diode bleibt auch in Rückwärtsrichtung leitfähig, bis bei einem Strom von $i_D \approx -13$ A (AM1) der Abriss erfolgt. Als Folge hiervon wird in der Induktivität eine Spannung induziert, die in Sperrrichtung der Diode wirksam ist. Der berechnete Wert von $\hat{u}_D \approx -2{,}8$ kV (VM1) ergibt sich für das hier angewandte Diodenmodell. Das dynamische Sperrverhalten ist eine charakteristische Eigenschaft jedes Diodentyps. In dieser Hinsicht müssen die Modelle gegebenenfalls angepaßt werden. Auf Grund der hohen Spannungsbelastung in Sperrrichtung werden die Dioden in der Regel nicht ohne Beschaltungsmaßnahme betrieben. Die Auslegung einer geeigneten RC-Schutzbeschaltung wird in Aufgabe. 3.1.1 gezeigt. Zur besseren Darstellung ist die Strom i_D in Bild 1.2.2 um den Faktor 10 vergrößert und die Spannung u_D um 500 nach unten verschoben.

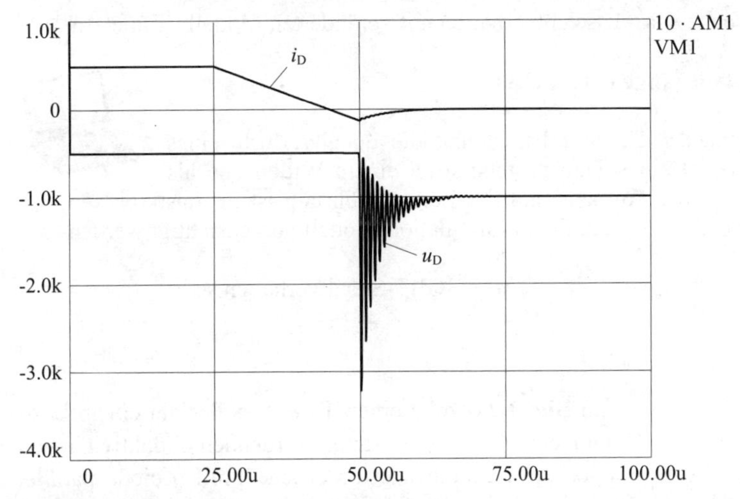

Bild 1.2.2 Systemgrößen der Leistungsdiode

Anmerkung:

Die stationäre Durchlasskennlinie einer Diode lässt sich mit einem einfachen, strukturnahen Modell mit hoher Approximationsgüte abbilden. Größere Schwierigkeiten bereitet die praxisnahe Modellierung des Schaltverhaltens. In einem ersten Ansatz kann das dynamische Verhalten der Diode durch zwei nichtlineare Kapazitäten simuliert werden. Die Eigenschaft einer Diode im Durchlassbetrieb wird durch eine sogenannte Diffusionskapazität nachgebildet. Bei einer auftretenden Potentialänderung treibt sie einen entsprechenden Ausgleichsstrom. Mit der Sperrschichtkapazität wird das Schaltverhalten in Sperrrichtung nachgebildet. Um das *Reverse-Recovery*-Verhalten einer Leistungsdiode realistisch zu modellieren, müsste die Sperrschichtkapazität sehr große Werte annehmen, die keinen realen Bezug mehr zur Bauteilgeometrie haben. Durch diese großen Kapazitätswerte würde der zu untersuchende Stromkreis verfälscht werden. Infolgedessen würden die berechneten Systemgrößen in allen anderen Betriebspunkten von den realen

Verläufen abweichen. Dieses Modell ist zur Nachbildung des Schaltverhaltens von Leistungsdioden daher nur bedingt geeignet. Dies gilt insbesondere für *Soft Recovery Dioden*; das „snappige" Verhalten hart schaltender Dioden wird dagegen besser approximiert. In der Bibliothek von Simplorer findet man verschiedene Modellansätze. Mit Kenntnis der halbleiterphysikalischen Phänomene sind geeignete Modellerweiterungen möglich.

Anregung:

- Man untersuche das Ausschaltverhalten mit veränderten Modellparametern.

1.2.4 Schaltvorgänge eines IGBT

Man untersuche das Schaltverhalten und die Schaltverluste eines IGBT am Beispiel eines Tiefsetzstellers mit einem Widerstand als Last. Auf Grund des Aufbaus und der Leitungsführung ist im Lastkreis eine Induktivität parasitär wirksam, die im Simulationsmodell berücksichtigt werden soll.

Datei: *Projekt*: Kapitel 1.ssc \ *Datei*: IGBT-Schaltverhalten.ssh

Lösung:

Die Simulationsschaltung in **Bild 1.2.3** zeigt einen Tiefsetzsteller mit einem Lastwiderstand $R_1 = 4{,}7\ \Omega$ und der parasitär wirksam werdenden Induktivität von $L_1 = 0{,}3\ \mu\text{H}$. Die in einigen Anwendungen erforderliche Freilaufdiode parallel zum IGBT wird in diesem Beispiel nicht berücksichtigt.

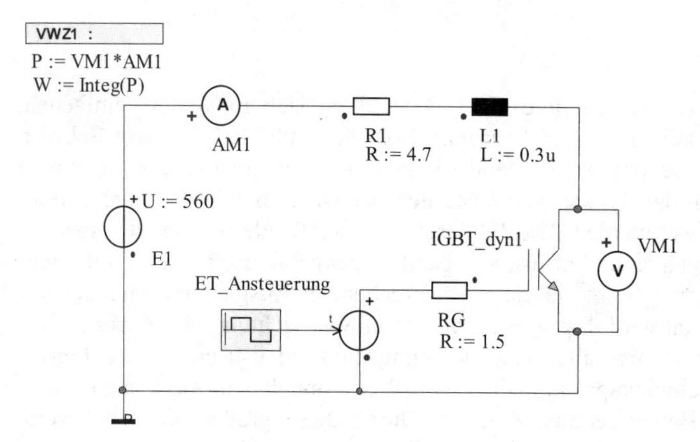

Bild 1.2.3 Gleichstromsteller mit IGBT

In **Bild 1.2.4** sind die zeitlichen Verläufe des Stroms und der Spannung am IGBT dargestellt. Der besseren Lesbarkeit wegen, liegt die Nullinie für den Strom i_C (AM1) um – 200 A verschoben. Der IGBT wird mit einer Taktfrequenz von

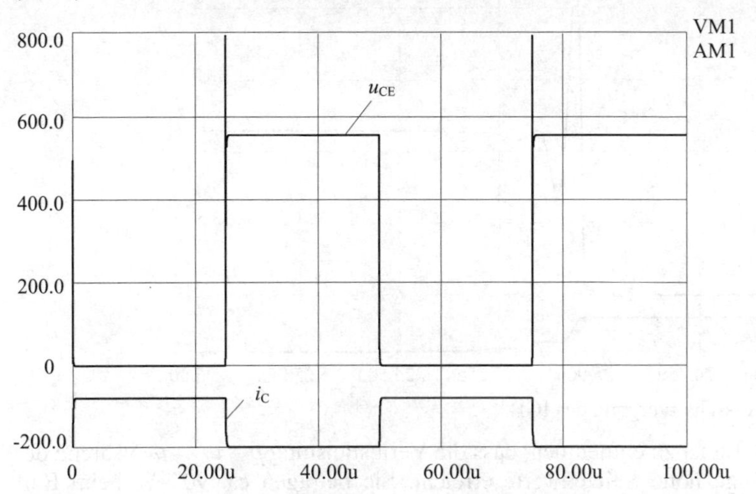

Bild 1.2.4 Kollektorstrom und Kollektor-Emitter-Spannung am IGBT

$f = 20$ kHz betrieben. Der Tastgrad beträgt $t_e / T = 0{,}5$. In dieser Auflösung sieht man recht deutlich die Überspannungspitze u_{CE} (VM1) beim Abschalten auf Grund der parasitären Induktivität.

Das Einschaltverhalten des IGBT entspricht mit Ausnahme der dynamischen Sättigungsphase demjenigen des Leistungs-MOSFET. Die Schaltflanke lässt sich über den Gate-Widerstand R_G einstellen. Das Ausschaltverhalten wird im Wesentlichen durch den Schweifstrom geprägt. Über den Gate-Anschluss kann der eingangsseitig wirksame MOSFET sehr schnell aktiv ausgeschaltet werden. Der ausgangsseitig wirksame bipolare Transistor bleibt aber zunächst noch leitfähig, bis die in der Basiszone gespeicherten Ladungen durch Rekombination und Ausräumung abgebaut sind. Erst dann ist der IGBT vollends ausgeschaltet. Der Kollektorstrom nimmt daher zunächst schnell auf einen kleinen Wert ab, um dann relativ langsam gegen null zu streben (Schweifstrom). Dieses Verhalten wird näherungsweise in einem relativ einfachen Modell abgebildet. Den vergrößerten Ausschnitt eines Ausschaltvorgangs zeigt das **Bild 1.2.5**.

Im Hinblick auf den Verlauf des Schweifstroms gibt es essentielle Unterschiede zwischen den verschiedenen Typen und Fabrikaten. Daher müssen bei der Untersuchung des Schaltverhaltens konkreter Bauelemente die Modelle hinsichtlich dieser Eigenschaft angepasst oder ergänzt werden.

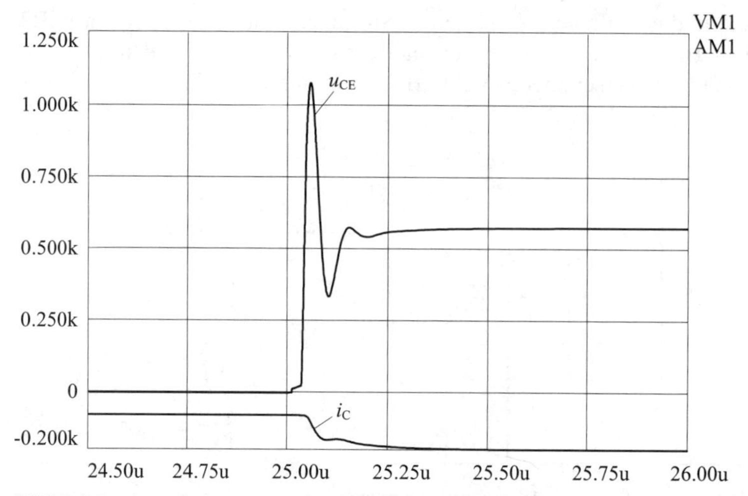

Bild 1.2.5 Ausschaltvorgang des IGBT

Dem **Bild 1.2.6** ist zu entnehmen, dass die Verlustleistung $p = u_{CE} \cdot i_C$ während der Schaltvorgänge hohe Spitzenwerte erreicht. Sie betragen ca. 90 kW beim Einschalten und ca. 1,4 kW beim Ausschalten. Die Durchschaltverluste betragen hier etwa 200 W. Abgesehen von dem verschiedenartigen Verhalten des IGBT für den Ein- und Ausschaltvorgang liegt dies vor allem daran, dass die parasitäre Induktivität für den Einschaltvorgang entlastend und für den Ausschaltvorgang belastend

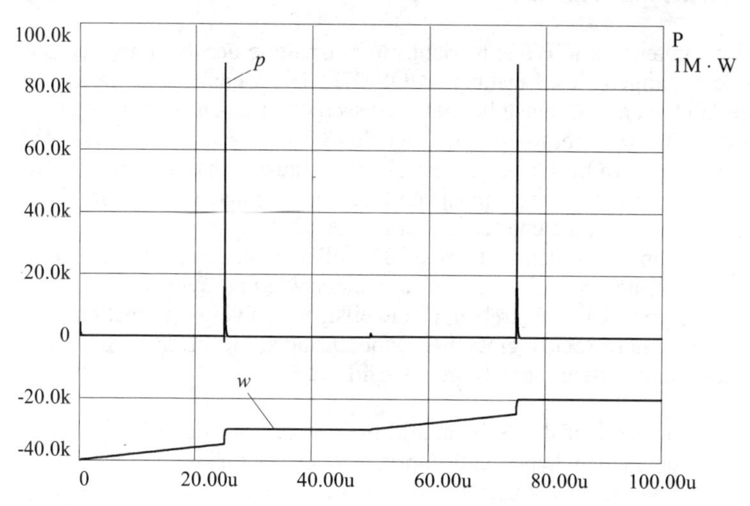

Bild 1.2.6 Verlustleistung und –energie des IGBT

wirkt. Die für die Erwärmung bzw. Kühlung maßgebenden Werte der Schaltverlustenergien $W_{S\ on}$ und $W_{S\ off}$ können durch eine Integration der berechneten Verlustleistung ermittelt werden (**L** Abschnitt 2.1 und Aufgabe 2.1.10). Es ergeben sich folgende Werte: $W_{S\ on} = 0{,}3$ mWs; $W_{S\ off} = 5$ mWs. Damit betragen für die angenommene Schaltfrequenz von 20 kHz die Schaltverluste 106 W.

Anregung:

- Man untersuche den Einfluss der parasitären Induktivität L_1 auf die Überspannungsspitzen und auf das Ein- bzw. Ausschaltverhalten.
- Die Schaltung ist um eine Freilauf-Diode über dem Lastkreis (Anode an den Kollektor des IGBT, Katode an den Pluspol der Batterie) zu ergänzen.
- Die Induktivität L_1 ist so lange zu vergrößern, bis durch den Widerstand R_1 ein nicht lückender Gleichstrom fließt.

1.3 Thermische Eigenschaften

1.3.1 Einfluss erhöhter Temperatur

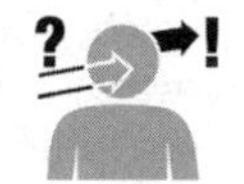

Auf welche Bauelemente-Eigenschaften wirken sich hohe Temperaturen besonders stark aus?

Antwort:

- Bei allen Halbleiter-Bauelementen bewirkt steigende Temperatur eine erhöhte *Eigenleitfähigkeit*, wodurch die *Sperrspannung* herabgesetzt wird;
- *Bei* Thyristoren folgt daraus auch eine größere *Freiwerdezeit*, weil die nach dem Strom-Nulldurchgang erforderliche Rekombinationszeit verlängert wird;
- Durch Erwärmung erhöht sich außerdem der ohmsche *Bahnwiderstand*, wodurch bei Dioden, Feldeffekt-Transistoren und Thyristoren steigende *Durchlassverluste* entstehen;
- Bei IGBT und GTO-Thyristoren wird zusätzlich die *Ausschaltzeit* vergrößert, weil Dauer und Höhe des Schweifstroms zunehmen (Vierschicht-Elemente!). Dadurch steigen auch die *Ausschaltverluste* an.

1.3.2 Begrenzung der Betriebstemperatur

Welche Halbleiter-Eigenschaft ist bestimmend für die notwendige Begrenzung der Betriebstemperatur von Leistungs-Bauelementen?

Antwort:

Das thermische Betriebsverhalten der Ventil-Bauelemente wird bestimmt durch die für Halbleiter charakteristische Temperaturabhängigkeit der *Eigenleitung*. Sie bewirkt in der Spanne der Betriebstemperatur technischer Geräte eine Änderung der freien Ladungsträgerdichte und damit der Leitfähigkeit um mehrere Zehnerpotenzen. Die durch erhöhte Temperatur bewirkte Reduzierung der Sperrfähigkeit (**L** Bilder 1.25 und 1.26) erfordert eine Begrenzung der Verlustleistung und die Verlustabfuhr durch Kühlung (**L** Abschnitt 2.2). Bei IGBT und GTO-Thyristoren sind auch die Schalteigenschaften stark temperaturabhängig, weil der Schweifstrom bei Erwärmung zunimmt. Bei hoher Schaltfrequenz kann dieser Einfluss leistungsbegrenzend sein (**L** Abschnitt 2.1).

1.4 Anwendungsbereiche der Ventilbauelemente

1.4.1 Eigenschaften des idealen Ventils

Welche Eigenschaften werden von einem idealen Halbleiter-Ventil erwartet? Wie weit sind sie in gegenwärtig verfügbaren Bauelementen bereits verwirklicht?

Antwort:

Die erwarteten Eigenschaften sind:

- Hohe Sperrspannung und Schaltleistung,
- geringe Durchlassspannung,
- kurze Schaltzeiten und geringe Schaltverluste,
- einfache, möglichst „leistungslose“ Ansteuerung,
- Kurzschlussfestigkeit.

Am weitesten realisiert sind die Erwartungen beim IGBT. Erreicht werden Schaltleistungen über 10 MW, verbunden mit den Vorteilen der Spannungssteuerung und einfachen Abschaltbarkeit. Hinzu kommt die Kurzschlussfestigkeit, die über die Ansteuerung ohne äußere Beschaltung erreicht wird (**L** Abschnitt 3.1). Weitere Entwicklungen zur Integration zusätzlicher Schutz- und Überwachungsfunktionen auf dem Halbleiter-Substrat sind absehbar (Smart-Bauelemente). Die noch weiter gehende Vereinigung mit Sensor- und Ansteuerfunktionen in einem Gehäuse führt zu direkt durch Regler ansteuerbaren Modulen ohne weiteres Zubehör.

2 Betrieb der Ventile

2.1 Verluste und Erwärmung

2.1.1 Thermisches Ersatzschaltbild

Das in **L** Bild 2.3 dargestellte thermische Ersatzschaltbild eines einzelnen Bauelements mit Kühlkörper setzt die Entkopplung von anderen Wärmequellen voraus. Welche weiteren Voraussetzungen erfordert es?

Antwort:

Damit sowohl für den Aktivteil des Bauelements als auch für das Gehäuse und den Kühlkörper eine mittlere Temperatur angenommen werden kann, müssen
- deren Abmessungen bzw. ihr Volumen klein und
- die thermische Leitfähigkeit des Materials hoch sein.

Nur dann ergibt sich ein schneller Temperaturausgleich innerhalb dieser Komponenten. Hohe Werte des spezifischen Wärmeleitwerts λ, der analog zum spezifischen elektrischen Leitwert γ definiert ist, sind auch für eine wirksame Kühlung nötig, weshalb meist die nachstehend aufgeführten Materialien verwendet werden:

Tabelle 2.1.1 Spezifischer Wärmeleitwert für verschiedene Materialien

Material	Spez. Wärmeleitwert λ
	$\frac{\text{W}}{\text{K}\cdot\text{m}}$
Kupfer	390
Aluminium	245
Aluminium-Magnesium	220
Messing	110
Stahl	50

2.1.2 Thyristor-Durchlass-Verlustleistung

Welche Durchlass-Verlustleistung P_D entsteht in einem Thyristor, aus dessen statischer Durchlasskennlinie die Schleusenspannung U_{T0} = 1,05 V und der differentielle Widerstand $r_f = 0{,}9 \cdot 10^{-3}\ \Omega$ entnommen werden können, wenn er einen Sinus-Halbschwingungsstrom mit dem Scheitelwert $\hat{i}_T = 300$ A führt (**Bild 2.1.1**)?

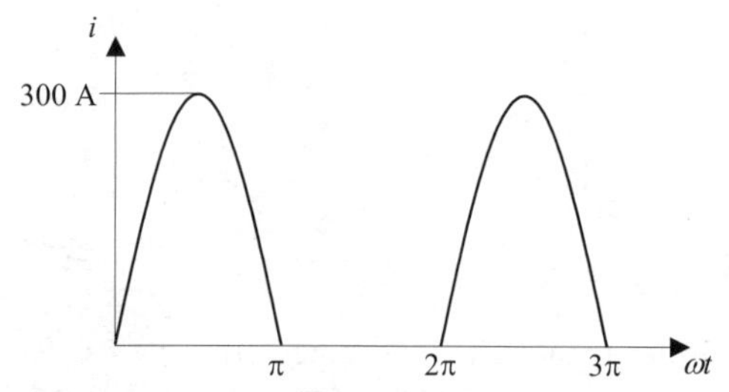

Bild 2.1.1 Sinus-Halbschwingungsstrom

Lösung:

Für die Verlustleistung gilt **L** Gl. (2.5):

$$P_D = U_{T0} I_{TAV} + r_f I_{Teff}^2 = U_{T0} I_{TAV} + r_f (F \cdot I_{TAV})^2$$

Mit

$$I_{TAV} = \frac{1}{T} \int_0^T i_T(\omega t)\,\mathrm{d}\omega t = \frac{\hat{i}_T}{2\pi} \int_0^\pi \sin \omega t\,\mathrm{d}\omega t = \frac{\hat{i}_T}{\pi}$$

und

$$I_{Teff} = \sqrt{\frac{1}{T} \int_0^T i_T^2(\omega t)\,\mathrm{d}\omega t} = \sqrt{\frac{\hat{i}_T^2}{2} \int_0^\pi \sin^2 \omega t\,\mathrm{d}\omega t} = \frac{\hat{i}_T}{2}$$

sowie

$$F = \frac{I_{T\,eff}}{I_{TAV}} = \frac{\pi}{2}$$

erhält man eine Verlustleistung von $P_D = U_{T0} \dfrac{\hat{i}_T}{\pi} + r_f \dfrac{\hat{i}_T^2}{4} = 120{,}5\ \mathrm{W}$.

2.1.3 Kühlmitteltemperatur

Wie hoch ist die zulässige Kühlmitteltemperatur $\vartheta_{U\,max}$, wenn der Thyristor für die in Aufgabe 2.1.2 genannte 50-Hz-Dauerbelastung die Wärmewiderstände $Z_{th\,JGp} = 0{,}143$ K/W und $Z_{th\,GU} = 0{,}6$ K/W aufweist und eine maximale Sperrschichttemperatur $\vartheta_{J\,max} = 115$ °C zugelassen wird ?

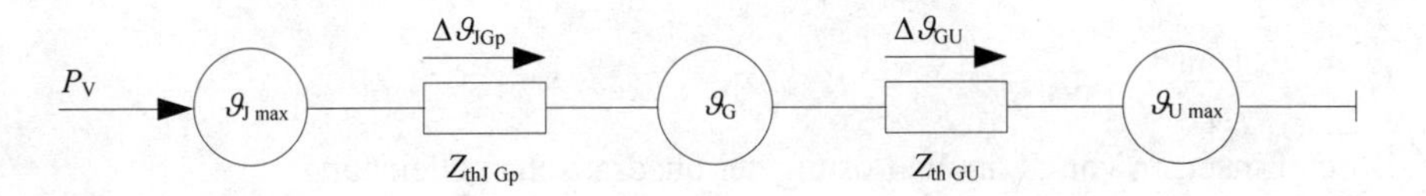

Bild 2.1.2 Thermisches Ersatzschaltbild

Lösung:

$\Delta\vartheta = Z_{th\,JUp} \cdot P_V = (Z_{th\,JGp} + Z_{th\,GU}) \cdot P_V$; mit $P_V = P_D$ wird $\Delta\vartheta = 90$ K und

$\vartheta_{U\,max} = \vartheta_{J\,max} - \Delta\vartheta_{JU} = (115 - 90)\ °C = 25\ °C$

2.1.4 Gehäusetemperatur

Auf welchen Grenzwert $\vartheta_{G\,max}$ ist ein Temperaturwächter einzustellen, der über einen Fühler in einer Bohrung die Gehäusetemperatur ϑ_G überwacht und im vorhergehenden Betrieb nach Aufgabe 2.1.3 die Begrenzung der Sperrschichttemperatur auf $\vartheta_{J\,max} = 115\ °C$ sicherstellen soll ?

Lösung:

$\vartheta_{G\,max} = \vartheta_{J\,max} - \Delta\vartheta_{JGp} = \vartheta_{J\,max} - Z_{th\,JGp} \cdot P_V$

$\vartheta_{G\,max} = (115 - 0{,}143 \cdot 120{,}5)\ °C = 98\ °C$

2.1.5 Erhöhte Kühlmitteltemperatur

Welcher Wert P'_V kann für die Verlustleistung zugelassen werden, wenn bei den in Aufgabe 2.1.3 genannten Wärmewiderständen und $\vartheta_{J\,max} = 115\ °C$ mit einer erhöhten Kühlmitteltemperatur $\vartheta'_{U\,max} = 35\ °C$ zu rechnen ist ? Auf welche Größe I'_{TAV} muss der Dauergrenzstrom dabei herabgesetzt werden?

Lösung:

$$\vartheta_{J\,max} = (Z_{th\,JGp} + Z_{th\,GU}) \cdot P_V + \vartheta_{U\,max}$$

$$P'_V = \frac{\vartheta_{J\,max} - \vartheta'_{U\,max}}{Z_{th\,JGp} + Z_{th\,GU}} = \frac{115 - 35}{0{,}143 + 0{,}6}\ \text{W} = 108\ \text{W}$$

Mit $P_V = U_{T0} I_{TAV} + r_f I^2_{T\,eff} = U_{T0} I_{TAV} + r_f (F \cdot I_{TAV})^2$ gilt für I'_{TAVM}

$$I_{\mathrm{TAVM}}^{2} + \frac{U_{\mathrm{T0}}}{r_{\mathrm{f}} F^{2}} \cdot I_{\mathrm{TAVM}} - \frac{P_{\mathrm{V}}}{r_{\mathrm{f}} F^{2}} = 0.$$

Durch Einsetzen von P'_{V} in die Lösung der quadratischen Gleichung

$$I'_{\mathrm{TAVM}} = \sqrt{\left(\frac{U_{\mathrm{T0}}}{2 r_{\mathrm{f}} F^{2}}\right)^{2} + \frac{P'_{\mathrm{V}}}{r_{\mathrm{f}} \cdot F^{2}}} - \frac{U_{\mathrm{T0}}}{2 r_{\mathrm{f}} F^{2}}$$

erhält man

$I'_{\mathrm{TAVM}} = 87$ A (gegenüber $I_{\mathrm{TAV}} = 95{,}5$ A bei $\vartheta_{\mathrm{U\,max}} = 25$ °C).

Dies bedeutet eine Reduzierung des zulässigen Dauergrenzstroms um 9 % wenn sich die Kühlmitteltemperatur um 10 °C erhöht.

2.1.6 Kurzzeit- und Impulsbelastbarkeit

Wie wirkt sich der Einfluss der geometrischen Abmessungen auf die Kurzzeit- und Impulsbelastbarkeit von Halbleiter-Bauelementen aus?

Antwort:

Maßgebend für das Zeitverhalten eines Bauelements ist seine thermische Zeitkonstante $T_{\mathrm{th}} = R_{\mathrm{th}} \cdot C_{\mathrm{th}}$, vgl. **L** Gl. (2.20). Die darin enthaltene Wärmekapazität $C_{\mathrm{th}} = c \cdot m$ wird durch die spezifische Wärme c des Materials (Silizium: $c = 700$ Ws/(kg K)) und die Masse m bestimmt, ist also dem Volumen proportional. Daher reagieren kleine Bauelemente für geringe Schaltleistung wesentlich empfindlicher auf Belastungsänderungen und Impulsbelastung als große Hochleistungsventile. Der thermische Widerstand R_{th} bzw. Z_{th} wird im wesentlichen durch die Kühlart bestimmt (vgl. Aufgabe 2.2.4).

2.1.7 Sperrschichttemperatur bei einem Einschaltvorgang

Zu bestimmen ist der Verlauf der Sperrschichttemperatur ϑ_{J} eines Leistungsbauelements für einen Einschaltvorgang bei Belastung mit konstantem Strom. Die auftretende Verlustleistung wird konstant angenommen: $P_{\mathrm{V}} = 20$ W.

Aus den Angaben im Datenblatt und der Erwärmungsmessung werden folgende Daten der thermischen Ersatzkomponenten bestimmt:

Wärmewiderstände:	Siliziumscheibe – Gehäuse:	$R_{\mathrm{th\,JG}} = 0{,}5$ K/W
	Gehäuse – Kühlkörper:	$R_{\mathrm{th\,GK}} = 0{,}8$ K/W
	Kühlkörper – Umgebung:	$R_{\mathrm{th\,KU}} = 6{,}0$ K/W

Wärmekapazitäten:	Silizium:	$C_{\mathrm{th\,J}}$	= 0,008 Ws/K
	Gehäuse:	$C_{\mathrm{th\,G}}$	= 12,5 Ws/K
	Kühlkörper:	$C_{\mathrm{th\,K}}$	= 100,0 Ws/K

Datei: *Projekt*: Kapitel 2.ssc \ *Datei*: Sperrschichttemperatur1.ssh

Lösung:

Im nicht stationären Betrieb, also bei zeitlich veränderlicher Verlustleistung, wird der Verlauf der Sperrschichttemperatur neben der Wärmeableitung maßgebend durch das Wärmespeichervermögen des Ventils bestimmt. Mit der bestehenden Analogie zwischen dem Wärmeströmungsfeld und dem elektrischen Strömungsfeld (**L** Tabelle 2.1) kann ein thermisches Ersatzschaltbild aufgestellt werden. Die analytische Berechnung des Temperaturverlaufs erfolgt über den transienten Wärmewiderstand Z_{th}, der durch Messung bestimmt wird (**L** Abschnitt 2.1). Dahinter verbirgt sich die Vorstellung eines thermischen Kettenleiters aus RC-Gliedern. Die dem konstruktiven Aufbau des Ventils entsprechende Parallelstruktur wird in eine Reihenschaltung umgeformt, da diese leichter zu berechnen ist. Für die nachfolgenden Simulationen wird ein einfacher Ventilaufbau, bestehend aus Siliziumscheibe, Gehäuse und Kühlkörper, angenommen (**L** Bild 2.3).
Das thermische Ersatzschaltbild dieser Anordnung zeigt **Bild 2.1.3**, welches in dieser Form direkt als elektrisches Netzwerk in das Simulationsprogramm eingegeben werden kann. Die in diesem Ersatzschaltbild auftretenden Spannungen stehen für Temperaturdifferenzen. Da die Masse das Niveau der Umgebungstemperatur beschreibt, muss für absolute Temperaturangaben dieser Wert hinzugerechnet werden. Die im Kristall entstehende Verlustleistung wird im Ersatzschaltbild durch eine Stromquelle wiedergegeben.

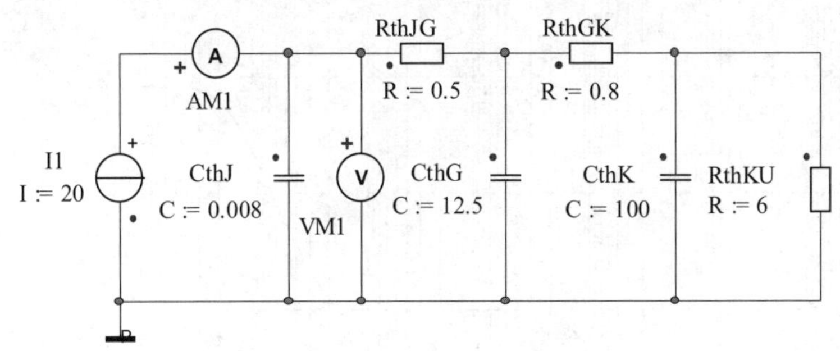

Bild 2.1.3 Simulationsmodell des thermischen Ersatzschaltbilds

Beim Einschalten des Ventils entsteht sprunghaft eine Verlustleitung $p_{\mathrm{V}} = 20$ W (AM1). Der berechnete Verlauf der Sperrschichttemperatur ist in **Bild 2.1.4** dargestellt. Diese erreicht einen Endwert $\Delta\vartheta_{\mathrm{JU}} = \vartheta_{\mathrm{J}} - \vartheta_{\mathrm{U}} \approx 145$ °C (VM1).

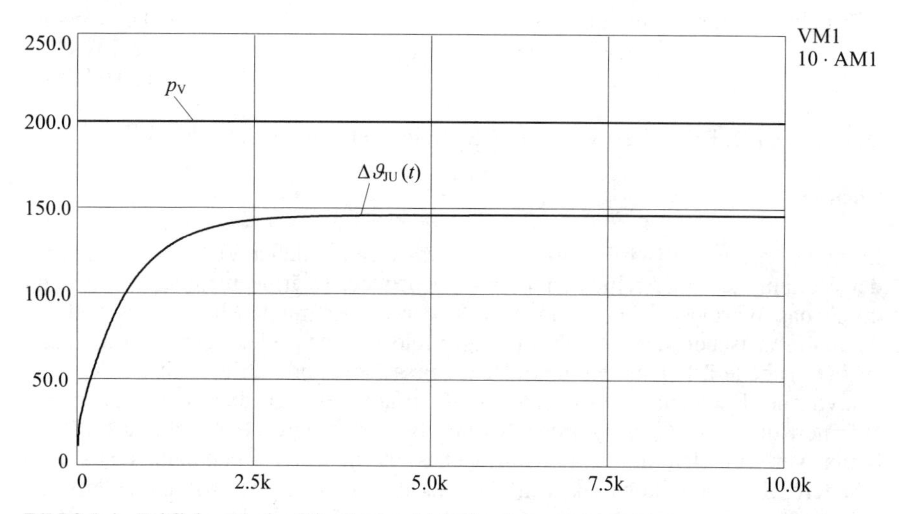

Bild 2.1.4 Zeitlicher Verlauf der Sperrschichtübertemperatur

Bei einer Umgebungstemperatur $\vartheta_U = 20$ °C ergibt sich damit ein Absolutwert der Sperrschichttemperatur $\vartheta_J = 165$ °C. Der zeitliche Verlauf der Temperatur wird dominant durch die größte Zeitkonstante des Systems geprägt, welche durch das Speichervermögen und die Wärmeleitung des Kühlkörpers gegeben ist. Mit $R_{th\,KU} \cdot C_{th\,K} = 600$ s = 10 min ist diese hier 15000-fach größer als diejenige der Siliziumscheibe mit 0,004 ms. Um das thermische Verhalten der Sperrschicht

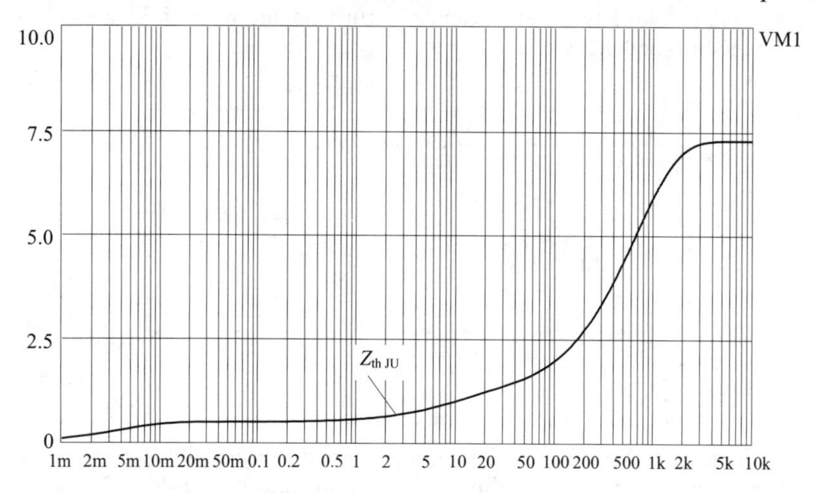

Bild 2.1.5 Transienter Wärmewiderstand

sichtbar zu machen, ist eine logarithmische Darstellung der Zeitachse zweckmäßig. Setzt man ferner für die Verlustleistung 1 W ein – bezieht also die Temperatur auf die Einheit der Verlustleistung –, so gewinnt man den in den Datenblättern angegebenen transienten Wärmewiderstand $Z_{\text{th JU}}$, wie er für dieses Beispiel in **Bild 2.1.5** durch die Simulation geliefert wird (vgl. **L** Bild 2.4). Der Endwert für $t \to \infty$ beträgt $R_{\text{th JU}} = R_{\text{th JG}} + R_{\text{th GK}} + R_{\text{th GU}} = 7{,}3$ K/W.

Anregung:

- Durch Anwendung eines anderen Kühlkörpers gilt für die thermischen Ersatzkomponenten: $R_{\text{thKU}} = 2{,}0$ K/W,
  $C_{\text{thK}} = 1000{,}0$ Ws/K.
  Welchen Wert darf die zulässige Verlustleistung im Halbleiterkristall für eine maximale Sperrschichttemperatur von $\vartheta_{\text{J max}} = 165$ °C annehmen?
- Man bestimme den transienten Wärmewiderstand Z_{th} für die Fremdkühlung (logarithmische Zeitachse, 1-W-Anregung).

2.1.8 Dauergrenzstrom eines Thyristors bei Impulsbelastung

Zu bestimmen sind Mittelwert I_{TAV} und Spitzenwert $\hat{i}_{\text{T}}$ des zulässigen Stroms eines Thyristors bei einer Belastung im 50-Hz-Betrieb mit Rechteck-Impulsströmen der unten angegebenen Form. Als Sperrschicht-Grenztemperatur wird $\vartheta_{\text{J max}} = 115$ °C zugelassen, die Kühlmitteltemperatur beträgt $\vartheta_{\text{U}} = 35$ °C. Die Kennliniendaten sind Aufgabe 2.1.2 zu entnehmen. Das Datenbuch enthält folgende Werte der Wärmewiderstände:

$Z_{\text{th JGt}} = 0{,}13$ K/W; $Z_{\text{th GU}} = 0{,}2$ K/W;

$\Delta r_{\text{a}} = 0{,}0175$ K/W; $\Delta r_{\text{b}} = 0{,}027$ K/W; $\Delta r_{\text{c}} = 0{,}043$ K/W.

Die Sperr, Schalt- und Steuerverluste werden vernachlässigt, so dass $P_{\text{V}} = P_{\text{D}}$ angenommen werden kann.

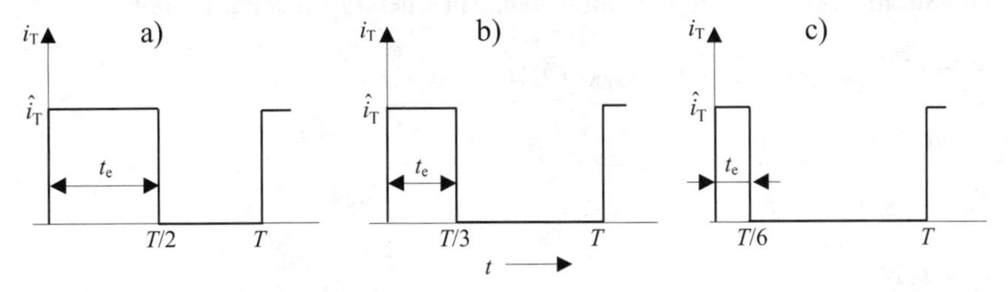

Bild 2.1.6 Rechteck-Impulsströme

Lösung:

- Zulässige Verlustleistung:

Bei Rechteck-Impulsströmen setzt sich der transiente Wärmewiderstand für Impulsbelastung ($Z_{\text{th JGp}}$) aus dem Wert für Konstantstrombelastung ($Z_{\text{th JGt}}$) und dem Impulswärmewiderstand (Δr) zusammen, siehe **L** Bild 2.4. Damit folgt aus Bild 2.1.2:

$$P_{\text{V}} = \frac{\vartheta_{\text{J max}} - \vartheta_{\text{U}}}{Z_{\text{th JGp}} + Z_{\text{th GU}}} = \frac{\vartheta_{\text{J max}} - \vartheta_{\text{U}}}{Z_{\text{th JGt}} + \Delta r + Z_{\text{th GU}}}$$

Ergebnisse siehe Tabelle 2.1.2!

- Formfaktor:

Der Formfaktor ergibt sich aus

$$I_{\text{TAV}} = \frac{1}{T}\int_0^T i(t)\,\mathrm{d}t = \frac{1}{T}\int_0^{t_{\text{e}}} \hat{i}_{\text{T}}\,\mathrm{d}t = \hat{i}_{\text{T}}\frac{t_{\text{e}}}{T}$$

und

$$I_{\text{Teff}} = \sqrt{\frac{1}{T}\int_0^T i^2(t)\,\mathrm{d}t} = \sqrt{\frac{1}{T}\int_0^{t_{\text{e}}} \hat{i}_{\text{T}}^2\,\mathrm{d}t} = \hat{i}_{\text{T}}\sqrt{\frac{t_{\text{e}}}{T}}$$

zu

$$F = \frac{I_{\text{T eff}}}{I_{\text{TAV}}} = \sqrt{\frac{T}{t_{\text{e}}}}.$$

- Strom-Mittelwerte:

Die Strom-Mittelwerte I_{TAV} erhält man entsprechend Aufgabe 2.1.5 mit

$$P_{\text{V}} = U_{\text{T0}} I_{\text{TAV}} + r_{\text{f}} I_{\text{T eff}}^2 = U_{\text{T0}} I_{\text{TAV}} + r_{\text{f}}(F \cdot I_{\text{TAV}})^2$$

- Strom-Spitzenwerte:

Für die Strom-Spitzenwerte gilt:

$$\hat{i}_{\text{T}} = I_{\text{TAV}} \cdot \frac{T}{t_{\text{e}}}.$$

Tabelle 2.1.2 Ergebnisse

Impulsform		a	b	c
P_V	W	230,2	224,1	214,5
F	–	$\sqrt{2}$	$\sqrt{3}$	$\sqrt{6}$
I_{TAV}	A	169,8	153,1	124,5
$\hat{i}_T$	A	339,6	459,4	747,1

Zum Vergleich sind im folgenden **Bild 2.1.7** außer dem Ergebnis die einem konstanten Mittelwert entsprechenden Werte $\hat{i}'_T$ eingezeichnet:

$$\hat{i}'_T = \hat{i}_{Ta} \frac{T}{2t_e}.$$

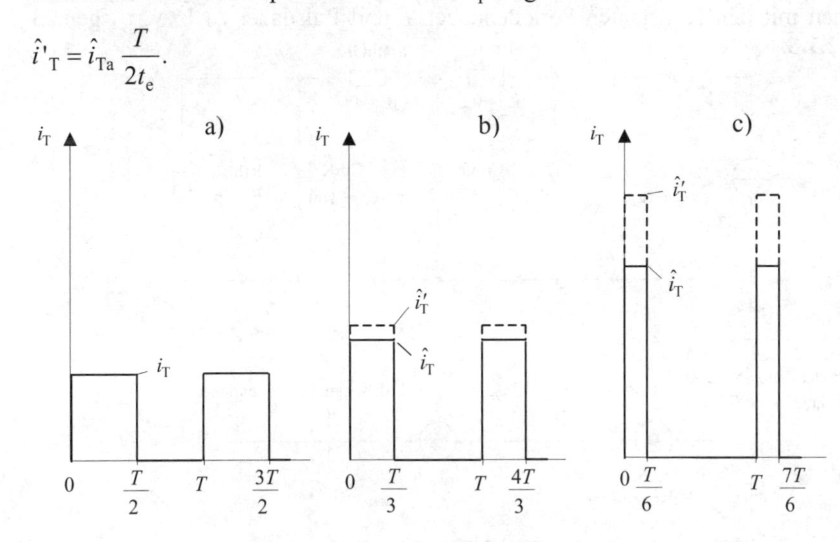

Bild 2.1.7 Strom-Spitzenwerte

2.1.9 Sperrschichttemperatur bei Aussetzbetrieb

Zu bestimmen ist der Verlauf der Sperrschichttemperatur eines Halbleiterbauelements bei Impulsbetrieb für eine Periodendauer T = 1200 s. Für die Impulsdauer gelten die Einschaltzeiten t_{e1} = 0,75 T und t_{e2} = 0,25 T. In beiden Fällen soll der Mittelwert der Verlustleitung P_V = 20 W betragen. Der sich hieraus ergebende Maximalwert der Sperrschichttemperatur ist mit dem Wert für Dauerbetrieb aus Aufgabe 2.1.7 zu vergleichen.

Datei: *Projekt*: Kapitel 2.ssc \ *Datei*: Sperrschichttemperatur2.ssh

Lösung:

Für von $T = 1200$ s ergibt sich bei $t_{e1} = 0{,}75\ T$ eine Impulsdauer von 900 s und für $t_{e2} = 0{,}25\ T$ eine Dauer von 300 s. Für $P_V = 20$ W beträgt die Amplitude im ersten Fall $\hat{p}_{V1} = 26{,}7$ W, für den zweiten Fall $\hat{p}_{V2} = 80$ W.
Für die Untersuchung des Aussetzbetriebs muss das Simulationsmodell der Anordnung in Bild 2.1.3 ergänzt werden. Eine steuerbare Stromquelle ersetzt die Konstantstromquelle und ermöglicht so die Abbildung der sich ändernden Verlustleistung. Die Vorgabe der Impulsform erfolgt vorteilhaft über den Zustandsgraphen mit den Konstanten Periodendauer T und Pulsdauer t_{e1} bzw. t_{e2} gemäß **Bild 2.1.8**.

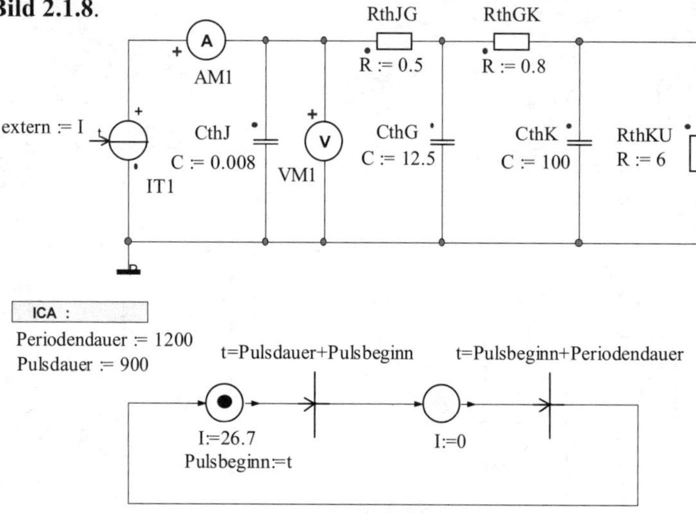

Bild 2.1.8 Thermisches Ersatzschaltbild mit Zustandsgraph zur Impulserzeugung

Die Simulation liefert die zeitlichen Verläufe der Sperrschichttemperatur ϑ_J. Obwohl in den drei Belastungsfällen Dauerbetrieb (Aufgabe 2.1.13), Aussetzbetrieb mit $t_{e1} = 0{,}75\ T$ (**Bild 2.1.9**) und Aussetzbetrieb mit $t_{e2} = 0{,}25\ T$ (**Bild 2.1.10**) die gleiche mittlere Verlustleistung in der Siliziumscheibe anfällt, erreicht die Sperrschichtübertemperatur deutlich unterschiedliche Spitzenwerte. Liegt der Wert für Dauerbetrieb bei 145 °C, so steigt er im ersten Fall des Aussetzbetriebs auf ca. 177 °C und im zweiten Fall auf ca. 305 °C. Dies ist für die meisten Leistungshalbleiter unzulässig hoch und wird nur von wenigen Dioden beherrscht. In beiden Beispielen des Aussetzbetriebs liegt die Einschaltdauer in der Größenordnung der größten thermischen Zeitkonstanten. Damit steigt die Sperrschichtübertemperatur bis in die Nähe der stationären Endtemperatur (Beharrungstemperatur). Daher muss bei Impulsbetrieb die Verlustleistung bzw. der zulässige Dauergrenzstrom gegenüber Konstantstrombelastung reduziert werden. Vgl. hierzu auch Aufgabe 2.1.8.

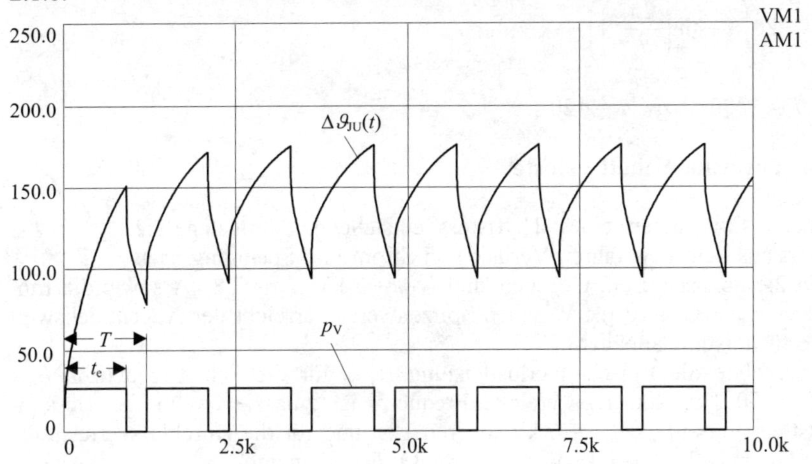

Bild 2.1.9 Sperrschichtübertemperatur im Aussetzbetrieb mit $T = 20$ min und $t_{e1} = 0{,}75\ T$

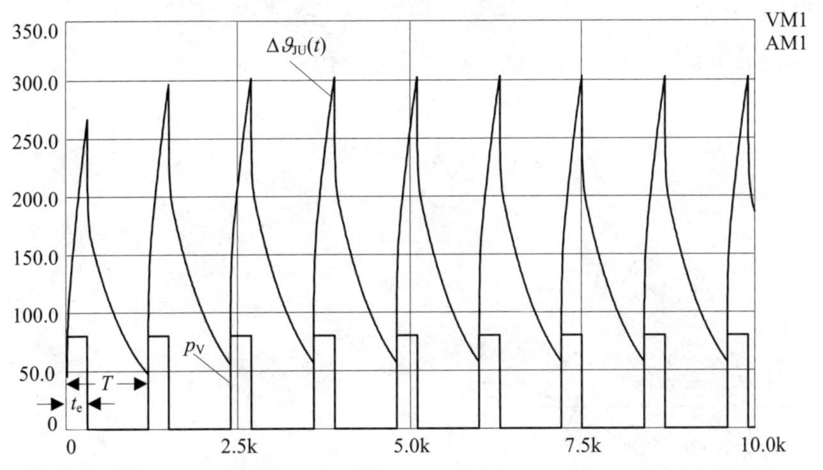

Bild 2.1.10 Sperrschichtübertemperatur im Aussetzbetrieb mit $T = 20$ min und $t_{e2} = 0{,}25\ T$

Anregung:

- Es ist der Verlauf der Sperrschichttemperatur ϑ_J für Impulsbetrieb mit $T = 120$ s und $t_{e1} = 0{,}75\ T$ bzw. $t_{e2} = 0{,}25\ T$ zu simulieren. Welche Unterschiede sind festzustellen?

- Man simuliere den Verlauf der Sperrschichttemperatur ϑ_J für eine Verlustleistung

$$p_V = 20\left(1+\sin\left(\frac{2\pi}{T}t\right)\right)$$

mit $T = 1200$ s bzw. $T = 120$ s.

2.1.10 Thyristor-Schaltverluste

Die beim Einschalten eines Thyristors entstehende Verlustenergie $W_{S\,on}$ ist aus dem ungefähren Verlauf von Strom und Spannung nach **L** Bild 2.1 abzuschätzen. Gegeben sind U_{T0} = 5 kV; I_T = 2,8 kA sowie die Einschaltzeit $t_{on} \approx t_{gr}$ = 20 µs. Welchen Spitzenwert $\hat{p}$ erreicht der Augenblickswert der Verlustleistung annähernd?
Man berechne die Einschaltverlustleistung $P_{S\,on}$ für die Schaltfrequenzen f_S = 50 Hz; 100 Hz; 200 Hz. Welche Frequenz ist zulässig, wenn die Gesamt-Verlustleistung auf $P_{V\,max}$ = 6 kW begrenzt ist und für die Durchlassverluste die Werte $I_{TAV} = I_T/2$; U_0 = 1,13 V; r_f = 0,18 mΩ; $F=\sqrt{2}$ gelten?

Lösung:

Spitzenwert: $\hat{p} \approx \frac{U_{T0}}{2}\cdot\frac{I_T}{2} = 2{,}5\,\text{kV}\cdot 1{,}4\,\text{kA} = 3{,}5\,\text{MW}$

Rechteck-Näherung für $p(t)$: $W_{S\,on} = \frac{\hat{p}}{2}\cdot t_{on} = 35\,\text{Ws}$

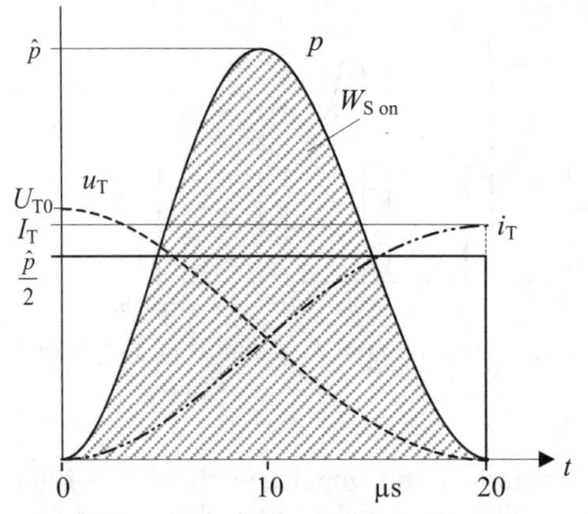

Bild 2.1.11 Schalt-Verlustenergie eines Thyristors

(Messtechnisch kann W_S mit einem Digital-Oszilloskop ermittelt werden, das Produktbildung und Integration als Rechnerfunktionen enthält.)
Verlustleistung nach **L** Gl. (2.2.1): $P_{S\,on} = f_S \cdot W_{S\,on}$ = 1,75 kW; 3,5 kW; 7,0 kW.
Die Ausschaltverluste $P_{S\,off}$ liegen in der gleichen Größenordnung. Mit den Durchlassverlusten nach **L** Gl. (2.5)

$$P_D = \left[1{,}13 \cdot 1400 + 0{,}18 \cdot 10^{-3}\left(\sqrt{2} \cdot 1400\right)^2\right] \mathrm{W} = 2288\ \mathrm{W}$$

begrenzen sie den Betriebsbereich dieses Thyristors auf die Netzfrequenz 50 Hz.

2.1.11 Höherer Dauergrenzstrom bei reduzierten Schaltverlusten

An einem Thyristor mit den Daten I_{TAVM} = 1575 A; U_0 = 1,4 V; r_f = 0,3 mΩ wurden bei der Schaltfrequenz f_S = 50 Hz die Schaltverlustenergien $W_{S\,on}$ = 12 Ws und $W_{S\,off}$ = 10 Ws oszillokopisch gemessen. Auf welchen Wert I'_{TAVM} kann der Dauergrenzstrom (Formfaktor $F = \sqrt{3}$) erhöht werden, wenn man die Schaltverluste entsprechend **L** Bild 2.1 auf 75 % verringert? Dabei sind nur die Durchlass- und Schaltverluste zu berücksichtigen.

Lösung:

Durchlassverluste: $P_D = [1{,}4 \cdot 1575 + 0{,}3 \cdot 10^{-3}(\sqrt{3} \cdot 1575)^2\,]\,\mathrm{W} = 4438\ \mathrm{W}$;

Schaltverluste: P_S = [(12 + 10) · 50] W = 1100 W;

Gesamte Verlustleistung: P_V = 5538 W;

Bei reduzierten Schaltverlusten wird $P'_V = (4438 + 1100 \cdot 0{,}75)\,\mathrm{W} = 5263\,\mathrm{W}$;
Aus **L** Gl. (2.12) folgt damit

$$I'_{TAVM} = \left[\sqrt{\left(\frac{1{,}4}{2 \cdot 0{,}3 \cdot 10^{-3} \cdot 3}\right)^2 + \frac{5263}{0{,}3 \cdot 10^{-3} \cdot 3}} - \frac{1{,}4}{2 \cdot 0{,}3 \cdot 10^{-3} \cdot 3}\right] \mathrm{A} = 1762\ \mathrm{A}.$$

Die Verringerung der Schaltverluste reduziert die Gesamtverlustleistung in diesem Fall um 5 % und ermöglicht eine Erhöhung des Dauergrenzstroms um knapp 12 %.

2.1.12 Temperaturabhängigkeit des IGBT-Dauergrenzstroms

An einem IGBT mit den Daten $U_{CE\,sat}$ = 3,2 V; $\vartheta_{J\,max}$ = 150 °C; $R_{th\,JU}$ = 0,028 K/W; $W_S = W_{S\,on} + W_{S\,off}$ = (0,13 + 0,12) Ws soll die Temperaturabhängigkeit des Dauergrenzstroms untersucht werden. Außer den Durchlass-

und Schaltverlusten sind die Steuerverluste pauschal mit $P_G = 0{,}05 \cdot P_S$ zu berücksichtigen. Zu ermitteln ist I_{CM} als Funktion der Kühlmitteltemperatur ϑ_U in dem für Luft- bzw. Wasserkühlung möglichen Bereich $10\ ^\circ C \leq \vartheta_U \leq 70\ ^\circ C$. Man führe die Berechnung für die Schaltfrequenzen $f_S = 5$ kHz bzw. 10 kHz durch und bewerte den unterschiedlich großen Einfluss der Schaltverluste.

Lösung:

Man ermittelt mit $\Delta\vartheta_{JU}$ nach **L** Gl. (2.9) die zulässige Verlustleistung P_V. Nach Abzug der Schalt- und Steuerverlustleistungen $P_S + P_G = 1{,}05 \cdot W_S \cdot f_S$ verbleibt die zulässige Durchlassverlustleistung $P_D = P_V - (P_S + P_G)$. Damit folgt I_{CM} aus **L** Gl. (2.7).

Tabelle 2.1.3 Ergebnisse

	ϑ_U	°C	10	30	50	70
$f_S = 5$ kHz	I_{CM}	A	1152	929	706	483
$f_S = 10$ kHz	I_{CM}	A	742	519	296	72,5

2.1.13 Frequenzabhängigkeit des IGBT-Dauergrenzstroms

Für einen IGBT mit den Daten $U_{CE\ sat} = 3{,}0$ V; $R_{th\ JU} = 0{,}45$ K/W; $W_{S\ on} = 3{,}4$ mWs; $W_{S\ off} = 2{,}2$ mWs sowie $\vartheta_{J\ max} = 150\ ^\circ C$; $\vartheta_U = 25\ ^\circ C$ (Wasserkühlung) ist bei der Schaltfrequenz $f_S = 20$ kHz der Dauergrenzstrom I_{CM} zu ermitteln. Die Steuer-, Sperr- und Blockierverluste können außer Acht bleiben. In gleicher Weise sind I_{CM}-Werte für niedrigere Schaltfrequenzen zu ermitteln. Man erweitere die Berechnung auf Luft-Fremdkühlung mit $\vartheta_U = 70\ ^\circ C$ (ungünstigster Fall) und stelle den Strom I_{CM} sowie den Faktor $a = P_V/P_D$ als Funktion der Schaltfrequenz dar.

Lösung:

Mit $\Delta\vartheta_{JU\ max} = 125$ K folgt aus **L** Gl. (2.9) die zulässige Verlustleistung $P_V = 278$ W. Mit den Schaltverlusten P_S nach **L** Gl. (2.2.2) ist wegen der Vernachlässigung der übrigen Verlustanteile a und I_{CM} gemäß **L** Gln. (2.13.1/2) zu berechnen.

Tabelle 2.1.4 Ergebnis für Wasserkühlung (W)

f_S	kHz	5	10	15	20
$a = P_V/P_D$	–	1,11	1,25	1,43	1,67
I_{CM}	A	83,4	74,1	64,8	55,4

Tabelle 2.1.5 Luft-Fremdkühlung (L)

f_S	kHz	5	10	15	20
$a = P_V/P_D$	–	1,19	1,46	1,89	2,70
I_{CM}	A	49,8	40,6	31,4	21,9

Hierbei beträgt $\Delta \vartheta_{JU\,max} = 80$ K und die zulässige Verlustleistung $P_V = 179$ W.

Im **Bild 2.1.12** ist dem Verlauf von $a = f(f_S)$ der starke Einfluss der Schaltverluste bei steigender Schaltfrequenz zu entnehmen. Der Vergleich der beiden Kühlungsarten zeigt den erheblichen Gewinn bei der Strombelastbarkeit durch den Übergang zur Wasserkühlung. Wieso sind die Funktionen $I_{CM} = f(f_S)$ linear und verlaufen außerdem parallel?

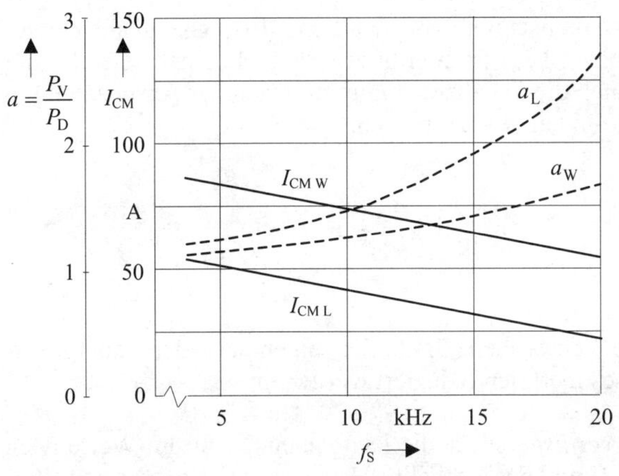

Bild 2.1.12 IGBT-Dauergrenzstrom bei variabler Frequenz

2.1.14 IGBT-Grenzfrequenz

Ein Hochleistungs-IGBT für die höchstzulässige Sperrspannung $U_{CEM} = 3300$ V hat die Daten $U_{CE\,sat} = 4{,}2$ V; $I_{CM} = 1200$ A. Für die gesamte Verlustleistung sind $P_V = 13$ kW zugelassen; die Schaltverlustenergie beträgt $W_{S\,on} = 3{,}3$ Ws bzw. $W_{S\,off} = 2{,}0$ Ws. Zu ermitteln ist die höchstzulässige Schaltfrequenz $f_{S\,max}$. Steuer-, Sperr- und Blockierverluste sind zu vernachlässigen. Welche Werte des Dauergrenzstroms wären bei reduzierter Schaltfrequenz f_S zulässig?

Lösung:

Aus $P_V = P_D + P_S = U_{CE\,sat} \cdot I_{CM} + (W_{S\,on} + W_{S\,off}) \cdot f_S$ folgt

$$f_{S\,max} = \frac{13 \cdot 10^3 - 4{,}2 \cdot 1200}{5{,}3}\,\text{Hz} = 1{,}5\ \text{kHz}$$

Bei zunächst konstant angenommener Schaltverlustenergie W_S erhält man bei reduzierter Frequenz für

$$I_{CM} = \frac{P_V - P_S}{U_{CE\,sat}}$$

die Werte in Zeile 2 der **Tabelle 2.1.6**.

Die dabei benutzte Annahme konstanter, von der Schaltfrequenz unabhängiger Schaltverlustenergien $W_{S\,on}$ bzw. $W_{S\,off}$ ist allerdings sehr grob: Real steigt W_S mit dem Kollektorstrom an, da auch die Schaltzeit zunimmt. Nach der Abschätzung in Aufgabe 2.1.3 kann etwa $W_S \sim I_C$ angesetzt werden.
Dies führt auf

$$I'_{CM} = \frac{P_V}{U_{CE\,sat} + \dfrac{W_S \cdot f_S}{I_{CM}}}$$

und ergibt die Werte in Zeile 3 der Tabelle 2.1.6. Sie zeigen, dass der Dauergrenzstrom infolge dieses Einflusses merklich reduziert werden muss.

Zur Einschätzung der *Schaltverluste* ist für die letztgenannten Strom-Werte noch der Wert a nach **L** Gl. (2.13.2) und das Verhältnis $P_S/P_D = a - 1$ angegeben (Zeilen 4 und 5), aus dem man den bei hohen Frequenzen dominierenden Einfluss erkennt.

Tabelle 2.1.6 Ergebnisse

f_S	kHz	0,5	1,0	1,5
I_{CM}	A	2464	1833	1200
I'_{CM}	A	2029	1509	1200
$a = P_V/P_D$	–	1,52	2,05	2,57
P_S/P_D	–	0,52	1,05	1,57

2.2 Kühlung

2.2.1 Kühlmittel

Wie sieht ein qualitativer Vergleich der wichtigsten Eigenschaften der Kühlmittel Luft, Wasser und Öl aus?

Antwort:

Die für die Verwendung als Stromrichter-Kühlmittel wesentlichen Eigenschaften werden in **Tabelle 2.2.1** aufgeführt. Dabei bezeichnet + eine vorteilhafte, – eine nachteilige Eigenschaft.

Tabelle 2.2.1 Kühlmitteleigenschaften

Eigenschaft	Luft	Wasser	Öl
Isolierfähigkeit (Spez. Widerst.)	+	+[1]	++
Kühlleistung[2]	–	++	+
Korrosionsfestigkeit	++	–	+
Feuerresistenz	++	++	––
Frostsicherheit	++	–[3]	++
Umweltverträglichkeit	++	++	–
Wartungsfreiheit	++	+	–
Kosten	++	+	––

[1] nach Entionisierung [3] mit Frostschutz: ++
[2] vgl. **L** Abschnitt 2.2

Die obige Bewertungen gelten vorwiegend für stationäre Anlagen. Auf Fahrzeugen sprechen hohe Kühlleistungen und geringer Raumbedarf für Flüssigkeits- oder Siedekühlung.

2.2.2 Kühlarten

Der in **L** Abschnitt 2.2 angestellte Vergleich verschiedener Kühlarten beschränkt sich auf deren thermische Eigenschaften. Wie ist der unterschiedliche technische Aufwand zu bewerten?

Antwort:

Den geringsten Aufwand erfordert *Luftkühlung*, wobei in einfachen Fällen Selbstkühlung mit natürlicher Konvektion und Strahlung ausreicht. Für Fremdkühlung sind Lüfter und bei Bedarf Luftkanäle zur definierten Führung des Kühlstroms nötig. Bei *Flüssigkeitskühlung* mit Wasser oder Öl sind Pumpen und geschlossene Kreisläufe erforderlich, ggf. auch belüftete Rückkühler für das Kühlmittel. Bei Wasserkühlung können außerdem Entionisierung und Frostschutz nötig werden. Erhöhter Kühlungsaufwand kann auch vergrößerten Raumbedarf und höheres Gewicht erfordern und auf Fahrzeugen die ausführbare Leistung begrenzen. Die für den Umlauf des Kühlmittels aufzubringende Lüfter- oder Pumpenleistung ist zur Überwindung der Reibung im Kühlsystem notwendig. Sie tritt zwar im Gesamtwirkungsgrad gegenüber der erreichbaren Leistungssteigerung der Stromrichter stets zurück, führt jedoch zu einer Erwärmung des Kühlmittels und muss daher begrenzt werden.

2.2.3 Vergleich Luft-/ Wasserkühlung

Für einen Hochleistungs-Thyristor in Scheibenbauform ist der zulässige Dauergrenzstrom I_{TVAM} bei verschiedenen Kühlarten zu ermitteln. Für den Strom werde eine 50-Hz-Sinus-Halbschwingung entsprechend Aufgabe 2.1.2 angenommen; bei den Verlusten beschränke man sich auf die Durchlass-Verlustleistung P_D. Gegeben sind die

Thyristor-Daten: $U_{T0} = 1{,}04$ V; $r_f = 0{,}41 \cdot 10^{-3}\ \Omega$
$Z_{th\,JKp} = 0{,}044$ K/W (doppelseitige Kühlung)
Temperatur-Grenzwerte: $\vartheta_{J\,max} = 125$ °C; $\vartheta_U = 35$ °C

Für Luft- bzw. Wasserkühlung stehen Kühlkörper mit folgenden Daten zur Verfügung:

Luftkühlung: $Z_{th\,KU\,S} = 0{,}29$ K/W (Selbstkühlung)
$Z_{th\,KU\,F} = 0{,}076$ K/W (Fremdkühlung)
Wasserkühlung: $Z_{th\,KU\,W} = 0{,}019$ K/W (doppelseitige Kühldose)

Lösung:

Nach der in Aufgabe 2.1.8 bereits durchgeführten Rechnung erhält man die folgenden Ergebnisse:

Tabelle 2.2.2 Ergebnisse

Kühlungsart		Luft-Selbstkühlung (S)	Luft-Fremdkühlung (F)	Wasserkühlung (W)
P_D	W	270	750	1429
I_{TAVM}	A	215	489	781

Die durch verstärkte Kühlung erreichbare Erhöhung der Belastbarkeit ist beträchtlich; allerdings ist auch der vermehrte Kühlungsaufwand zu beachten.
Das Verhältnis $I_{TAVMS}/I_{TAVMF} = 0{,}44$ gibt an, auf welchen relativen Wert die Belastung reduziert werden muss, wenn beim fremdgekühlten Stromrichter der Lüfter ausfällt!

2.2.4 Variabler Kühlstrom (Luft)

Der in Aufgabe 2.2.3 ermittelte Dauergrenzstrom I_{TAVM} bei Luft-Fremdkühlung kann laut Datenbuch durch eine Erhöhung des Kühlmittelstroms von 80 l/s auf 140 l/s um 9,5 % erhöht werden. Mann ermittle die dabei erzielte Änderung des äußeren Wärmewiderstands $\Delta Z_{th\,KU}$ und vergleiche sie mit der durch Wasserkühlung erreichten.

Lösung:

Nach **L** Gl. (2.5):

$$P'_D = \left[1{,}04 \cdot 1{,}095 \cdot 489 + 0{,}41 \cdot 10^{-3} \left(\frac{\pi}{2} \cdot 1{,}095 \cdot 489 \right)^2 \right] \mathrm{W}$$

$$P'_D = 847\ \mathrm{W}$$

Äußerer Wärmewiderstand:

$$Z'_{th\,KU} = \frac{\vartheta_{J\,max} - \vartheta_U}{P'_D} - Z_{th\,JKp} = \left(\frac{125-35}{847} - 0{,}044 \right) \frac{\mathrm{K}}{\mathrm{W}}$$

$$Z'_{th\,KU} = 0{,}062 \frac{\mathrm{K}}{\mathrm{W}}$$

Relative Änderung:

Luftkühlung: $$\frac{\Delta Z_{th\,KU}}{\Delta Z_{th\,KU\,F}} = \frac{0{,}076 - 0{,}062}{0{,}076} \mathrel{\hat{=}} 18\,\%$$

Wasserkühlung: $$\frac{\Delta Z_{th\,KU}}{\Delta Z_{th\,KU\,F}} = \frac{0{,}076 - 0{,}019}{0{,}076} \mathrel{\hat{=}} 75\,\%$$

2.3 Zündung und Ansteuerung

2.3.1 Transistor-Ansteuerung

Wie unterscheiden sich die Ansteuer-Eigenschaften von bipolaren und Feldeffekt-Transistoren?

Antwort:

Bei bipolaren Transistoren ist die Steuergröße der Basisstrom; sie sind stromgesteuert. Durch den Basisstrom können die Schaltvorgänge geführt und der Arbeitspunkt eingestellt werden.
Zur Steuerung eines FET wird die Leitfähigkeit des Kanals durch die Gatespannung beeinflusst; FET sind also feld- bzw. spannungsgesteuert. Ein Steuerstrom fließt nur, solange die Gatespannung und damit auch die Ladung der Gatekapazität veränderlich ist; die Ansteuerung ist daher im Schaltbetrieb quasi „leistungslos". Zum Abschalten genügt grundsätzlich die Entladung der Gatekapazität im Kurzschluss. Bei dynamischer Ansteuerung wird die Gatespannung geregelt und zur definierten Fixierung des Ausschaltzustands ist auch negative Gatespannung erforderlich (**L** Abschnitt. 2.3.2).

2.3.2 Ansteuerung von IGBT und GTO-Thyristoren

Nachdem der verfügbare Leistungsbereich der IGBT sich demjenigen der GTO-Thyristoren nähert, interessieren die Unterschiede in der Ansteuerung. Welche grundsätzlich verschiedenen Eigenschaften sind zu berücksichtigen?

Antwort:

Der *Einschaltvorgang* erfordert beim GTO-Thyristor einen Gatestrom-Impuls ausreichender Höhe, der zeitliche Verlauf ist aber durch die Zündung nicht beeinflussbar. Zur Begrenzung der Stromsteilheit kann eine äußere induktive Beschaltung notwendig sein. Beim IGBT ist die Steilheit des Kollektorstroms über die Gatespannung steuerbar, eine äußere Beschaltung ist nicht nötig.

Zum *Ausschalten* benötigt der GTO-Thyristor einen Gatestrom-Impuls in Höhe von etwa 30 % ··· 40 % des abzuschaltenden Stroms, wofür kapazitive Speicher notwendig sind. Die Begrenzung der Spannungsbeanspruchung erfordert eine RCD-Beschaltung (**L** Abschnitt 3.1). Ein IGBT lässt sich wesentlich einfacher durch Reduzierung der Gatespannung abschalten, wozu keinerlei Speicher und auch keine Beschaltung nötig sind, weil die Führung der Steuerspannung eine geregelte Begrenzung der Spannungsbeanspruchung ermöglicht (**L** Abschnitt 2.3.2)

2.3.3 Lichtzündung

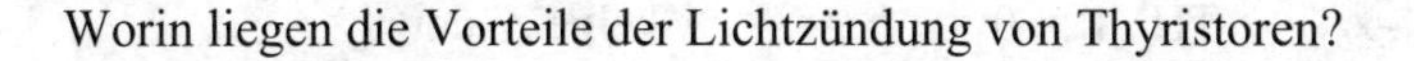

Worin liegen die Vorteile der Lichtzündung von Thyristoren?

Antwort:

Sowohl bei indirekter als auch bei direkter Lichtzündung kann die hohe Isolierfestigkeit von Lichtleiter-Verbindungen genutzt werden. Sie vereinfacht die Steuersätze und deren Energieversorgung bei Hochspannungsstromrichtern erheblich gegenüber transformatorischer Potentialtrennung. Bei indirekter Zündung kann die Zündenergie auf Hochspannungspotential aus der Ventil-Sperrspannung oder aus der Beschaltung gewonnen werden, so dass über den Lichtleiter nur die Steuerimpulse zu übertragen sind. Für Thyristoren mit interner Zündverstärkung reichen Lichtleistungen unter 100 mW zur Zündung aus; sie können daher direkt lichtgezündet werden, ohne dass eine Steuersatz-Leistungsstufe nötig ist. Da Lichtleiter auch elektromagnetisch störsicher sind, wird gleichzeitig eine erhöhte EMV-Festigkeit erreicht.

2.3.4 Zündimpulse für einen idealisierten Thyristor

Für das statische Modell eines Thyristors soll eine Zündimpulsansteuerung mit Langimpulsen und mit Impulsen einer definierten Pulsbreite programmiert werden. Die Langimpulse werden auf die positive Halbschwingung und die Impulse mit variabler Pulsbreite auf die negative Halbschwingung einer Bezugs-Sinusfunktion synchronisiert. Die unterschiedliche Wirkung von Kurz- und Langimpulsen kann beispielhaft an der W1-Schaltung mit induktiver Belastung studiert werden (Aufgaben 5.2.1 und 5.2.3).

Datei: *Projekt*: Kapitel 2.ssc \ *Datei*: Zuendimpulse-Lang.ssh
Projekt: Kapitel 2.ssc \ *Datei*: Zuendimpulse-Kurz.ssh

Lösung:

- Erzeugung von Langimpulsen

Die Zündimpulserzeugung lässt sich mit Simplorer durch verschiedene Ansätze realisieren. Für die Schaltungsanalyse ist es oftmals ausreichend, die aktiven Bauelemente durch vereinfachte Modelle zu beschreiben. Das idealisierte Modell des Thyristors benötigt zum Zünden an seinem Steueranschluss Gate ein Signal > 0 und nicht wie ein realer Thyristor einen definierten Steuerstrom. Eine einfache Umsetzung der Zündimpulserzeugung ermöglicht der Zustandsgraph. Für die Erzeugung eines Langimpulses wird die Sägezahnfunktion SZ1 mit der Konstanten alpha verglichen. Daraus ergeben sich zwei Zustände für den Zündimpuls THY1 (**Bild 2.3.1**).

SZ1 < alpha → THY1 := 0 → keine Zündung
SZ1 >= alpha → THY1 := 1 → Zündung

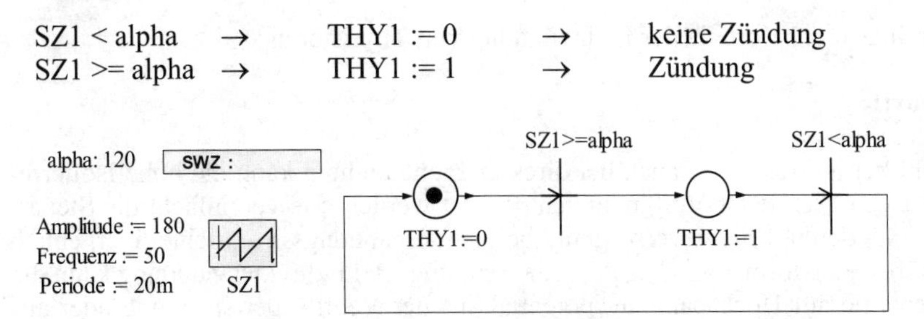

Bild 2.3.1 Zustandsgraph zur Langimpulserzeugung

Bild 2.3.2 zeigt den zeitlichen Verlauf der Sägezahnfunktion SZ1, der Konstanten alpha für 120° und des Langimpulses THY1. Der Sägezahn entspricht in Frequenz und Periode der Netzspannung. Wichtig für das korrekte Zünden ist die richtige Phasenlage der Impulse. Über die einstellbare Phase wird der Sägezahn auf den Nulldurchgang der anliegenden Spannung am Thyristor synchronisiert. Als Bezug dient beispielhaft die Funktion SINUS1. Zur Simulation ist es weiterhin zweckmäßig, für die Amplitude des Sägezahns einen Wert von 180 zu wählen. Dadurch entspricht der eingestellte Wert der Konstanten alpha dem Steuerwinkel α.

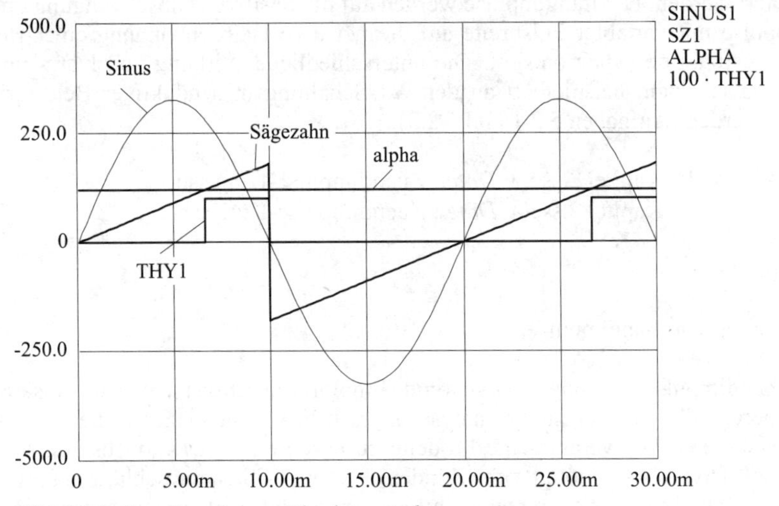

Bild 2.3.2 Langimpulse zur Thyristorzündung

• Erzeugung von Impulsen definierter Pulsdauer

Für die Erzeugung von Zündimpulsen mit variabler Dauer („Impulsbreite") wird der Zustandsgraph um einen Zustand erweitert (**Bild 2.3.3**). Die Zündung erfolgt wie im vorhergehenden Beispiel beim Übergang SZ1 >= alpha. Ferner wird die Pulsdauer in Form einer Konstante vorgegeben. Sie wird zum Zeitpunkt der Zündung zur Simulationszeit t addiert. Die Übergangsbedingung SZ1 = 0 stellt sicher, dass die nächste Zündung immer nach Ablauf einer Periode erfolgt.

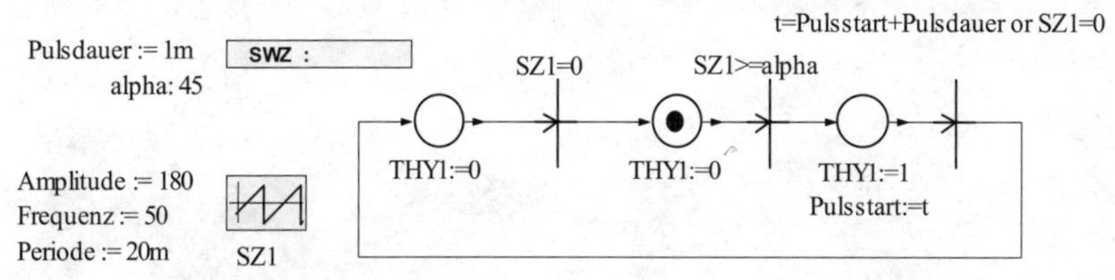

Bild 2.3.3 Zustandsgraph für Zündimpulse mit variabler Pulsdauer

Der Zündimpuls THY1 in **Bild 2.3.4** ist über die Phasenlage von SZ1 auf die negative Halbperiode der Bezugsspannung SINUS1 synchronisiert. Der Phasenanschnitt erfolgt beim Steuerwinkel von $\alpha = 45°$ mit einer Pulsdauer von 1 ms.

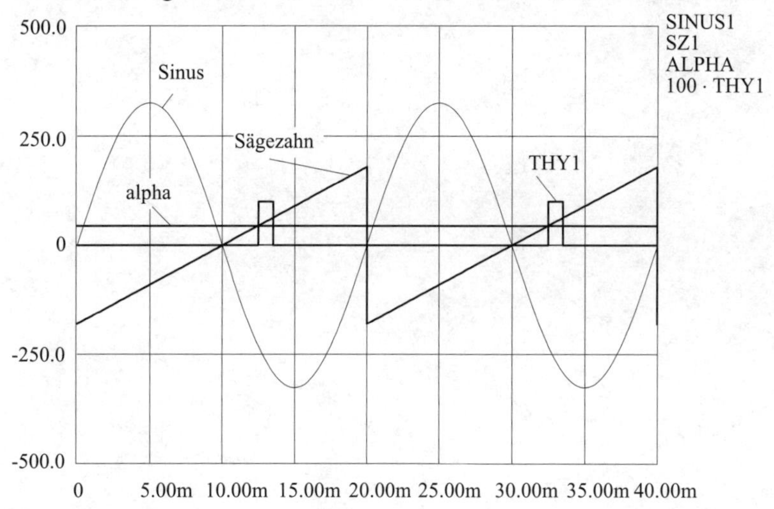

Bild 2.3.4 Zündimpulse mit variabler Pulsdauer

Anregung:

• Man stelle über die Konstante alpha verschiedene Steuerwinkel und über die Konstante Pulsdauer variable Werte ein.

[illegible]

[illegible]

[illegible]

[illegible]

[illegible]

[illegible]

[illegible]

3 Schaltungs- und Messtechnik

3.1 Schutz und Beschaltung

3.1.1 TSE-Beschaltung eines Thyristors

Man dimensioniere die TSE-Schutzbeschaltung eines Thyristors nach **L** Abschnitt 3.1 für einen maximalen Rückstrom $I_{RM} = 0{,}25 \cdot I_T$, eine maximale Sperrspannung von 1200 V und eine maximale Spannungssteilheit $(du_T/dt)_{max} =$ 500 V/µs. Folgende Daten sind gegeben:

- Durchlassstrom $I_T = 50$ A,
- maximale Kommutierungsspannung $\hat{u}_k = 500$ V,
- Kommutierungsinduktivität $L_k = 200$ µH.

Lösung:

Um die durch den Abriss des Rückstroms verursachten Überspannungen nicht am Thyristor wirksam werden zu lassen, wird dem Thyristor ein RC-Glied parallel geschaltet. Für die Beschreibung des Ausschaltvorgangs von Thyristoren kann die Schaltung auf den in **Bild 3.1.1** angegebenen Stromkreis reduziert werden.

Die RC-Beschaltung bei Thyristoren kann ihrem Wesen nach zwei Aufgaben erfüllen:

- die Begrenzung der Spannungsspitze beim Stromabriss in Rückwärtsrichtung (TSE-Beschaltung) und
- die Reduzierung der Anstiegsgeschwindigkeit der Spannung in Vorwärtsrichtung.

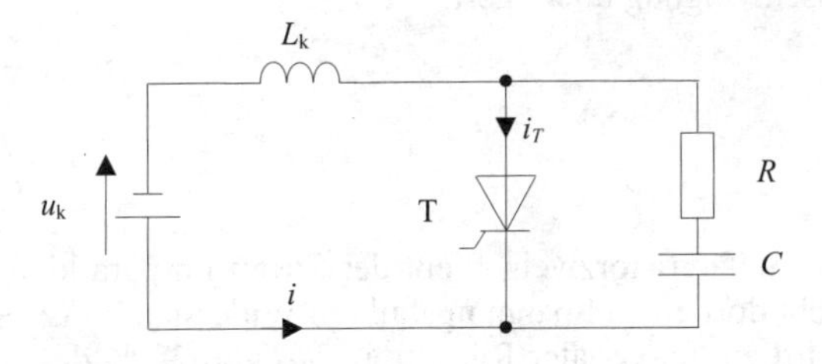

Bild 3.1.1 Kommutierungskreis

In diesem Kreis wird die wirksame Induktivität L_k berücksichtigt, während die ohmschen Widerstände im allgemeinen sehr klein sind und daher vernachlässigt werden können.
Hinsichtlich der Begrenzung der Spannungsspitzen beim Stromabriss in Rückwärtsrichtung sei zu Beginn $u_k < 0$ und der Thyristor leitend. Im RC-Glied fließt kein Strom. Kehrt u_k die Polarität um (Kommutierung), treibt das Netz den Strom i in den Thyristor. Erreicht i_T den Betrag von I_{RM}, reißt der Strom im Thyristor schlagartig ab und fließt über das RC-Glied weiter. Dadurch wird der aus L_K und C gebildete Schwingkreis angestoßen.

Für den Schwingkreis gilt die Gleichung

$$u_k = L_k \frac{di}{dt} + R \cdot i + \frac{1}{C} \int i \, dt.$$

Mit der Anfangsbedingung $i\,(t = 0) = I_{RM}$ folgt im Frequenzbereich

$$I(j\omega) = \frac{j\omega\, C(U_k + j\omega\, L_k \cdot I_{RM})}{(j\omega)^2 L_k C + j\omega RC + 1}.$$

Mit $\omega_0 = \dfrac{1}{\sqrt{L_k C}}$ und $d = \dfrac{1}{2} R \sqrt{\dfrac{C}{L_k}}$ wird

$$I(j\omega) = \frac{j\omega\, C\,(U_k + j\omega L_k \cdot I_{RM})}{\left(\dfrac{j\omega}{\omega_0}\right)^2 + 2d\left(\dfrac{j\omega}{\omega_0}\right) + 1}.$$

Für die Spannung am Thyristor gilt dann $U_T(j\omega) = I \cdot \left(\dfrac{1}{j\omega\, C} + R\right).$

In der Praxis wird eine starke Dämpfung mit $d < 1$ gewählt, d. h., der Netzspannung wird eine abklingende Sinusschwingung überlagert.

Aus $d < 1$ folgt die Bedingung

$$\frac{R^2 C}{L_k} < 4.$$

Im Augenblick des Stromabrisses im Thyristorzweig fließt der Strom im parallelen RC-Zweig weiter und verursacht dort einen Spannungsfall am Widerstand. Für den hier eingesetzten Thyristor wird ein maximaler Rückstrom I_{RM} von 25 % des

Durchlassstroms angenommen. Der Spannungsfall in Sperrrichtung soll 1200 V nicht überschreiten.

Damit folgt für den Widerstand:

$$R < \frac{u_{\mathrm{T\,max}}}{I_{\mathrm{RM}}} = \frac{1200\ \mathrm{V}}{12{,}5\ \mathrm{A}} = 96\ \Omega. \qquad \text{Gewählt: } R = 82\ \Omega$$

Für den Kondensator gilt mit

$$\frac{R^2 C}{L_{\mathrm{k}}} < 4 \quad \rightarrow \quad C < \frac{4L_{\mathrm{k}}}{R^2} = \frac{4 \cdot 200\ \mu\mathrm{H}}{(82\ \Omega)^2} = 119\ \mathrm{nF}. \qquad \text{Gewählt: } C = 100\ \mathrm{nF}$$

Hinsichtlich der Begrenzung des Spannungsanstiegs $\mathrm{d}u_{\mathrm{T}}/\mathrm{d}t$ in Vorwärtsrichtung ergibt sich eine weitere Abgrenzung für die Beschaltungselemente.

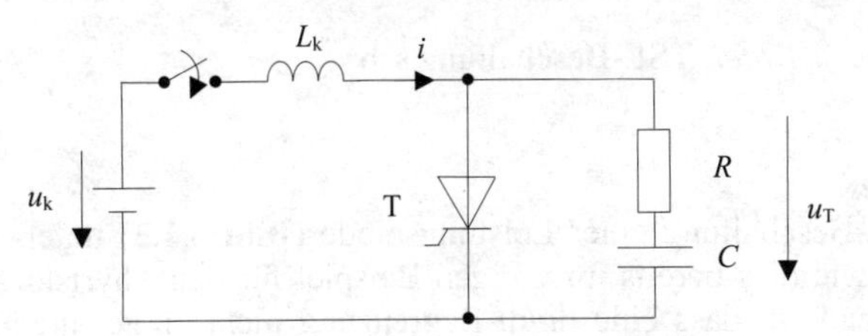

Bild 3.1.2 TSE-Beschaltung im Einschaltaugenblick

Hierfür gilt wiederum die Schwingungsgleichung:

$$u_{\mathrm{k}} = L_{\mathrm{k}} \frac{\mathrm{d}i}{\mathrm{d}t} + i \cdot R + \frac{1}{C} \int i\ \mathrm{d}t$$

Im Einschaltaugenblick wirkt der ungeladene Kondensator wie ein Kurzschluss; da der Strom in diesem Moment null ist, fällt am Widerstand keine Spannung ab, und es folgt:

$$u_{\mathrm{k}} = L_{\mathrm{k}} \frac{\mathrm{d}i}{\mathrm{d}t}$$

Somit folgt für die Spannungssteilheit am Thyristor:

$$\left(\frac{\mathrm{d}u_{\mathrm{T}}}{\mathrm{d}t} \right)_{\mathrm{max}} = R \frac{\mathrm{d}i}{\mathrm{d}t} = \frac{R}{L_{\mathrm{k}}} \cdot u_{\mathrm{k}}$$

Mit den gegebenen Parametern der Schaltung und dem zulässigen $\mathrm{d}u/\mathrm{d}t$-Wert für den Thyristor (Datenblatt) erhält man eine weitere Abgrenzung des Widerstands für das RC-Glied.

$$R \leq \frac{L_\mathrm{k}}{u_\mathrm{k}}\left(\frac{\mathrm{d}u_\mathrm{T}}{\mathrm{d}t}\right)_{\max} = \frac{200\,\mu\mathrm{H}}{500\,\mathrm{V}} \cdot 500\frac{\mathrm{V}}{\mu\mathrm{s}} = 200\,\Omega$$

Die Dimensionierung des RC-Glieds wurde in diesem Beispiel zunächst auf die Begrenzung der maximalen Sperrspannung ausgerichtet. Mit dem dort ermittelten, kleineren Wert für R erreicht man gleichzeitig eine ausreichende Reduzierung der Spannungssteilheit.

3.1.2 Bemessung der TSE-Beschaltung einer Leistungsdiode

Es soll die Schutzwirkung der TSE-Beschaltung für eine Diode überprüft werden. Für die Simulation benutze man die Schaltung aus Aufgabe 1.2.3 und ergänze diese durch die TSE-Beschaltung mit R_1 und C_1, wobei die Dimensionierung aus Aufgabe 3.1.1 übernommen wird.

Datei: *Projekt*: Kapitel 3.ssc \ *Datei*: TSE-Beschaltung.ssh

Lösung:

Die Projektierung der TSE-Beschaltung einer Leistungsdiode (**Bild 3.1.3**) unterliegt den gleichen Regeln, wie dies bereits im vorigen Beispiel für den Thyristor gezeigt wurde. Vereinfachend ist, dass eine du/dt-Begrenzung nicht eingehalten

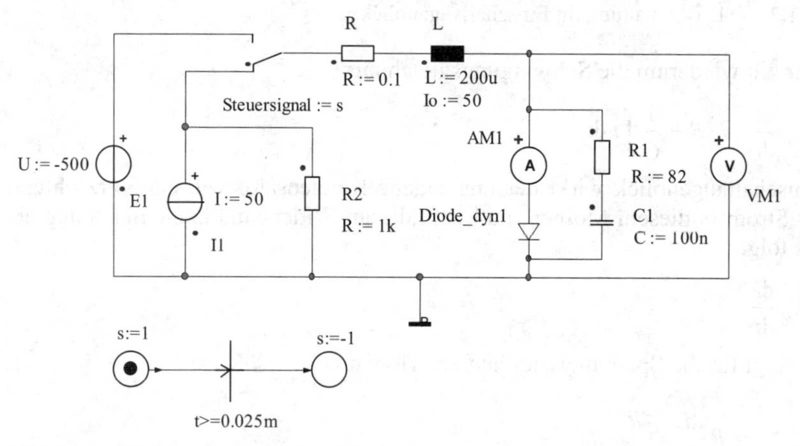

Bild 3.1.3 TSE-Beschaltung einer Diode

werden muss, da die Diode ohnehin bei positiver Spannung leitend wird. Der direkte Vergleich demonstriert sehr eindrucksvoll den Unterschied zwischen Handrechnung und Simulation.

Der zeitliche Verlauf des Diodenstroms i_D (AM1) und der Verlauf der Spannung u_D (VM1) über der Diode sind im **Bild 3.1.4** dargestellt. Nach 25 µs legt der Schalter die Kommutierungsspannung von $U_k = -500$ V an den Diodenkreis, die Kommutierung wird eingeleitet. Der Rückstrom erreicht einen Spitzenwert von etwa $I_{RM} = 13$ A. Durch den Stromabriss wird der durch die Bauelemente R, R_1, C_1 und L gebildete Schwingkreis angestoßen. Die bei der Handrechnung in Aufgabe 3.1.1 abgeleiteten Dimensionierungsrichtlinien werden bestätigt: Die Spannungsspitze in Rückwärtsrichtung bleibt unter 850 V, und der Spannungsverlauf ist aperiodisch gedämpft.

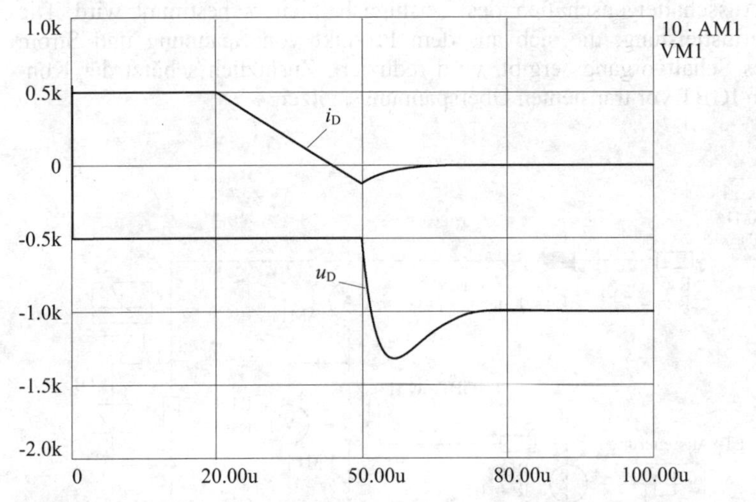

Bild 3.1.4 Systemgrößen des Diodenzweigs während der Abschaltung

Anregung:

- Man ändere die Parameter R_1 und C_1 und beobachte die Auswirkungen auf die Systemgrößen.

3.1.3 RCD-Beschaltung

Man untersuche die Wirkung einer Ausschaltentlastung am Beispiel des Tiefsetzstellers aus Aufgabe 1.2.4. Dazu wird parallel zum IGBT ein RCD-Netzwerk mit der in **Bild 3.1.5** angegebenen Dimensionierung geschaltet. Zu berechnen sind die zeitlichen Verläufe von Strom und Spannung am IGBT sowie die sich daraus ergebende Verlustleistung. Diese Ergebnisse sind mit denen aus Aufgabe 1.2.4 zu vergleichen.

Datei: *Projekt*: Kapitel 3.ssc \ *Datei*: RCD-Beschaltung.ssh

Lösung:

Durch den Einsatz von Entlastungsnetzwerken kann die gleichzeitige Beanspruchung der Leistungshalbleiter mit kritischen Werten von Strom und Spannung während der Schaltvorgänge vermieden werden. Das Prinzip der Ausschaltentlastung besteht darin, dass während des Ausschaltvorgangs zwischen den Hauptstromelektroden (hier: Kollektor und Emitter) eine zu Beginn der Abschaltung ungeladene Kapazität wirksam ist. Dadurch wird die Steilheit der Kollektor-Emitterspannung herabgesetzt. Der Stromverlauf wird kaum beeinflusst, da er durch die Ausschalteigenschaften des Leistungshalbleiters bestimmt wird. Die Ausschaltverlustleistung, die sich aus dem Produkt von Spannung und Strom während des Schaltvorgangs ergibt, wird reduziert. Zusätzlich schützt der Kondensator den IGBT vor transienten Überspannungsspitzen.

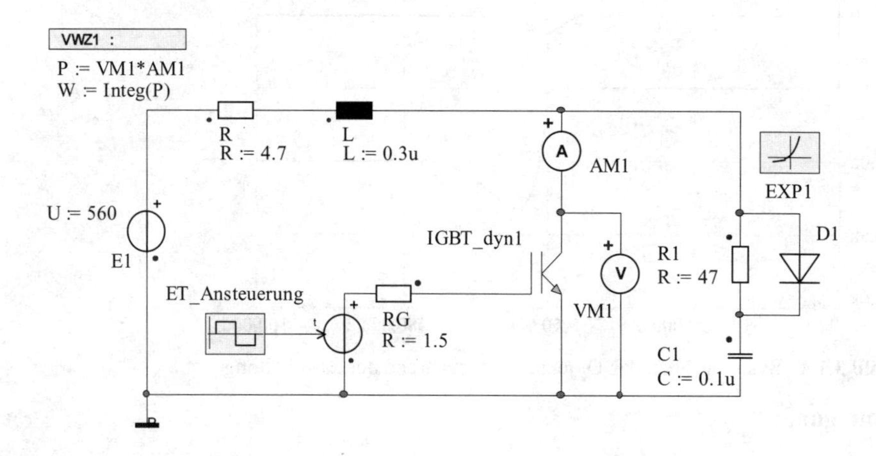

Bild 3.1.5 IGBT mit RCD-Beschaltung

Ein Vergleich der **Bilder 3.1.6/7/8** mit den Bildern 1.2.4/5/6 zeigt deutlich die gewünschte Ausschaltentlastung durch die RCD-Beschaltung. Andererseits führt aber dieses einfache Netzwerk zu höheren Einschaltverlusten, da der Kondensator über den IGBT entladen wird. Zudem wird die im Kondensator gespeicherte Energie bei jedem Einschaltvorgang im Beschaltungswiderstand R_1 umgesetzt. Verbesserungen bringen zusätzliche Einschalt-Entlastungsnetzwerke und verlustlose Beschaltungen.

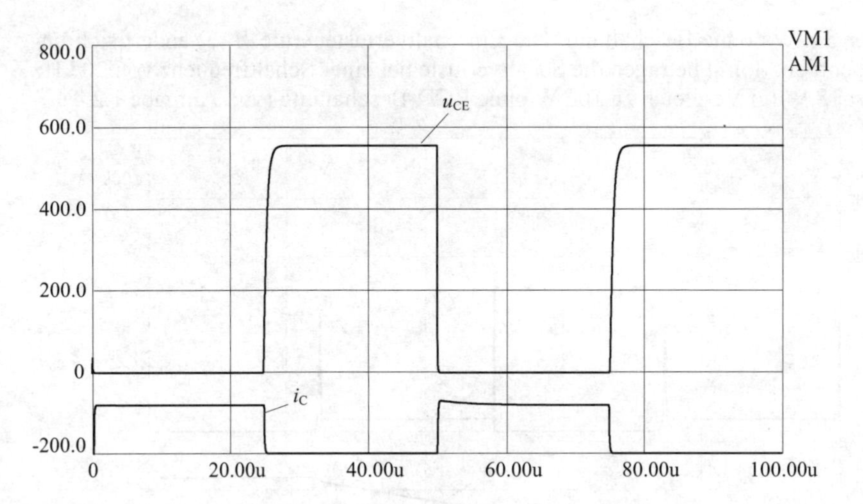

Bild 3.1.6 Kollektorstrom und Kollektor-Emitter-Spannung am IGBT

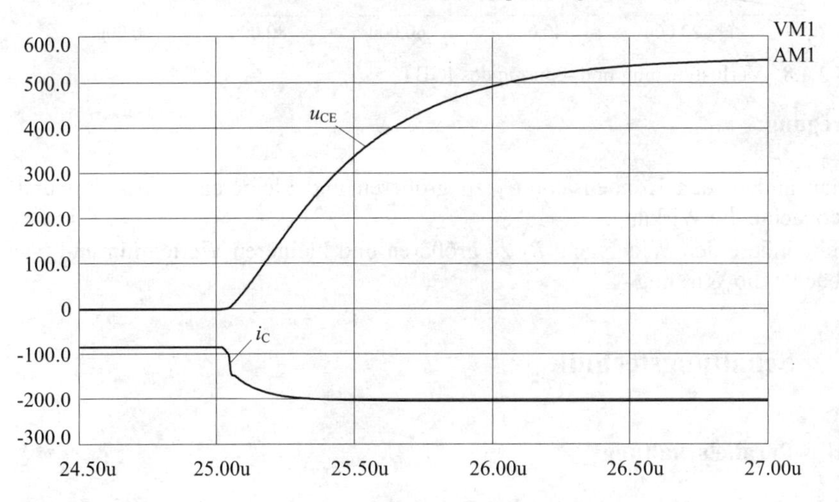

Bild 3.1.7 Ausschaltvorgang des IGBT

Der Spitzenwert der Ausschaltverlustleistung beträgt mit RCD-Beschaltung etwa 3 kW. Im Vergleich dazu lag der Wert ohne Beschaltung bei ca. 90 kW. Beim Einschalten des IGBT verursacht die RCD-Beschaltung eine Erhöhung des Spitzenwerts $\hat{p}$ um etwa 600 W.

Die angegebene RCD-Beschaltung ist nicht optimiert. Die Dimensionierung erfolgte ausschließlich unter dem Gesichtpunkt, den Entlastungseffekt deutlich hervorzuheben. Die Ausschaltverlustenergie $W_{s\ off}$ beträgt nur noch 0,6 mWs gegenüber 5 mWs ohne Beschaltung. Die Einschaltverlustenergie $W_{S\,on}$ ändert sich unwesentlich. Somit betragen die Schaltverluste bei einer Schaltfrequenz von 20 kHz jetzt 18 W im Vergleich zu 106 W ohne RCD-Beschaltung (vgl. Aufgabe 1.2.4).

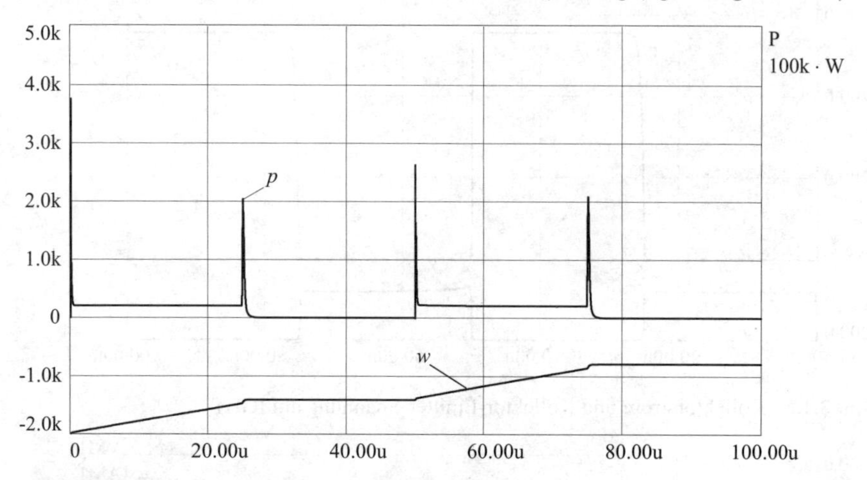

Bild 3.1.8 Verlustleistung und -energie des IGBT

Anregung:

- Man ändere den Kondensator C_1 zu größeren und kleineren Werten hin und beobachte die Wirkung.
- Man ändere den Widerstand R_1 zu größeren und kleineren Werten hin und beobachte die Wirkung.

3.2 Schaltungstechnik

3.2.1 Parallelschaltung

Welche Besonderheiten sind bei Parallelschaltungen mehrerer Thyristoren bzw. IGBT zu beachten? Zu unterscheiden sind stationäre Zustände und Schaltvorgänge.

Antwort:

Voraussetzung für gleiche Beanspruchung parallelgeschalteter Bauelemente ist ein möglichst symmetrischer Schaltungsaufbau.

Bei *Thyristoren* ist eine annähernd gleichmäßige Stromaufteilung im stationären Zustand durch Auswahl von Bauelementen mit geringer Toleranz der Durchlasskennlinien erreichbar. Zweigsicherungen bewirken durch ihren ohmschen Widerstand eine weitergehende Angleichung. Die bei Schaltvorgängen auftretende dynamische Beanspruchung kann durch zusätzliche Induktivitäten in jedem Ventilzweig – sogenannte Stromteiler-Drosselspulen – angeglichen werden.

Die Stromaufteilung auf parallelgeschaltete *IGBT* wird stationär durch die ohmschen Bahnwiderstände $R_{DS(on)}$ bestimmt und ist wegen deren positivem Temperaturkoeffizienten auch thermisch stabil. Bei Schaltvorgängen sind die Zweigströme durch geeignete Führung der Gatespannung steuerbar, die auch eine dynamische Überbeanspruchung verhindern kann.

3.2.2 Folgen eines Zündverzugs

Wie wirken sich zeitliche Verzögerungen bei der Zündung parallel bzw. in Reihe geschalteter Leistungsbauelemente aus?

Antwort:

Unabhängig vom Bauelemente-Typ wird beim Einschalten einer *Parallelschaltung* der *zuerst* leitende Zweig durch überhöhten *Strom* beansprucht. Dabei kann eine Zweigsicherung zur Abschaltung und nachfolgenden Überlastung der Nachbarzweige führen.

Beim Einschalten einer *Reihenschaltung* tritt am *zuletzt* schaltenden Zweig die gesamte *Spannung* auf und kann ihn gefährden.

Die in der Praxis nicht gänzlich vermeidbare Streuung der Schaltzeitpunkte muss also einerseits möglichst gering gehalten, andererseits durch reduzierte Ausnutzung der Parallel- bzw. Reihenschaltungen berücksichtigt werden.

3.2.3 Stromaufteilung bei Parallelschaltung

Zur Erhöhung der Schaltleistung werden zwei baugleiche Feldeffekt-Transistoren parallel geschaltet. Es soll der Einfluss unterschiedlich langer Zuleitungen zwischen der Ansteuerschaltung und den Steuerelektroden auf die Verteilung der Drain-Ströme untersucht werden. Für einen der beiden Transistoren ist der Steueranschluss mit sehr kurzen Verbindungsleitungen ausgeführt, so dass die Anschaltung als induktivitätsfrei angenommen werden darf. Der zweite Transistor wird über einige Zentimeter Kabel angesteuert.

Datei: *Projekt*: Kapitel 3.ssc \ *Datei*: Parallelschaltung.ssh

Lösung:

Schnell veränderliche Signale rufen Spannungsfälle an Leitungsinduktivitäten hervor. Bei der Parallelschaltung von Leistungshalbleitern ist daher unbedingt ein möglichst symmetrischer Aufbau anzustreben. Wenn aus konstruktiven Gründen unterschiedliche Leitungslängen oder -führungen nicht vermeidbar sind, so sind ihre geringen ohmschen Widerstände zu vernachlässigen, nicht aber der Einfluss parasitärer Induktivitäten. Im Simulationsmodell (**Bild 3.2.1**) wird dieser Effekt durch das diskrete Bauelement L_1 abgebildet.

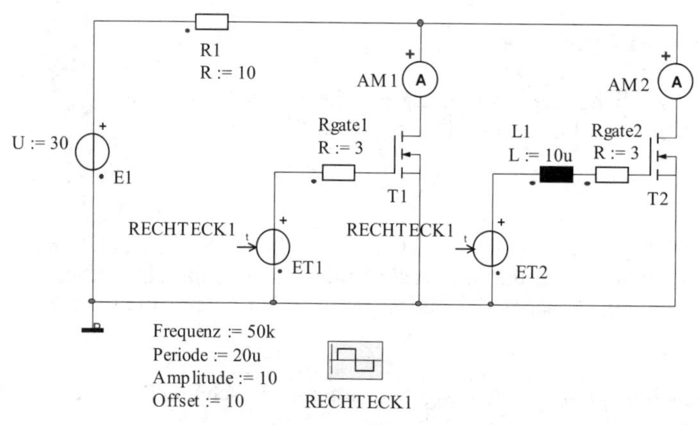

Bild 3.2.1 Parallelschaltung von Feldeffekt-Transistoren

Im stationären eingeschalteten Zustand bewirkt die thermische Stabilisierung bei baugleichen Transistoren eine gleichmäßige Stromaufteilung. Dies gilt ebenso für den eingeschwungenen Zustand bei Schaltvorgängen, wie dies das Simulationsergebnis in **Bild 3.2.2** ausweist. Beim Einschalten übernimmt der induktivitätsfrei angesteuerte und damit schnellere Transistor T1 zunächst den vollen Laststrom. Der Transistor T2 schaltet zeitversetzt und langsamer ein. Die Induktivität L_1 bildet zusammen mit den inneren Halbleiterkapazitäten des Feldeffekt-Transistors Schwingkreise, die bei jedem Schaltvorgang angeregt werden.

Umgekehrt schaltet der Transistor T2 gegenüber T1 auch zeitversetzt und langsamer aus (**Bild 3.2.3**). Während des Ausschaltvorgangs fließt daher der Laststrom allein über T2. Im ungünstigen Fall sind die Schwingungen so groß, dass es zum ungewollten und gefährlichen Wiedereinschalten von T2 kommt.

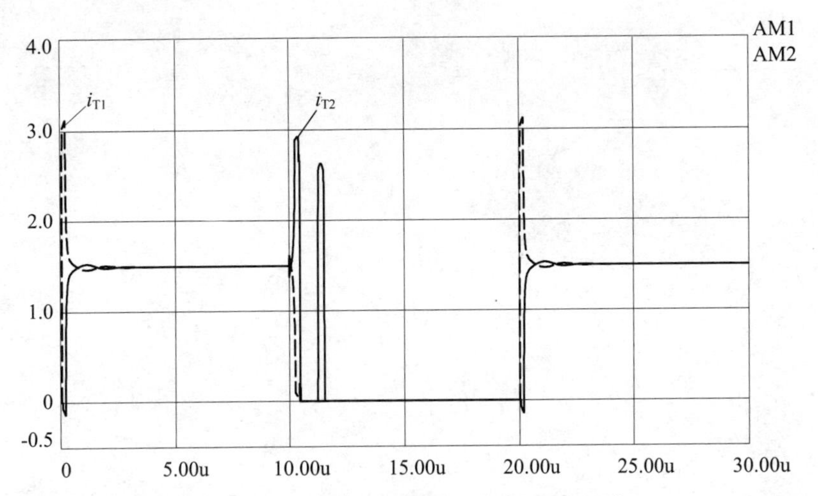

Bild 3.2.2 Stromverläufe durch die parallel geschalteten Transistoren

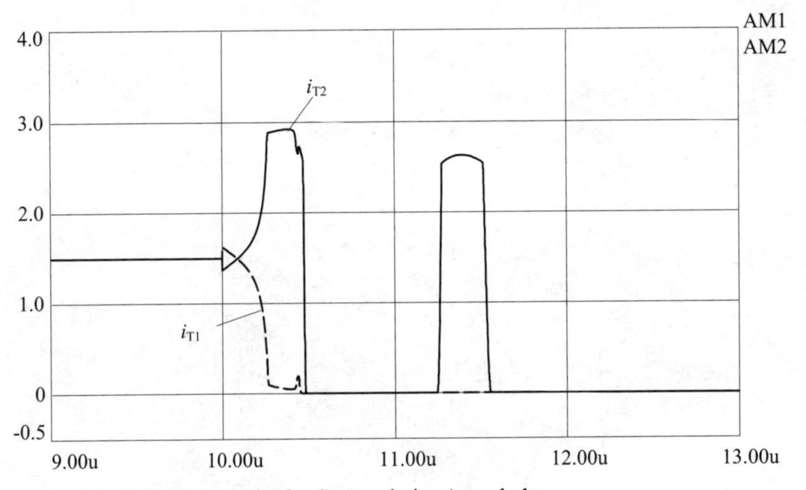

Bild 3.2.3 Detailausschnitt der Ströme beim Ausschalten

Anregung:

- Man beobachte den Einfluss der parasitären Induktivität L_1 und des Widerstands R_{gate2} auf das Ein- und Ausschaltverhalten.

4 Digitale Simulation

4.1 Simulationsformen

4.1.1 Simulationsmehoden

Welche grundsätzlich unterschiedlichen Simulationsmethoden kann man heute unterscheiden?

Antwort:

Die Simulation arbeitet mit einem Modell als Nachbildung der Realität. Dabei wird für die Modellbildung einmal die mathematisch-analytische Betrachtungsweise angesetzt, auf der anderen Seite werden aber auch Prozesse zur Anwendung gebracht, die den originalen Prozess nachbilden. Hieraus lässt sich eine Unterscheidung der Simulationsmethoden nach den verwendeten Modellen ableiten:

- Rechenautomaten zur Nachbildung des Verhaltens auf mathematischem Wege,
- Physikalische Einrichtungen zur Nachbildung eines bestimmten Verhaltens.

4.1.2 Simulationsziele

Welches sind die wesentlichen Ziele einer Simulation?

Antwort:

Ziele der Simulation sind im Wesentlichen:

- Gewinnung von Erkenntnissen über das Verhalten eines Systems;
- Untersuchung eines Systems in den Grenzbereichen des Betriebs und unter erschwerten Bedingungen;
- Untersuchung von in der Realität nicht messbaren oder beobachtbaren Größen;
- Untersuchung von Havariesituationen;
- Optimierung des Systems oder des Systemverhaltens;
- Untersuchung des Einflusses externer Wirkungen (Störungen, Parameterschwankungen etc.).

4.2 Modellierung

4.2.1 Modellarten

Welche Merkmale hat ein Modell, und welche grundsätzlich unterschiedliche Ausführungsformen gibt es?

Antwort:

Allgemein sind Modelle definiert als Abbildungen von Systemen oder Prozessen in andere gegenständliche oder begriffliche Systeme, die das jeweilige originäre System im Hinblick auf ausgewählte Aufgabenstellungen hinreichend genau nachbilden.
Eine große Gruppe von Modellen sind System-Nachbildungen in Form realer Objekte, etwa Funktionsmodelle von Maschinen und Geräten. Sie werden als *physikalische* Modelle bezeichnet.
Eine zweite Art von Modellen ist nicht stofflicher Natur; sie benutzt abstrahierte, in aller Regel mathematische Systembeschreibungen und bildet die Gruppe der *mathematischen* Modelle.

4.2.2 Modellierungsebenen

Warum ist es vorteilhaft, bei der Simulation eine geeignete Modellierungsebene zu wählen? Welche Ebenen unterscheidet man?

Antwort:

Man wird grundsätzlich eine Modellierung zur Begrenzung des Aufwands immer nur soweit detaillieren, als die Aufgabenstellung der Simulation dies erfordert. Daher ist die Eingrenzung und exakte Definition der Aufgabenstellung bei der Vorbereitung der Modellierung sehr wichtig. Sie bestimmt nicht nur den für die Simulation erforderlichen Aufwand, sondern auch die erreichbare Genauigkeit der Ergebnisse. Beispielsweise wird man bei der Systemuntersuchung von elektronischen Schaltungen auf der *System-Ebene* die darin eingesetzten Ventil-Bauelemente durch Modelle mit geringer Komplexität abbilden. Einzelne Baugruppen oder Geräte bzw. Gerätegruppen werden auf der *Schaltungs-Ebene* simuliert. Umgekehrt sind für die Betrachtung des dynamischen Verhaltens dieser Elemente auf der *Komponenten-Ebene* sehr komplexe physikalische Halbleitermodelle einzusetzen.

4.2.3 Untersuchung eines elektronischen Systems

Man untersuche das Verhalten eines elektronischen Systems am Beispiel eines Gleichstromstellers. Die Simulation soll vergleichend einmal auf der Komponenten-Ebene und zum anderen auf der System-Ebene durchgeführt werden.

Datei: *Projekt*: Kapitel 4.ssc \ *Datei*: Komponenten-Ebene.ssh
Projekt: Kapitel 4.ssc \ *Datei*: System-Ebene.ssh

Lösung:

- Komponenten-Ebene (Device-Ebene)

Die elektronische Schaltung in **Bild 4.2.1** ermöglicht eine Verstellung des Laststroms, indem das Verhältnis Ein- zu Ausschaltdauer verändert wird. Bei einer Simulation auf Komponenten-Ebene werden für die Diode und den IGBT detaillierte Halbleitermodelle eingesetzt, welche das statische und dynamische Verhalten hinreichend gut wiedergeben. Die äußerst geringen Zeitkonstanten in diesen Modellen erzwingen die Vorgabe kleiner Schrittweiten. Verbunden mit der „nach außen nicht sichtbaren" komplexen Struktur der Modelle führt dies bei Systemuntersuchungen zu merklichen Rechenzeiten.

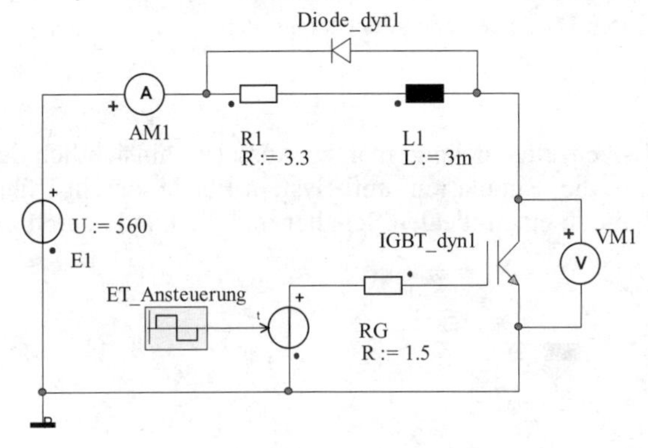

Bild 4.2.1 Gleichstromsteller auf Komponenten-Ebene

Selbstverständlich liefert dieser Ansatz die gewünschten Systeminformationen. So zeigt **Bild 4.2.2** das typische Einschwingverhalten des Gleichstromstellers. Die Amplitude des von der Quelle abgegebenen Stroms i_q (AM1) steigt exponentiell an. Im Verlauf des Stroms ist ferner das dynamische Verhalten der Ventile zu erkennen. Der durch die Diode gebildete Freilaufzweig ist ideal, d. h. induktivitätsfrei, angenommen. Beim Einschalten des IGBT fließt daher ein

Rückstrom durch die Diode, dessen Steilheit durch die Einschaltgeschwindigkeit des IGBT bestimmt ist. Diese Rückstromspitze addiert sich zum Laststrom. Der sich daraus ergebende Summenstrom wird von der Quelle geliefert und belastet den IGBT. Dessen Ausschaltverhalten wird bestimmt durch den charakteristischen Schweifstrom (hinsichtlich der negativen Spannungsspitze siehe Aufgabe 1.2.3).

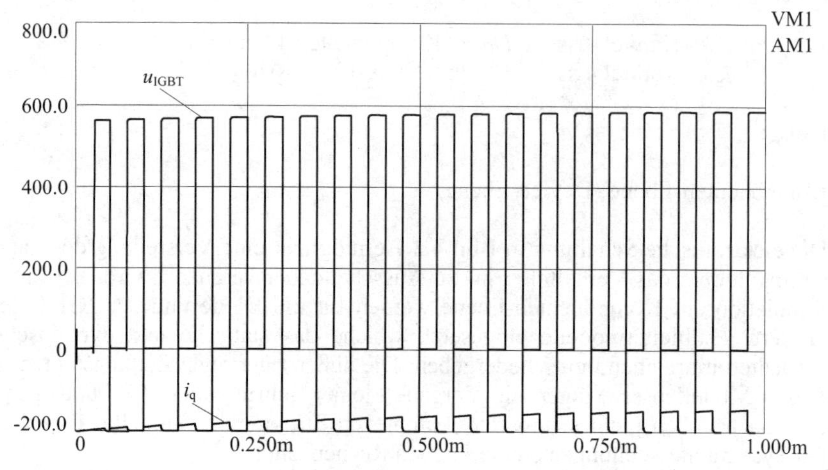

Bild 4.2.2 Auf der Komponenten-Ebene berechnete Systemgrößen

- System-Ebene

Mit wesentlich kürzeren Rechenzeiten gelangt man zu Aussagen hinsichtlich der Systemeigenschaften, wenn die Simulation auf System-Ebene durchgeführt wird. Dazu wird der IGBT durch einen idealen Schalter und die Diode durch ei-

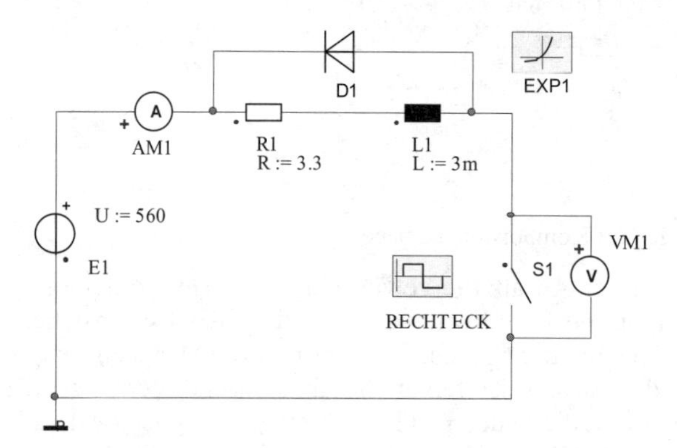

Bild 4.2.3 Gleichstromsteller auf System-Ebene

ne ideale Diode mit Exponential-Kennlinie ersetzt (**Bild 4.2.3**). Die so erzielten Ergebnisse (**Bild 4.2.4**) beschreiben das Verhalten der Schaltung und stimmen in diesem Aspekt mit den Informationen aus Bild 4.2.2 überein. Die Schaltvorgänge werden hier idealisiert abgebildet.

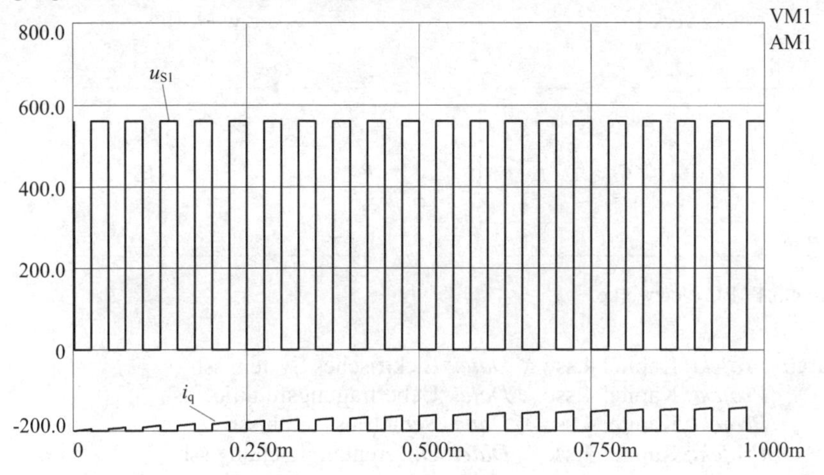

Bild 4.2.4 Auf der System-Ebenen berechnete Systemgrößen

Anregung:

- Zur Betrachtung des eingeschwungenen Zustands der Schaltung soll die Simulationszeit auf 10 ms verlängert werden. Die Simulation ist auf beiden Modellierungsebenen durchzuführen. Die benötigten Rechenzeiten sind einander gegenüber zu stellen.

4.3 Simulationsverfahren

4.3.1 Übertragungsverhalten eines gekoppelten RC-Netzwerks

Man untersuche das Übertragungsverhalten der zwei rückwirkungsfrei gekoppelten RC-Netzwerke in **Bild 4.3.1** mit unterschiedlichen Simulationsverfahren. Das Netzwerk soll mittels

- eines elektrischen Systems,
- einer Übertragungsfunktion,
- eines Signalflussgraphen und
- einer Differentialgleichung

beschrieben werden. Man beurteile den Einfluss der Schrittweitengrenzen H_{max} und H_{min} auf das Simulationsergebnis. Für die Netzwerke gelten folgende Werte: U =10 V, $R_1 = R_2 = 2500$ kΩ, $C_1 = C_2 = 1$ µF.

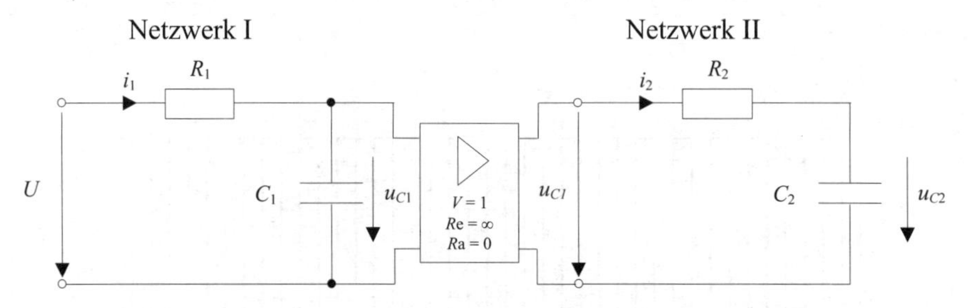

Bild 4.3.1 RC-Netzwerke

Datei: *Projekt*: Kapitel 4.ssc \ *Datei*: Elektrisches System.ssh
Projekt: Kapitel 4.ssc \ *Datei*: Uebertragungsfunktion.ssh
Projekt: Kapitel 4.ssc \ *Datei*: Signalflussgraph.ssh
Projekt: Kapitel 4.ssc \ *Datei*: Differentialgleichung.ssh

Lösung:

- Elektrisches System

Die Modellierung als elektrisches System (**Bild 4.3.2**) ist für die vorliegende Aufgabenstellung naheliegend. Die Bibliothek bietet alle einschlägigen elektrischen Elemente an. Der Entkopplungsverstärker wird durch eine extern gesteuerte Spannungsquelle abgebildet.

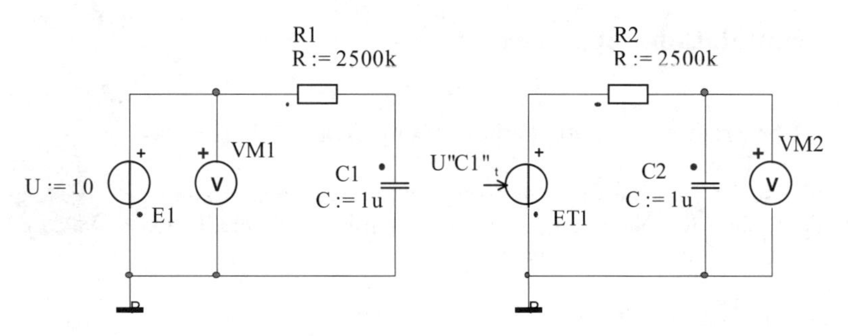

Bild 4.3.2 RC-Netzwerk als elektrisches Netzwerk

Eine wichtige Eigenschaft dieses Lösungsverfahrens ist die automatische Schrittweitensteuerung, die für ein Optimum zwischen Genauigkeit und Rechengeschwindigkeit sorgt. Sind die Schrittweitengrenzen H_{max} und H_{min} nach den Richtlinien aus Tabelle 0.7.3 festgelegt, so treten im Allgemeinen keine Konvergenzprobleme auf. Aus didaktischen Gründen wurde hier $H_{max} = 1$ s und $H_{min} = 10$ ms gewählt und für die nachfolgend erläuterten Lösungsverfahren beibehalten. Der berechnete Verlauf der Ausgangsspannung ist in **Bild 4.3.3** dargestellt.

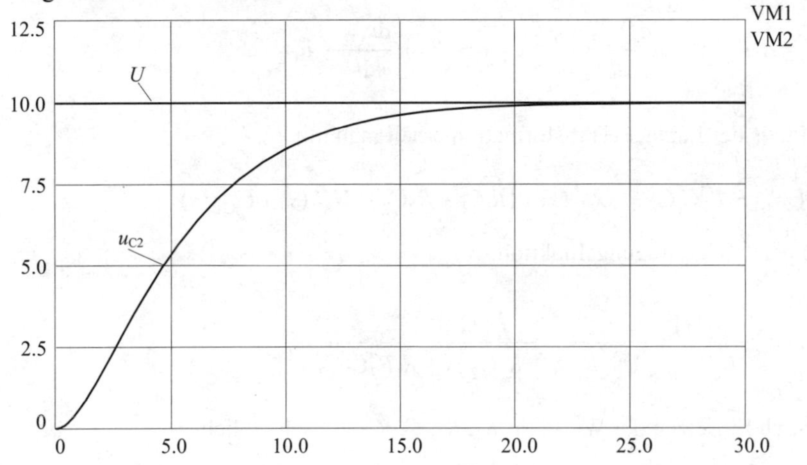

Bild 4.3.3 Verlauf der Eingangs- und Ausgangsspannung

- Übertragungsfunktion $G(s)$

Das Verhalten eines Systems kann auch durch seine Übertragungsfunktion beschrieben werden. Zu diesem Zweck müssen die Gleichungen der gegebenen elektrischen Schaltung aufbereitet werden.

Für das Netzwerk II erhält man mit

$$u_{C1} = i_2 \cdot R_2 + u_{C2} \text{ und } i_2 = C_2 \cdot \frac{du_{C2}}{dt}$$

folgende Spannungsgleichung

$$u_{C1} = R_2 C_2 \cdot \frac{du_{C2}}{dt} + u_{C2}.$$

Ebenso gilt für das Netzwerk I mit

$$U = i_1 \cdot R_1 + u_{C1} \text{ und } i_1 = C_1 \cdot \frac{du_{C1}}{dt}$$

$$U = R_1 C_1 \cdot \frac{\mathrm{d}u_{\mathrm{C1}}}{\mathrm{d}t} + u_{\mathrm{C1}}.$$

Für das gesamte Netzwerk ergibt sich somit:

$$U = R_1 C_1 \cdot \frac{\mathrm{d}}{\mathrm{d}t}\left(R_2 C_2 \frac{\mathrm{d}u_{\mathrm{C2}}}{\mathrm{d}t} + u_{\mathrm{C2}} \right) + R_2 C_2 \cdot \frac{\mathrm{d}u_{\mathrm{C2}}}{\mathrm{d}t} + u_{\mathrm{C2}}$$

$$U = R_1 R_2 C_1 C_2 \cdot \frac{\mathrm{d}^2 u_{\mathrm{C2}}}{\mathrm{d}t} + \left(R_1 C_1 + R_2 C_2\right) \cdot \frac{\mathrm{d}u_{\mathrm{C2}}}{\mathrm{d}t} + u_{\mathrm{C2}}$$

Mittels der Laplace-Transformation erhält man mit

$$U(s) = R_1 R_2 C_1 C_2\, s^2\, U_{\mathrm{C2}}(s) + \left(R_1 C_1 + R_2 C_2\right) s\, U_{\mathrm{C2}}(s) + U_{\mathrm{C2}}(s)$$

folgende Übertragungsfunktion:

$$G(s) = \frac{U_{\mathrm{C2}}(s)}{U(s)} = \frac{1}{1 + \left(R_1 C_1 + R_2 C_2\right) s + R_1 R_2 C_1 C_2\, s^2}.$$

Durch Einsetzen der Werte für R_1, R_2, C_1, C_2 gilt schließlich

$$G(s) = \frac{U_{\mathrm{C2}}(s)}{U(s)} = \frac{1}{1 + 5s + 6{,}25 s^2}.$$

Die Lösung erfolgt im Blockdiagramm-Simulator (**Bild 4.3.4**). Die hierfür erforderlichen Grundelemente sind in der Bibliothek angelegt. Sind mehrere Blöcke vorhanden, so kann für jedes Übertragungsglied eine bestimmte Abtastzeit festgelegt werden. Die Blöcke werden dann nur zu diesen Zeitpunkten berechnet. Wird keine Abtastzeit vereinbart und ist kein elektrisches Netzwerk im Modell vorhanden, wird das Blockdiagramm konstant mit der maximalen Schrittweite $H_{\max}$ berechnet.

U
KONST
Wert := 10

UC2
G(s)

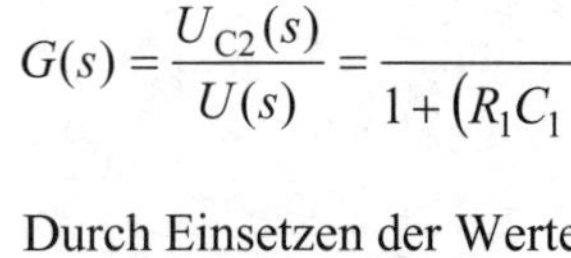

n := 0
m := 2
Z := 1
N := 1,5,6.25

Bild 4.3.4 Übertragungsfunktion im s-Bereich

Die Schrittweitengrenzen müssen daher besonders sorgfältig vorgegeben werden. Mit der gewählten Schrittweite $H_{\max} = 1$ s erhält man den in **Bild 4.3.5** dargestellten Verlauf der Ausgangsspannung. Das Ergebnis täuscht eine endliche Steigung im Ursprung vor. Da ein System 2. Ordnung vorliegt, muss die Ausgangsspannung tatsächlich aber mit waagerechter Tangente aus dem Ursprung heraus verlaufen.

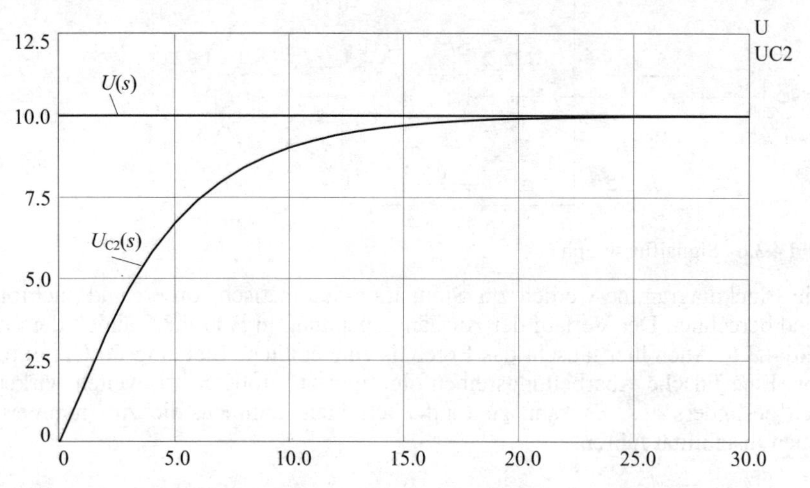

Bild 4.3.5 Verlauf der Eingangs- und Ausgangsspannung

- Signalflussgraph

Eine andere Darstellungsweise erhält man ausgehend von der vorher hergeleiteten Differentialgleichung:

$$U = R_1 R_2 C_1 C_2 \cdot \frac{\mathrm{d}^2 u_{C2}}{\mathrm{d}t} + (R_1 C_1 + R_2 C_2) \cdot \frac{\mathrm{d}u_{C2}}{\mathrm{d}t} + u_{C2}$$

bzw.

$$U = R_1 R_2 C_1 C_2 \cdot \ddot{u}_{C2} + (R_1 C_1 + R_2 C_2) \cdot \dot{u}_{C2} + u_{C2}.$$

Aufgelöst nach der höchsten Ableitung, ergibt sich

$$\ddot{u}_{C2} = \frac{1}{R_1 R_2 C_1 C_2} U - \frac{R_1 C_1 + R_2 C_1}{R_1 R_2 C_1 C_2} \dot{u}_{C2} - \frac{1}{R_1 R_2 C_1 C_2} u_{C2}.$$

Durch Einsetzen der Werte für R und C wird daraus

$$\ddot{u}_{C2} = 0{,}16\,U - 0{,}8\,\dot{u}_{C2} - 0{,}16\,u_{C2}$$

Die in dieser Form dargestellte Differentialgleichung lässt sich unmittelbar in den Signalflussgraphen **Bild 4.3.6** überführen.

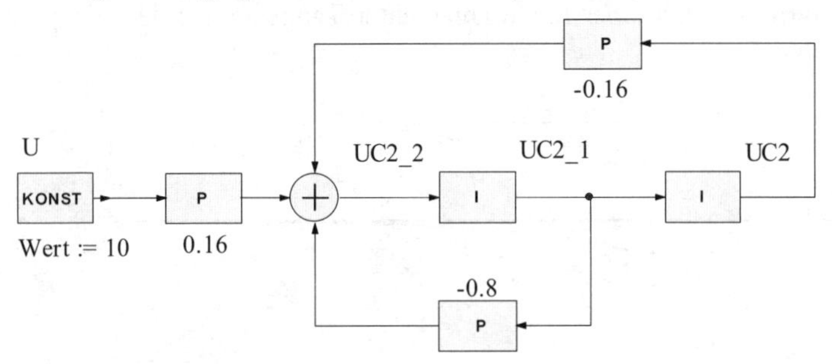

Bild 4.3.6 Signalflussgraph

Die Blockdiagramme werden zur Simulation automatisch sortiert und nachfolgend berechnet. Der Verlauf der Ausgangsspannung in **Bild 4.3.7** ähnelt dem in Bild 4.3.5. Auch hier täuscht das Ergebnis eine endliche Steigung im Ursprung vor. Eine falsche Abarbeitungsreihenfolge und zu große Schrittweiten wirken sich besonders aus. Es kann zu Laufzeiteffekten kommen, die zur nummerischen Instabilität führen.

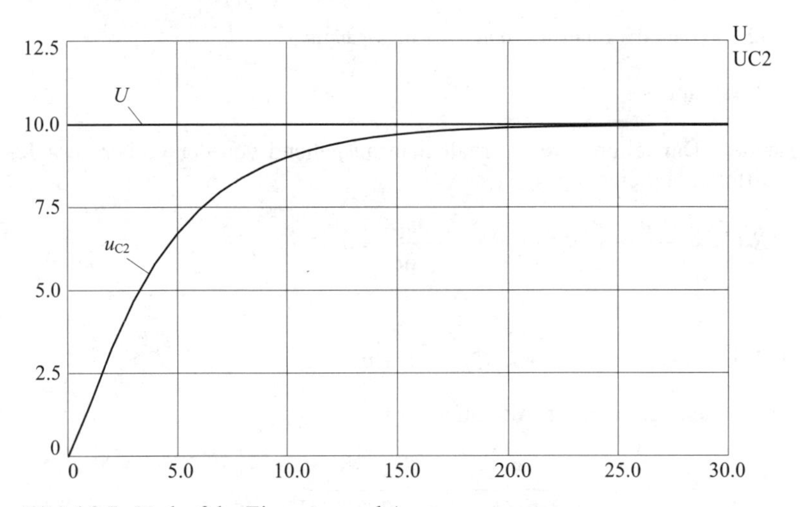

Bild 4.3.7 Verlauf der Eingangs- und Ausgangsspannung

Die Simulation in Signalflussdarstellung verlangt daher unter Umständen die Vorgabe sehr kleiner Schrittweiten, um die nummerische Stabilität zu gewährleisten. Dies wiederum bedingt eine längere Rechenzeit, die sich nachteilig auswirkt.

• Differentialgleichung als Formel

Bei technischen Systemen gibt es häufig einen Zusammenhang zwischen den Systemgrößen und deren Ableitungen. Als adäquate Form zur mathematischen Beschreibungen solcher Systeme bieten sich dann die Differentialgleichungen an.

Im Fall der gekoppelten Netzwerke erhält man die Systemgleichung

$$\ddot{u}_{C2} = \frac{1}{R_1 R_2 C_1 C_2} U - \frac{R_1 C_1 + R_2 C_1}{R_1 R_2 C_1 C_2} \dot{u}_{C2} - \frac{1}{R_1 R_2 C_1 C_2} u_{C2}$$

mit

$$\dot{u}_{C2} = \int \ddot{u}_{C2} \, \mathrm{d}t$$

und

$$u_{C2} = \int \dot{u}_{C2} \, \mathrm{d}t.$$

Unter Verzicht auf eine graphische Darstellung und einer daraus abgeleiteten graphischen Programmierung können die Gleichungen in Formeldarstellung (**Bild 4.3.8**) direkt eingegeben werden.

VA1 :

```
U := 10
UC2_2 := 0.16*U-0.8*UC2_1-0.16*UC2
UC2_1 := integ(UC2_2)
UC2 := integ(UC2_1)
```

Bild 4.3.8 Differentialgleichung als Formel

Der simulierte Kurvenzug der Ausgangsspannung (**Bild 4.3.9**) weist erneut einen anderen Verlauf auf. Mit einer Schrittweite von 1 s liegen die deutlich erkennbaren Abtastpunkte für die vorliegenden Systemzeitkonstanten zu weit auseinander. Die Abarbeitungsreihenfolge der eingegebenen Gleichungen erfolgt von oben nach unten, wobei sie entscheidend die Qualität des Simulationsergebnis beeinflusst.

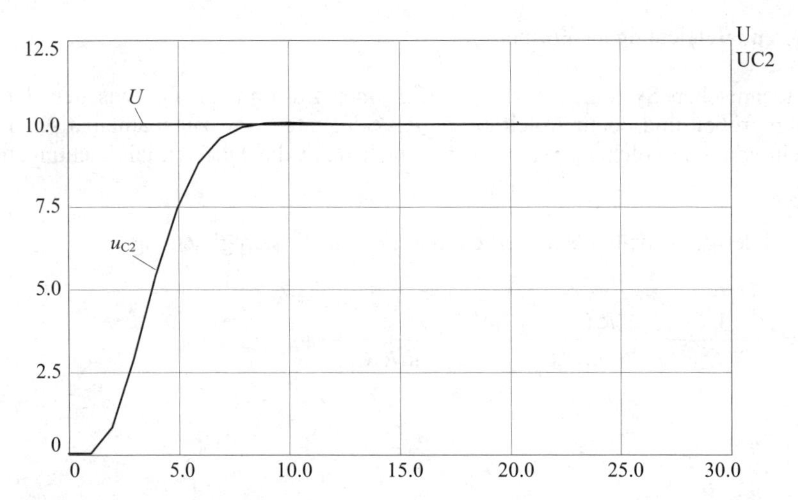

Bild 4.3.9 Verlauf der Eingangs- und Ausgangsspannung

Anregung:

- Man ändere den Parameter R_1 auf 250 kΩ, wähle die Schrittweitengrenzen H_{max} und H_{min} nach den Richtlinien aus Tabelle 0.7.3 und simuliere die Systeme mittels der verschiedenen Beschreibungsverfahren.
- Man ändere die Abarbeitungsreihenfolge der als Formel eingegebenen Gleichungen in Bild 4.3.8 und beobachte die Auswirkungen auf das Ergebnis.

5 Nichtkommutierende Stromrichter

5.1 Einpulsstromrichter

5.1.1 Einpulstromrichter mit Freilaufdiode

Für einen Einpulsstromrichter in Schaltung M1F soll bei einem Steuerwinkel von $\alpha = 60°$ das Systemverhalten betrachtet werden. Hierzu ist der Laststrom i_L bezüglich der Aufteilung in einen Strom i vom Netz und einen Kurzschlussstrom i_k über die Freilaufdiode näher zu untersuchen. Der Lastkreis ist so zu dimensionieren, dass der Strom nicht lückt.

Datei: *Projekt*: Kapitel 5.ssc \ *Datei*: M1-Freilauf.ssh

Lösung:

Das Simulationsmodell ist in **Bild 5.1.1** angeben. Für die Untersuchung auf Systemebene werden die statischen Modelle für Diode und Thyristor eingesetzt. Dies gilt auch für die nachfolgenden Simulationen, sofern nicht auf andere Modelle hingewiesen wird.

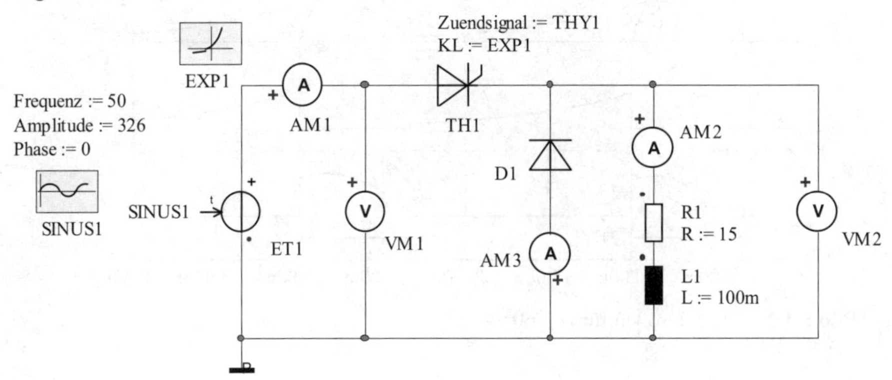

Bild 5.1.1 Einpulsstromrichter mit Freilaufdiode

Sind die Anfangswerte aller Systemgrößen auf null gesetzt, so liefert die Simulation grundsätzlich das Einschwingverhalten einer Schaltung. Bei $\alpha = 60°$ wird der

Thyristor erstmals gezündet. Für den vorliegenden ohmsch-induktiven Lastkreis wächst der Netzstrom i (AM1) mit einer endlichen Steigung von null heraus an. Nach dem Nulldurchgang der Netzspannung ($\omega t = \pi$) wird die Freilaufdiode D1 leitend (vgl. **L** Abschnitt 5.1) und schließt den Lastkreis kurz. Der Laststrom i_L (AM2) fällt dann exponentiell mit der Lastkreiszeitkonstanten $T_L = L_1/R_1$ ab. Nun gilt es zwei Fälle zu unterscheiden: Der Laststrom wird null, bevor die nächste Zündung des Thyristors erfolgt. Da neben der Spule keine weiteren Energiespeicher im System vorhanden sind, wiederholen sich die Verläufe der Systemgrößen bei den folgenden Zündvorgängen. Bereits der erste Zündvorgang führt zum stationären Zustand der Schaltung. Geht der Lastkreisstrom während der Freilaufzeit nicht auf null zurück, so springt der Netzstrom beim Zünden des Thyristors auf den Endwert des Freilaufstroms i_k (AM3), wie dies das Simulationsergebnis in **Bild 5.1.2** für die gegebenen Lastparameter zeigt. Der Diodenstrom ist dort um 200 Skalierungseinheiten und der Netzstrom um 400 Einheiten nach „unten" verschoben dargestellt. Das Zündsignal ist stark vergrößert. Der stationäre Zustand wird in Abhängigkeit von der Lastkreiskonstanten nach mehreren Netzperioden erreicht.

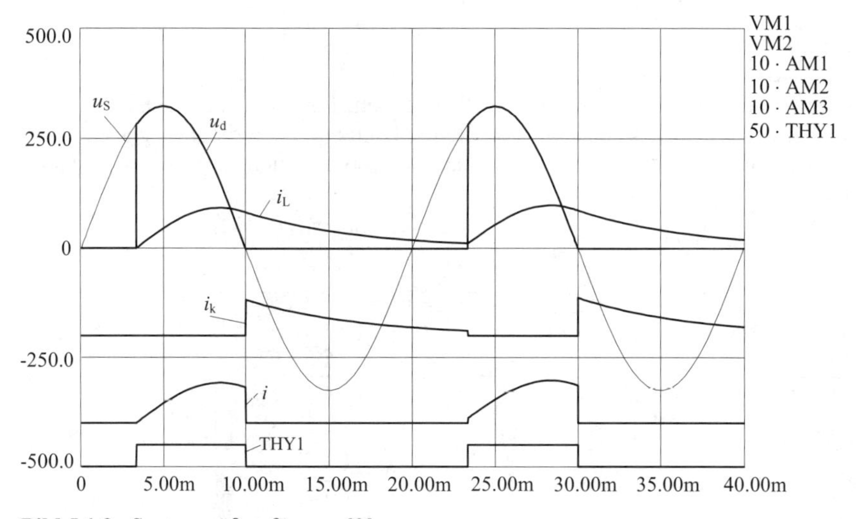

Bild 5.1.2 Systemgrößen für $\alpha = 60°$

Anregung:

- Man untersuche den Einfluss verschiedener Steuerwinkel α auf die Systemgrößen i_L bzw. i und i_k.
- Wie wirkt sich eine Änderung der Induktivität auf das Freilaufverhalten aus?

5.1.2 Sättigung des Stromrichter-Transformators

Ein M1-Stromrichter mit ohmscher Last $R = 10\ \Omega$ wird über einen Transformator betrieben. Man untersuche das Einschwingverhalten des Netzstroms i_N, des Laststroms i_L, sowie des Magnetisierungsstroms i_μ des Transformators bei einem Steuerwinkel von $\alpha = 60°$. Für den Transformator soll die Sättigung der Hauptinduktivität mit der nachstehenden Näherung berücksichtigt werden.

Transformatordaten: $R_1 = 1\ \Omega$, $R_2 = 0{,}1\ \Omega$, $L_{s1} = 1$ mH, $L_{s2} = 1$ mH,
$L_{h\,diff}$ siehe **Bild 5.1.3**

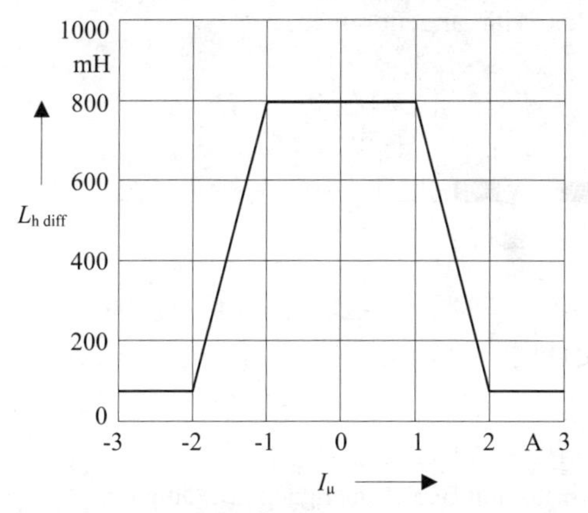

I_μ / A	$L_{h\,diff}$ / mH
-3	80
-2	80
-1	800
0	800
1	800
2	80
3	80

Bild 5.1.3 Kennlinie der Sättigung

Datei: *Projekt*: Kapitel 5.ssc \ *Datei*: M1-Transformator&Saett.ssh

Lösung:

Stromrichter-Transformatoren passen die Eingangsspannung von Schaltungen an die verfügbare Netzspannung an. In **L** Abschnitt 4.4.3 werden die simulierten charakteristischen Transformatorgrößen bei der Einspeisung einer M1-Schaltung dargelegt. Der Einfachheit halber sind dort die Eisenverluste und die Sättigung vernachlässigt. Im T-Ersatzschaltbild des Transformators werden die Eisenverluste durch einen parallel zur Hauptinduktivität liegenden Widerstand abgebildet, dessen Wert so gewählt wird, dass die hierin entstehenden ohmschen Verluste den realen Wirbelstrom- und Hystereseverluste entsprechen. Dieser Ersatzwiderstand ist also frequenzabhängig. Auf eine diesbezüglich leicht durchzuführende Erweiterung des Simulationsmodells wird hier verzichtet. Im Weiteren soll nun eine Vor-

gehensweise zur Berücksichtigung des nicht linearen Effekts der Sättigung gezeigt werden.
Der magnetische Hauptfluss, mit dem die Primär- und Sekundärwicklung verkettet sind, wird im T-Ersatzschaltbild durch die im Querzweig liegende Hauptinduktivität verkörpert. Geht der Eisenkern des Transformators in die Sättigung, so nimmt deren Wert ab. Eine Umformung des Induktionsgesetzes führt zu:

$$u = \frac{\mathrm{d}\Psi}{\mathrm{d}t} = \frac{\mathrm{d}\Psi}{\mathrm{d}i} \cdot \frac{\mathrm{d}i}{\mathrm{d}t} = L_{\mathrm{diff}} \cdot \frac{\mathrm{d}i}{\mathrm{d}t}$$

Folglich ist also die differentielle Hauptinduktivität im Modell einzustellen, welche aus dem Verlauf der Magnetisierungskennlinie $\Psi = f(i)$ für jeden Arbeitspunkt gewonnen werden kann. Für die Simulation wird der in Bild 5.1.3 dargestellte Verlauf für die differentielle Hauptinduktivität angenommen.

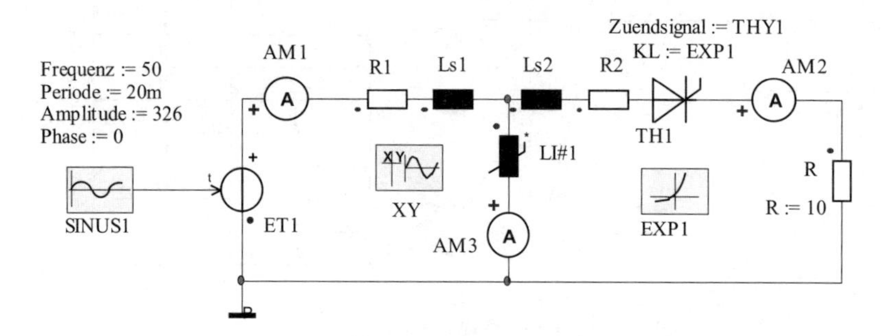

Bild 5.1.4 M1-Stromrichter und Transformator mit Berücksichtigung der Sättigung

Mit diesen Vorgaben liefert die Simulation die in den **Bildern 5.1.5** und **5.1.6** dargestellten Systemgrößen. Der besseren Lesbarkeit wegen ist der Netzstromverlauf i_N (AM1) um 75 Einheiten und der Laststrom i_L (AM2) um 25 Einheiten nach oben verschoben dargestellt. Durch den Sättigungseffekt erhöhen sich die Einschaltstromspitze und der Effektivwert des Netzstroms im stationären Betrieb. Der Magnetisierungsstrom i_μ (AM3) ist gegenüber dem normalen Netzbetrieb eines Transformators stark verzerrt, und die nicht lineare Ventilfunktion bewirkt außerdem einen Gleichanteil. Dies wäre auch bei konstanter, also ungesättigter Hauptinduktivität ($L_{\mathrm{h\ diff}}$ = konst.) der Fall; man vergleiche hierzu **L** Abschnitt 4.4.3. Unter dem Einfluss der hier angenähert berücksichtigten Sättigung entstehen zusätzliche Oberschwingungsanteile, die im Netz störende Rückwirkungen hervorrufen (**L** Abschnitt 7.1).

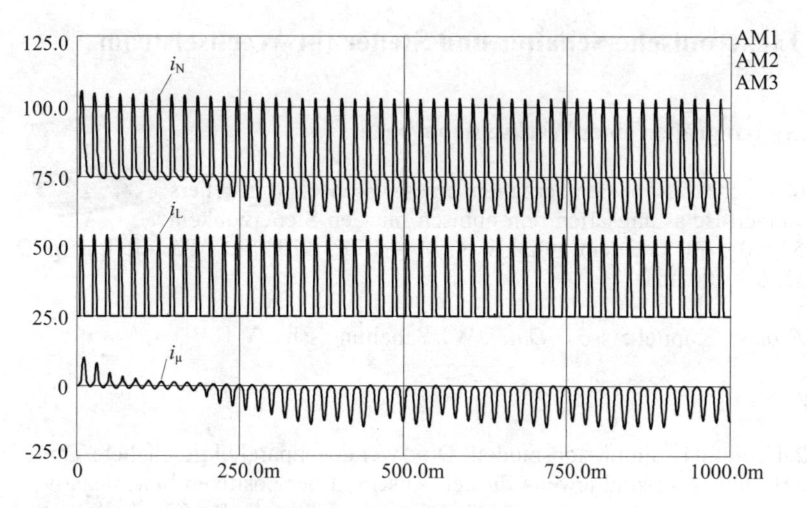

Bild 5.1.5 Einschwingvorgang der Ströme i_N, i_L und i_μ

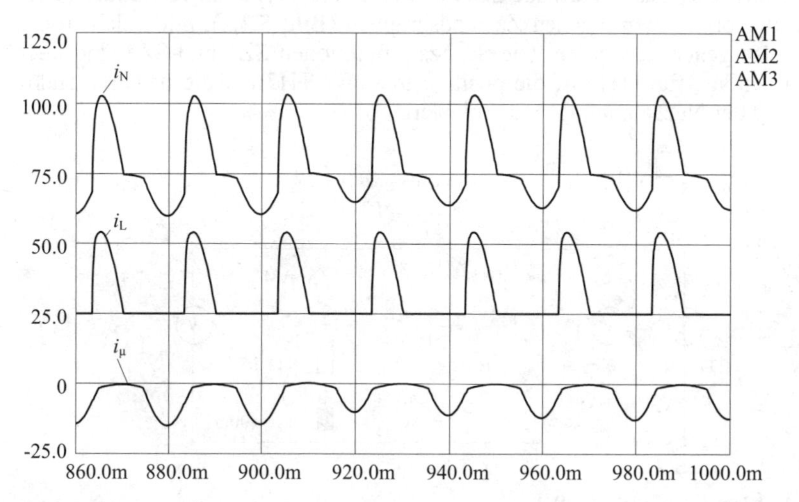

Bild 5.1.6 Darstellung der Ströme i_N, i_L und i_μ im eingeschwungenen Zustand

Anregung:

- Man verändere die Kennlinie der Hauptinduktivität und betrachte deren Einfluss.
- Wie wirkt sich eine Änderung des primärseitigen Widerstands R_1 auf das Einschwingverhalten der Ströme aus?

5.2 Elektronische Schalter und Steller für Wechselstrom

5.2.1 Systemgrößen eines Wechselstromstellers

Man untersuche das Systemverhalten eines Wechselstromstellers für die beiden Belastungsarten rein ohmsch mit den Steuerwinkeln $\alpha = 135°$; 90°; 60° und rein induktiv mit $\alpha = 150°$; 120°; 90°. Für die Last gilt: $R = 15\ \Omega$, $L = 100$ mH.

Datei: *Projekt*: Kapitel 5.ssc \ *Datei*: W1-Schaltung.ssh

Lösung:

Bild 5.2.1 zeigt das Simulationsmodell. Die zwei gegenparallel geschaltete Thyristoren TH1 und TH2 sind jeweils für den Anschnitt der positiven bzw. negativen Halbschwingung der Spannung zuständig. Zur Zündung der Thyristoren mit Langimpulsen wird das in Aufgabe 2.3.4 beschriebene Verfahren verwendet. Jeder Thyristor benötigt einen eigenen Zustandsgraphen (**Bild 5.2.2**), mit welchem die Zündimpulse generiert werden. Die Sägezahnfunktionen SZ1 und SZ2 sind über deren Phasenlage für TH1 auf die positive bzw. für TH2 auf die negative Halbschwingung der Netzspannung synchronisiert.

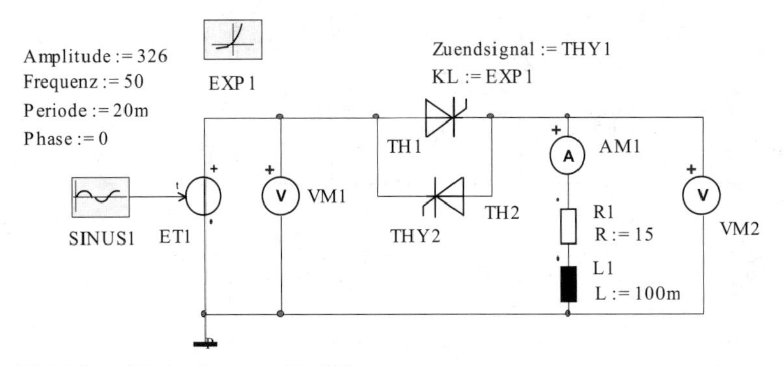

Bild 5.2.1 Wechselstromsteller W1

Zur Beurteilung des Systemverhaltens des Wechselstromstellers sollen nachfolgend die beiden Belastungsfälle mit Widerstandslast und rein induktiver Belastung betrachtet werden. Dazu muss in der Simulationsschaltung jeweils ein Bauelement entfernt oder dessen Wert sinnvoll klein gewählt werden. **Bild 5.2.3** zeigt die Systemgrößen für ohmsche Belastung und verschiedene Ansteuerungsgrade. Zur besseren Verdeutlichung sind die Zündimpulse THY1 und THY2 mit dem Faktor

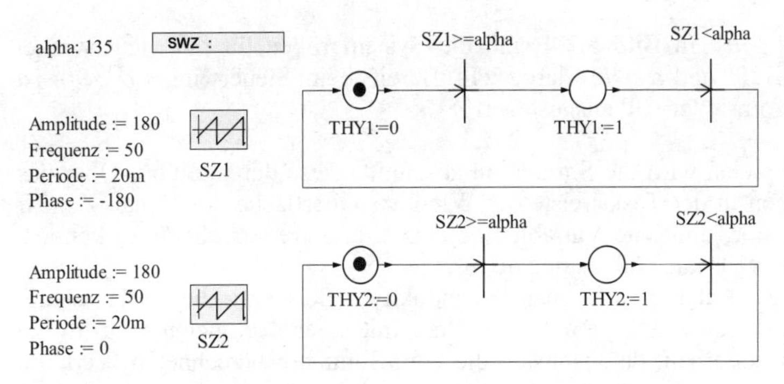

Bild 5.2.2 Zustandsgraph zur Zündimpulserzeugung

100 skaliert und um 500 nach unten verschoben. Die Zündung erfolgt in der ersten Periode der Netzspannung bei α = 135°, in der zweiten mit α = 90° und in der letzen Periode bei α = 45°. Der zeitliche Verlauf des Laststroms i_L (AM1) entspricht der anliegenden Spannung u_L (VM2), weil für die Augenblickswerte $i_L = u_L/R$ gilt. Der Steuerbereich der Spannung u_L reicht von null bei α = 180° bis zum Höchstwert $u_L = u_S$ (VM1) bei α = 0°, wobei der Ventilspannungsfall vernachlässigt ist.

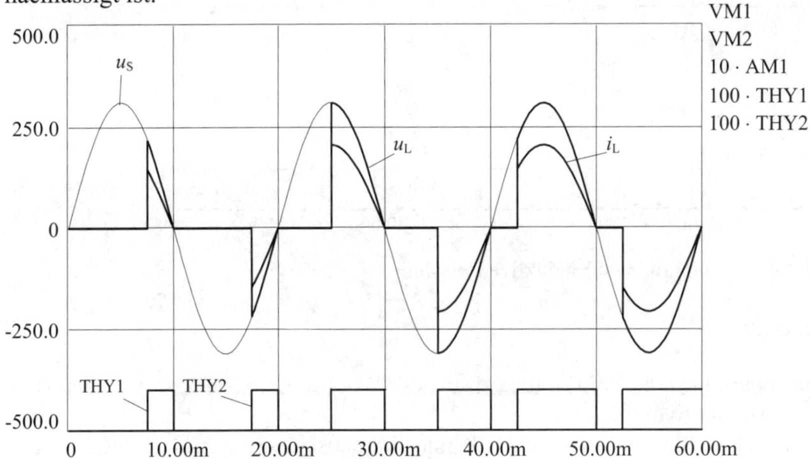

Bild 5.2.3 Systemgrößen für ohmsche Belastung

Bei rein induktiver Belastung verläuft der Strom i_L (AM1) symmetrisch zum Nulldurchgang der Netzspannung u_S (VM1). Die Spannung an der Last u_L (VM2) nimmt im Gegensatz zur rein ohmschen Belastung negative Werte an. Hier zeigt sich, dass, so lange ein Thyristor Strom führt, die Netzspannung an der Last weiterhin anliegt. Der Stromflusswinkel hat sich gegenüber ohmscher Last verdoppelt auf $\omega t_F = 2(\pi - \alpha)$. In **Bild 5.2.4** sind die Systemgrößen für die Steuerwinkel $\alpha = 150°$, $\alpha = 120°$ und $\alpha = 90°$ dargestellt. Bereits beim Steuerwinkel $\alpha = 90°$ ist der Wechselstromsteller voll ausgesteuert.

In beiden Beispielen wird die Simulation abschnittsweise durchgeführt. Über das Simulations-Icon in der Task-Leiste der Windows-Oberfläche erhält man Zugriff auf den Simulator, um neue Variablen zu setzen und weiterrechnen zu können. Dies erfolgte jeweils nach 20 ms und 40 ms.
Weiterhin ist zu beachten, dass man bei induktiver Belastung die Vollaussteuerung für einen Steuerwinkel von $\alpha = 90°$ nur mit einer maximalen Schrittweite von $H_{max} < 20$ µs erhält, da ansonsten die vom Simulator berechneten Werte zu weit entfernt liegen und der Strom noch lückt.

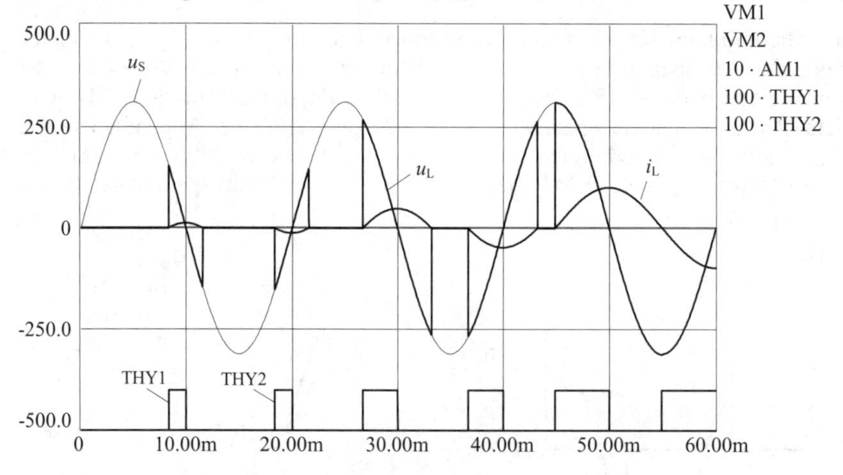

Bild 5.2.4 Systemgrößen für induktive Belastung

Anregung:

- Man betrachte die Wirkungsweise des Wechselstromstellers für gemischt ohmsch-induktive Belastung.
- Für welchen Steuerwinkel α erhält man Vollaussteuerung mit $R = 25\ \Omega$ und $L = 200$ mH?

5.2.2 Strom eines Wechselstromstellers als Funktion des Steuerwinkels

Für einen Wechselstromsteller ist der Strom-Mittelwert I_{TAV} eines Ventils bei ohmscher und induktiver Belastung zu ermitteln. Gesucht sind jeweils der Höchstwert I_{TAVM} bei Vollaussteuerung sowie der Relativwert $I_{TAV}/I_{TAVM} = f(\alpha)$ für den gesamten Steuerbereich.

Lösung

- Ohmsche Belastung

  Für $\alpha \leq \omega t \leq 180°$ gilt

$$I_{\mathrm{TAV}} = \frac{1}{\omega T}\int_{0}^{\omega T} i_{\mathrm{L}}(\omega t)\,\mathrm{d}\omega t \quad \text{mit} \quad i_{\mathrm{L}}(\omega t) = \frac{u_{\mathrm{L}}(\omega t)}{R} = \frac{\sqrt{2}U_{\mathrm{S}}}{R}\sin\omega t$$

$$I_{\mathrm{TAV}} = \frac{\sqrt{2}U_{\mathrm{S}}}{\omega TR}\int_{\alpha}^{\pi} \sin\omega t\,\mathrm{d}\omega t = \frac{\sqrt{2}U_{\mathrm{S}}}{2\pi R}(1+\cos\alpha).$$

  Vollaussteuerung für $\alpha = 0°$: $I_{\mathrm{TAVM}} = \dfrac{\sqrt{2}U_{\mathrm{S}}}{\pi R}$;

  Relativwert für $0° \leq \alpha \leq 180°$: $\dfrac{I_{\mathrm{TAV}}}{I_{\mathrm{TAVM}}} = \dfrac{1+\cos\alpha}{2}$.

- Induktive Belastung:

  Bei *induktiver Belastung* gilt im idealisierten Fall einer widerstandsfreien Induktivität:

$$u_{\mathrm{L}} = L\frac{\mathrm{d}\,i_{\mathrm{L}}}{\mathrm{d}t}; \quad \rightarrow \quad \int_{i(t_{\mathrm{Z}})}^{i(t)} \mathrm{d}\,i_{\mathrm{L}} = \frac{1}{L}\int_{t_{\mathrm{Z}}}^{t} u_{\mathrm{L}}(t)\,\mathrm{d}t \quad \text{mit } t_{\mathrm{Z}} = \frac{\alpha}{\omega}$$

  mit der Anfangsbedingung: $i_{\mathrm{L}}(t_{\mathrm{Z}}) = 0$ und $u_{\mathrm{L}}(t) = \sqrt{2}U_{\mathrm{S}}\sin\omega t$

$$i_{\mathrm{L}}(t) = \frac{\sqrt{2}U_{\mathrm{S}}}{L}\int_{\alpha/\omega}^{t} \sin\omega t\,\mathrm{d}t \quad \rightarrow \quad i_{\mathrm{L}}(\omega t) = \frac{\sqrt{2}U_{\mathrm{S}}}{\omega L}(\cos\alpha - \cos\omega t).$$

  Für I_{TAV} folgt mit dem Löschzeitpunkt $t_{\mathrm{L}} = (2\pi - \alpha)/\omega$:

$$I_{\mathrm{TAV}} = \frac{\sqrt{2}U_{\mathrm{S}}}{\omega T\omega L}\int_{\alpha}^{2\pi-\alpha} (\cos\alpha - \cos\omega t)\,\mathrm{d}\omega t;$$

$$I_{\mathrm{TAV}} = \frac{\sqrt{2}U_{\mathrm{S}}}{\omega T\omega L}\left[2\pi\left(\frac{\pi-\alpha}{\pi}\right)\cos\alpha + 2\pi\left(\frac{1}{\pi}\sin\alpha\right)\right]$$

$$I_{\mathrm{TAV}} = \frac{\sqrt{2}U_{\mathrm{S}}}{\omega L}\left(\frac{\pi-\alpha}{\pi}\cos\alpha + \frac{1}{\pi}\sin\alpha\right)$$

Vollaussteuerung für $\alpha = 90° = \pi/2 : I_{\mathrm{TAVM}} = \dfrac{\sqrt{2}U_{\mathrm{S}}}{\omega L \pi}$.

Relativwert für $90° \leq \alpha \leq 180° : \dfrac{I_{\mathrm{TAV}}}{I_{\mathrm{TAVM}}} = (\pi - \alpha) \cdot \cos\alpha + \sin\alpha$.

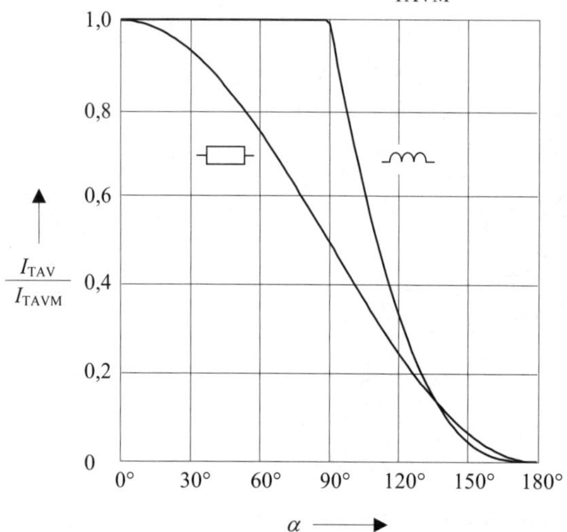

Bild 5.2.5 Strom-Steuerkennlinien des Wechselstromstellers bei ohmscher und induktiver Belastung

5.2.3 Einpuls-Stromrichterverhalten eines Wechselstromstellers

Man bestimme näherungsweise durch Simulation den Steuerwinkel α, bei welchem ein Wechselstromrichter mit gemischt ohmsch-induktiver Belastung (R = 15 Ω, L = 500 mH) in ein Einpulsstromrichterverhalten übergeht, wenn die Thyristoren durch Kurzimpulse mit einer Pulsdauer t_e – 1 ms gezündet werden.

Datei: *Projekt*: Kapitel 5.ssc \ *Datei*: W1-Kurzimpulse.ssh

Lösung:

In der vorhergehenden Aufgabe 5.2.1 werden die Thyristoren durch Langimpulse gezündet. Setzt man Kurzimpulse nach Bild 2.3.3 und Bild 2.3.4 ein, so arbeitet der Wechselstromsteller bei ohmsch-induktiver Belastung ab der unteren Grenze des Steuerbereichs als Einpulsstromrichter. Dies ergibt sich daraus, dass bei Stromführung eines der beiden Thyristoren der gegenparallel gezündete Thyristor den Strom nicht übernimmt. Er ist kurzgeschlossen und ist erst wieder zündfähig, wenn der andere Thyristor sperrt. Um dies zu umgehen, wird entweder die Zündimpulslage nach unten begrenzt oder mit Langimpulsen gezündet. In **Bild 5.2.6** sind die zeitlichen Verläufe der Systemgrößen dargestellt. Auf Grund der Pulsdauer von $t_e = 1\text{ms}$ verhält sich der Wechselrichter ab einem Steuerwinkel $\alpha < 73°$ als Einpulsstromrichter.

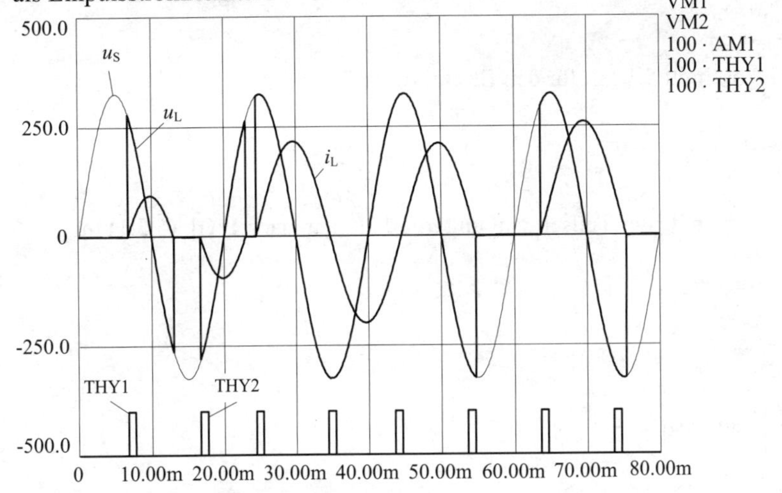

Bild 5.2.6 Systemgrößen eines Wechselstromstellers als Einpulsstromrichter

Anregung:

- Man verkleinere die Pulsdauer auf $t_e = 1\,\mu\text{s}$ und bestimme den Grenzwinkel. Zur Ermittlung des Grenzwinkels vergleiche man **L** Abschnitt 5.2.
- Man ändere die Parameter R und L und beobachte die Verschiebung der unteren Grenze des Steuerbereichs.

5.3 Steuerblindleistung und Leistungsfaktor

5.3.1 Kenngrößen der W1-Schaltung bei ohmscher Belastung

Zu berechnen sind für den Wechselstromsteller mit ohmscher Belastung als Funktion des Steuerwinkels α:

- der Effektivwert der Strom-Grundschwingung I_1,
- der Grundschwingungsgehalt g_I,
- der Phasenwinkel φ_1,
- der Verschiebungsfaktor $\cos\varphi_1$ sowie
- der Leistungsfaktor $\lambda = g_I \cos\varphi_1$.

Lösung:

- Effektivwert der Grundschwingung I_1

Der Strom i wird mit Hilfe der Fouriertransformation als trigonometrische Reihe dargestellt.

Nach **L** Abschnitt 5.1 gilt für den Effektivwert:

$$I_1 = \frac{\hat{i}_1}{\sqrt{2}} = \frac{1}{\sqrt{2}}\sqrt{a_1^2 + b_1^2}$$

Für die Amplitude der Teilschwingung a_1 erhält man nach **L** Gl. (5.3.1) mit

$$i\,(\omega t) = \hat{i}\sin\omega t$$

und

$$a_1 = \frac{2\,\hat{i}}{\pi}\left|\frac{1}{2}\sin^2\omega t\right|_{\alpha}^{\pi}$$

$$a_1 = -\frac{\hat{i}\sin^2\alpha}{\pi}.$$

Die Amplitude b_1 ergibt sich nach **L** Gl. (5.3.2) zu

$$b_1 = \frac{2\,\hat{i}}{\pi}\left[\frac{1}{2}\omega t - \frac{1}{4}\sin 2\omega t\right]_{\alpha}^{\pi}$$

$$b_1 = \hat{i}\cdot\left(1 - \frac{\alpha}{\pi} + \frac{1}{2\,\pi}\sin 2\alpha\right).$$

Mit $\hat{i} = \frac{\sqrt{2}U_{\mathrm{S}}}{R}$ erhält man für den Effektivwert I_1 der Grundschwingung

$$I_1 = \frac{U_{\mathrm{S}}}{R}\cdot\frac{1}{\pi}\sqrt{\sin^4\alpha + \left((\pi-\alpha) + \frac{1}{2}\sin 2\alpha\right)^2}$$

$$I_1 = \frac{U_{\mathrm{S}}}{R}\cdot\frac{1}{\pi}\sqrt{(\sin^2\alpha)^2 + (\pi-\alpha)^2 + (\pi-\alpha)\sin 2\alpha + \frac{1}{4}(\sin 2\alpha)^2}$$

und nach Umformen mit $\sin 2\alpha = 2\sin\alpha\cos\alpha$

$$I_1 = \frac{U_S}{R}\cdot\frac{1}{\pi}\sqrt{(\pi-\alpha)^2 + (\pi-\alpha)\sin 2\alpha + \sin^2\alpha\cdot(\sin^2\alpha + \cos^2\alpha)}$$

$$I_1 = \frac{U_S}{R}\cdot\frac{1}{\pi}\sqrt{(\pi-\alpha)^2 + (\pi-\alpha)\sin 2\alpha + \sin^2\alpha}.$$

- Grundschwingungsgehalt g_I

Der Grundschwingungsgehalt ist nach **L** Gl. (5.29.1) definiert: $g_I = \frac{I_1}{I}$.

Für den Effektivwert ergibt sich mit $I = \frac{U_L}{R}$ und dem Aussteuerungsgrad (**L** Gl. (5.24))

$$\frac{U_L}{U_S} = \sqrt{1 - \frac{\alpha}{\pi} + \frac{1}{2\pi}\sin 2\alpha}$$

$$I = \frac{U_S}{R}\sqrt{1 - \frac{\alpha}{\pi} + \frac{1}{2\pi}\sin 2\alpha}.$$

Man erhält für den Grundschwingungsgehalt g_I

$$g_I = \frac{I_1}{I} = \frac{1}{\pi}\sqrt{\frac{(\pi-\alpha)^2 + (\pi-\alpha)\sin 2\alpha + \sin^2\alpha}{1 - \frac{\alpha}{\pi} + \frac{1}{2\pi}\sin 2\alpha}}$$

- Phasenwinkel φ_1

Für den Phasenwinkel φ_ν gilt nach **L** Gl. (5.6)

$$\varphi_\nu = \arctan\frac{a_\nu}{b_\nu},$$

und somit für die Strom-Grundschwingung i_1 ($\nu = 1$)

$$\varphi_1 = \arctan\frac{-\hat{i}\cdot\frac{\sin^2\alpha}{\pi}}{\hat{i}\cdot\left(1 - \frac{\alpha}{\pi} + \frac{1}{2\pi}\sin 2\alpha\right)}$$

$$\varphi_1 = \arctan\frac{-\sin^2\alpha}{\pi - \alpha + (\sin 2\alpha)/2}.$$

- Verschiebungsfaktor $\cos\varphi_1$

$$\cos\varphi_1 = \frac{b_1}{\sqrt{{a_1}^2 + {b_1}^2}}$$

$$\cos\varphi_1 = \frac{\pi - \alpha + (\sin 2\alpha)/2}{\sqrt{(\pi-\alpha)^2 + (\pi-\alpha)\sin 2\alpha + \sin^2\alpha}}$$

- Leistungsfaktor $\lambda = g_\mathrm{I}\cos\varphi_1$.

$$\lambda = \sqrt{1 - \frac{\alpha}{\pi} + \frac{1}{2\pi}\sin 2\alpha}$$

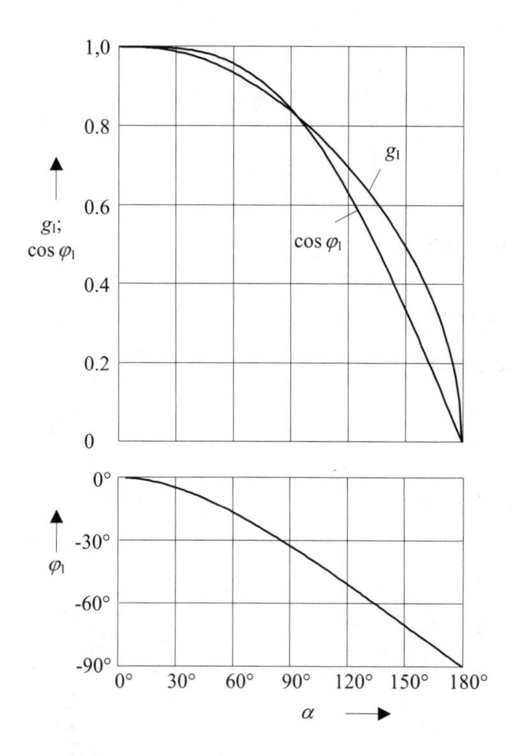

Bild 5.3.1 Grundschwingungsgehalt g_I, Verschiebungsfaktor $\cos\varphi_1$ und Phasenwinkel φ_1 als Funktion des Steuerwinkels α

5.3.2 Grundschwingungsgehalt der Spannung für W1- und W3- Schaltung

Ergänzend zu dem in Aufgabe 5.3.1 ermittelten Grundschwingungsgehalt des Stroms berechne man den Grundschwingungsgehalt g_U der Lastkreisspannung u_L für Wechselstrom- und Drehstromsteller bei ohmscher und induktiver Belastung.

Lösung:

Wechselstromsteller (W1)

- Ohmsche Belastung:
  Der hierfür in Aufgabe 5.3.1 ermittelte Grundschwingungsgehalt g_I des Stroms gilt wegen gleicher Kurvenform auch für die Spannung: $g_U = g_I$.

- Induktive Belastung:
  Hierbei stellt die Spannung nach Bild 5.2.4 eine ungerade Funktion dar: $u_L\,(\omega\, t) = -u_L\,(-\omega\, t)$. Daher wird $a_1 = 0$; für den Scheitelwert der Grundschwingung ergibt sich damit:

$$\hat{u}_1 = b_1$$

$$b_1 = \frac{1}{\pi} \cdot 2 \cdot \int_{\alpha}^{2\pi-\alpha} \hat{u}_S \cdot \sin \omega t \cdot \sin \omega t \,\mathrm{d}\omega t$$

$$b_1 = \frac{2\hat{u}_S}{\pi} \left[\frac{1}{2}\omega\, t - \frac{1}{4} \sin 2\omega\, t \right]_{\alpha}^{2\pi-\alpha}$$

$$b_1 = \hat{u}_S \cdot \left(2 - 2\frac{\alpha}{\pi} + \frac{1}{\pi} \sin 2\alpha \right)$$

bzw.

$$\frac{\hat{u}_1}{\hat{u}_S} = \frac{U_1}{U_S} = 2\left(1 - \frac{\alpha}{\pi} + \frac{1}{2\pi} \sin 2\alpha \right).$$

Mit der Gleichung für die Steuerkennlinie

$$\frac{U_L}{U_S} = \sqrt{2\left(1 - \frac{\alpha}{\pi} + \frac{1}{2} \sin 2\alpha \right)}$$

folgt also:

$$\frac{U_1}{U_S} = \left(\frac{U_L}{U_S}\right)^2.$$

Damit wird der Grundschwingungsgehalt der Lastkreisspannung:

$$g_U = \frac{U_1}{U_L} = \frac{U_1}{U_S} : \frac{U_L}{U_S} = \frac{U_L}{U_S}.$$

Bei rein induktiver Belastung geht g_U also linear mit dem Aussteuerungsgrad U_L / U_S und ist damit im ganzen Steuerbereich kleiner als bei ohmscher Belastung.

Drehstromsteller (W3)

Für die selten verwendeten Schaltungen, bei denen die drei Stränge unabhängig voneinander arbeiten, gelten die Beziehungen des einphasigen Stellers (W1). Für die Schaltungen ohne Mittelleiter-Anschluss ergibt die gemäß dem Spannungsverlauf, **L** Bilder 5.17 und 5.19, abschnittsweise durchzuführende Rechnung:

- Ohmsche Belastung:

  $0° \leq \alpha \leq 60°$:

$$\frac{a_1}{\hat{u}_S} = \frac{3}{4\pi}(\cos 2\alpha - 1); \qquad \frac{b_1}{\hat{u}_S} = 1 - \frac{3\alpha}{2\pi} + \frac{3}{4\pi}\sin 2\alpha;$$

  $60° \leq \alpha \leq 90°$:

$$\frac{a_1}{\hat{u}_S} = \frac{3\sqrt{3}}{4\pi}(\cos 2\alpha + 30°); \qquad \frac{b_1}{\hat{u}_S} = \frac{1}{2} + \frac{3\sqrt{3}}{4\pi}\sin(2\alpha + 30°);$$

  $90° < \alpha < 150°$:

$$\frac{a_1}{\hat{u}_S} = \frac{3}{4\pi}(\cos(2\alpha + 60°) - 1); \qquad \frac{b_1}{\hat{u}_S} = \frac{5}{4} - \frac{3\alpha}{2\pi} + \frac{3}{4\pi}\sin(2\alpha + 60°);$$

  Aus den Amplituden der Teilschwingungen sind die Grundschwingungsamplitude $\hat{u}_1/\hat{u}_S = U_1/U_S$ entsprechend **L** Gl. (5.5) und der Grundschwingungsgehalt g_U wie für den Wechselstromsteller zu ermitteln.

- Induktive Belastung:
  Wie bei der W1-Schaltung wird auch hier $a_1 = 0$, also $\hat{u}_1 = b_1$.

$90° \leq \alpha \leq 120°$:

$$\frac{\hat{u}_1}{\hat{u}_S} = \frac{5}{2} - \frac{3\alpha}{\pi} + \frac{3}{2\pi} \sin 2\alpha;$$

$120° \leq \alpha \leq 150°$:

$$\frac{\hat{u}_1}{\hat{u}_S} = \frac{5}{2} - \frac{3\alpha}{\pi} + \frac{3}{2\pi} \sin(2\alpha + 60°);$$

Da auch hier

$$\frac{\hat{u}_1}{\hat{u}_S} = \frac{U_1}{U_S} = \left(\frac{U_L}{U_S}\right)^2$$

gilt, wird wie beim Wechselstromsteller

$$g_U = \frac{U_L}{U_S}.$$

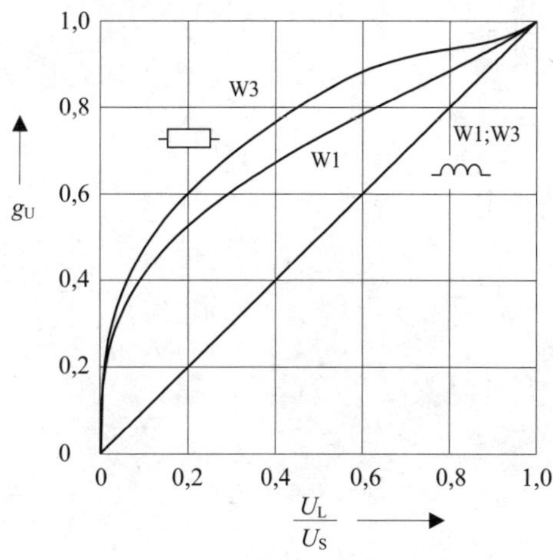

Bild 5.3.2 Grundschwingungsgehalt im Vergleich

Dem Diagramm $g_U = f(U_L / U_S)$ ist zu entnehmen, dass bei ohmscher Belastung die Spannung des Drehstromstellers in Sternschaltung ohne Mittelleiter den größeren Grundschwingungsgehalt aufweist. Da diese Tendenz auch für gemischte Belastung gilt, ist diese Schaltung allgemein, insbesondere auch für die Spannungssteuerung von Drehstrom-Asynchronmotoren, zu bevorzugen (**L** Abschnitt 9.3.1.1).

5.3.3 Leistungsgrößen der W1-Schaltung bei ohmscher Belastung

Man berechne für einen Wechselstromsteller mit ohmscher Belastung die bezogenen Werte der Scheinleistung S, Wirkleistung P, Blindleistung Q, Grundschwingungs-Scheinleistung S_1, Verschiebungsblindleistung Q_1 und Verzerrungsleistung Q_d als Funktion des Aussteuerungsgrads U_L/U_S. Als Bezugsgröße ist der bei Vollaussteuerung auftretende Wert $S_{max} = U_S I_{max} = U_S^2/R = P_{max}$ zu verwenden.

Lösung:

- Scheinleistung S:

$$S = U_S \cdot I; \quad I = \frac{U_L}{R}; \quad I_{max} = \frac{U_S}{R}$$

Mit $\frac{U_L}{U_S} = \lambda$ nach **L** Gln.(5.38) und (5.24):

$$\frac{S}{S_{max}} = S^r = \frac{U_S \cdot I}{U_S \cdot I_{max}} = \frac{I}{I_{max}} = \frac{U_L/R}{U_S/R} = \frac{U_L}{U_S} = \lambda.$$

- Wirkleistung P:

$$\frac{P}{S_{max}} = P^r = \frac{U_L \cdot I}{U_S \cdot I_{max}} = \frac{U_L^2/R}{U_S^2/R} = \frac{U_L^2}{U_S^2} = \lambda^2.$$

- Blindleistung Q:

$$Q = \sqrt{S^2 - P^2}$$

$$\frac{Q}{S_{max}} = \sqrt{\left(\frac{S}{S_{max}}\right)^2 + \left(\frac{P}{S_{max}}\right)^2}$$

$$\frac{Q}{S_{max}} = Q^r = \sqrt{\lambda^2 - \lambda^4} = \lambda\sqrt{1-\lambda^2}.$$

- Grundschwingungs-Scheinleistung S_1:

$$S_1 = U_S \cdot I_1$$

$$\frac{S_1}{S_{max}} = S_1^r = \frac{U_S \cdot I_1}{U_S \cdot I_{max}} = \frac{I_1/I}{I_{max}/I} = \lambda \cdot g_I$$

- Verschiebungsblindleistung Q_1:
  aus **L** Gl. (5.34.3) folgt

$$Q_1 = \sqrt{S_1^2 - P^2}, \text{ also}$$

$$\frac{Q_1}{S_{\max}} = \sqrt{\left(\frac{S_1}{S_{\max}}\right)^2 - \left(\frac{P}{S_{\max}}\right)^2}$$

$$\frac{Q_1}{S_{\max}} = Q_1^{\mathrm{r}} = \sqrt{\lambda^2 g_{\mathrm{I}}^2 - \lambda^4} = \lambda\sqrt{g_{\mathrm{I}}^2 - \lambda^2}.$$

- Verzerrungsleistung Q_{d}:
  nach **L** Gl. (5.35.3) ist

$$Q_{\mathrm{d}} = \sqrt{Q^2 - {Q_1}^2}$$

$$\frac{Q_{\mathrm{d}}}{S_{\max}} = \sqrt{\left(\frac{Q}{S_{\max}}\right)^2 - \left(\frac{Q_1}{S_{\max}}\right)^2}$$

$$\frac{Q_{\mathrm{d}}}{S_{\max}} = Q_{\mathrm{d}}^{\mathrm{r}} = \sqrt{\lambda^2 - \lambda^4 - \lambda^2 g_{\mathrm{I}}^2 + \lambda^4} = \sqrt{\lambda^2 - \lambda^2 g_{\mathrm{I}}^2} = \lambda\sqrt{1 - g_{\mathrm{I}}^2}$$

$$\frac{Q_{\mathrm{d}}}{S_{\max}} = \lambda \cdot d_{\mathrm{I}} \quad \text{mit dem Oberschwingungsgehalt } d_{\mathrm{I}} = \sqrt{1 - g_{\mathrm{I}}^2}.$$

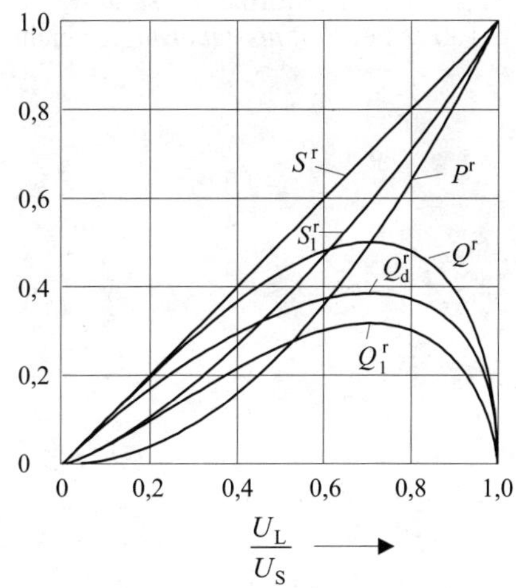

Bild 5.3.3 Verlauf der Leistungsgrößen

Das Diagramm zeigt den Verlauf der bezogenen Leistungsgrößen als Funktion des Aussteuerungsgrads. Die aus den obigen Ergebnissen folgenden Beziehungen

$$S_1 = S \cdot g_\mathrm{I}$$

und

$$Q_\mathrm{d} = S\sqrt{1-g_\mathrm{I}^2} = S \cdot d_\mathrm{I}$$

gelten allgemein.

5.3.4 Stellbereich und Leistungsfaktor der W1-Schaltung

Ein Glühofen mit dem Heizwiderstand $R = 1\ \Omega$ soll aus dem 220-V-Wechselstromnetz über einen Wechselstromsteller mit einer im Bereich $U_\mathrm{L} = 60$ V bis 100 V verstellbaren Spannung gespeist werden. Man berechne den erforderlichen Stellbereich des Steuerwinkels α, den Leistungsfaktor λ und die größte auftretende Scheinleistung S_max für direkte Speisung sowie für Speisung über einen Zwischentransformator. Dieser soll so bemessen werden, dass sich der größtmögliche Leistungsfaktor ergibt.

Lösung:

Da nach **L** Gl. (5.38) bei ohmscher Last der Leistungsfaktor λ gleich dem Aussteuerungsgrad $U_\mathrm{L}/U_\mathrm{S}$ ist, wird die Übersetzung $\ddot{u}$ des Transformators so gewählt, dass die größte geforderte Spannung $U_\mathrm{L\,max} = 100$ V bei *Vollaussteuerung* erreicht wird:

$$\ddot{u} = \frac{N_\mathrm{P}}{N_\mathrm{S}} = \frac{220}{100}.$$

Mit

$$\lambda = \frac{U_\mathrm{L}}{U_\mathrm{S}} = \sqrt{1 - \frac{\alpha}{\pi} + \frac{1}{2\pi}\sin 2\alpha}$$

folgt

$$\sin 2\alpha = 2\alpha + 2\pi\left[\left(\frac{U_\mathrm{L}}{U_\mathrm{S}}\right)^2 - 1\right].$$

Aus dieser transzendenten Gleichung ist α gegebenenfalls nach graphischer Näherungslösung iterativ zu ermitteln.

Es folgt mit **L** Gl. (5.37):

$$S = \frac{P}{\lambda} = \frac{U_L^2}{R \cdot \lambda}.$$

Tabelle 5.3.1 Ergebnisse

Anschlussart		Direktanschluss	Speisung über Zwischentransformator
α_{min}	–	119°	0°
α_{max}	–	138°	103°
λ_{max}	–	0,455	1,0
λ_{min}	–	0,273	0,6
S_{max}	kVA	22	10

Der Wert S_{max} = 10 kVA ist gleichzeitig die für den Transformator erforderliche Bauleistung. Es ist im Einzelfall abzuwägen, ob die Reduzierung der Scheinleistung den durch den Transformator bedingten Mehraufwand rechtfertigt.

5.4 Elektronische Schalter und Steller für Drehstrom

5.4.1 Drehstromsteller mit Mittelleiter bei ohmsch-induktiver Belastung

Man simuliere den Drehstromsteller mit Mittelleiteranschluss für ohmsch-induktive Belastung mit R = 15 Ω, L = 100 mH. Es sind die Leiterspannungen bzw. die Stranggrößen der Schaltung für die Steuerwinkel α = 150°, 120° und 90° zu betrachten. Für welchen Steuerwinkel erreicht der Strom im Mittelleiter seinen Größtwert?

Datei: *Projekt*: Kapitel 5.ssc \ *Datei*: W3-Mittelleiter.ssh

Lösung:

Der Drehstromsteller in Sternschaltung mit Mittelleiteranschluss stellt die dreiphasige Erweiterung der W1-Schaltung dar. Der Mittelleiteranschluss bewirkt eine Entkopplung der einzelnen Stränge, wodurch sie sich gegenseitig nicht beeinflussen. Die Simulationsschaltung für ohmsch-induktive Belastung und die Zündimpulserzeugung zeigen die **Bilder 5.4.1** und **5.4.2**. Zur Generierung der Zündimpulse ist jedem Thyristor ein eigener Zustandsgraph zugeordnet, wobei die Synchronisation der Sägezahnfunktionen auf die jeweilige anliegende Strangspannung (VM1, 2, 3) erfolgt.

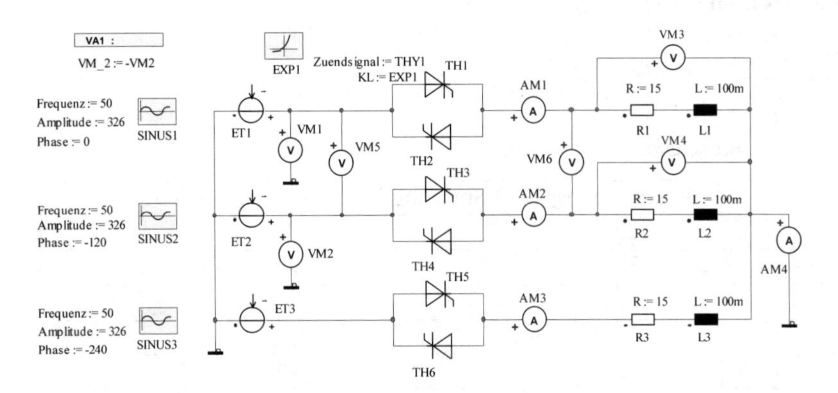

Bild 5.4.1 Simulationsschaltung des Drehstromstellers mit Mittelleiteranschluss

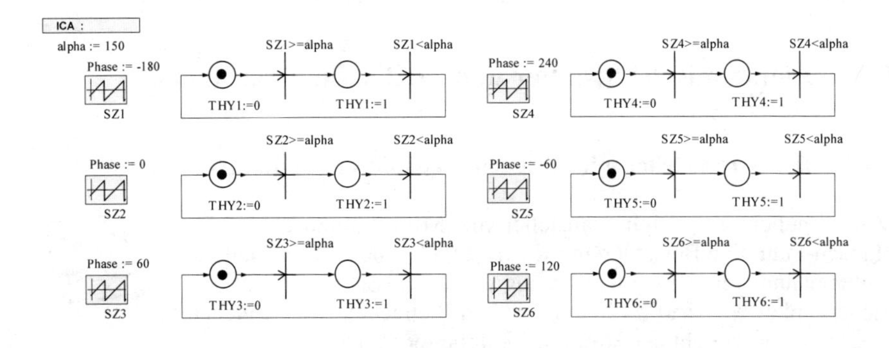

Bild 5.4.2 Zustandsgraphen zur Zündimpulserzeugung

In **Bild 5.4.3** sind die Stranggrößen u_{L1} (VM3), i_{L1} (AM1) und u_{L2} (VM4), i_{L2} (AM2) (gestrichelt) für die Steuerwinkel von $\alpha = 150°$, 120° und 90° dargestellt. Die Verläufe der Stranggrößen entsprechen denen der W1-Schaltung.
Die Leiterspannung u_{L12} (VM6) im **Bild 5.4.4** ist hingegen für den Fall, dass nur *eines* der Wechselwegpaare TH1/TH2 bzw. TH3/TH4 leitet, gleich der Strangspannungen u_{S1} (VM1) bzw. $-u_{S2}$ (VM2). Wenn beide genannten Thyristorpaare leiten, ist u_{L12} gleich der Netzspannung u_{S12} (VM5).

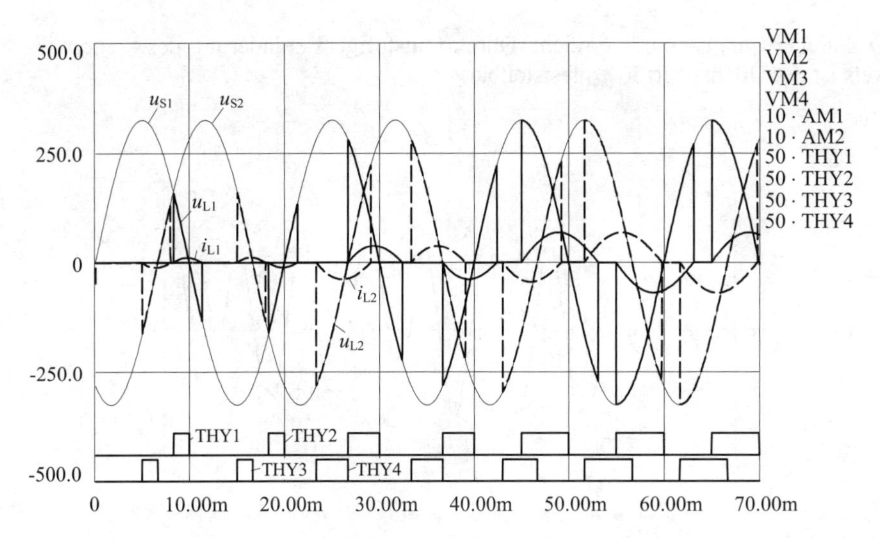

Bild 5.4.3 Verlauf der Stranggrößen

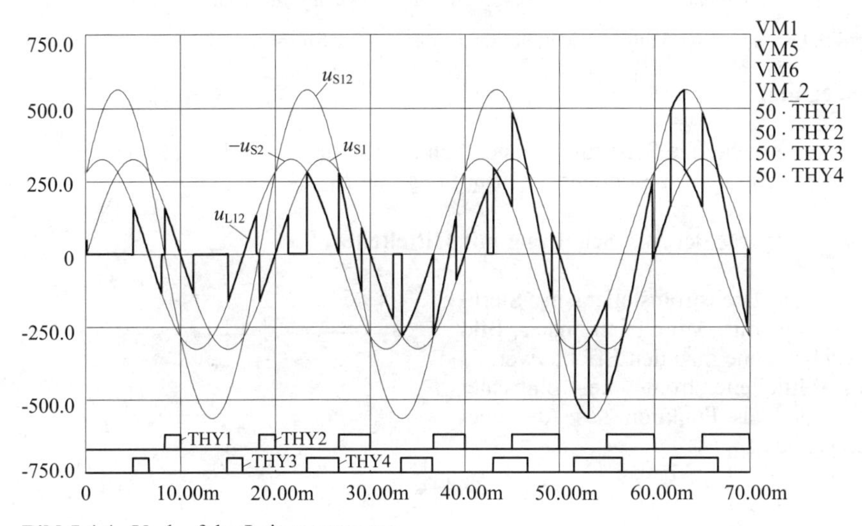

Bild 5.4.4 Verlauf der Leiterspannung u_{L12}

Der Mittelleiter führt im gesamten Steuerbereich die Summe der drei Strangströme (**Bild 5.4.5**). Bei Vollaussteuerung wird der Mittelleiterstrom i_M (AM4) zu null. Der Steuerwinkel für Vollaussteuerung hängt von der Belastungsart (Lastkreis-Zeitkonstante $T_L = L/R$) ab; hierzu vergleiche man **L** Abschnitt 5.2. Im hier betrachteten Fall ist $T_L \approx 7$ ms. Dabei wird Vollaussteuerung für

$\alpha \leq \arctan\,(\omega T_L) = 64{,}5°$ erreicht. Durch feinstufige Veränderung des Steuerwinkels ist der Höchstwert $i_{M\,max}$ feststellbar.

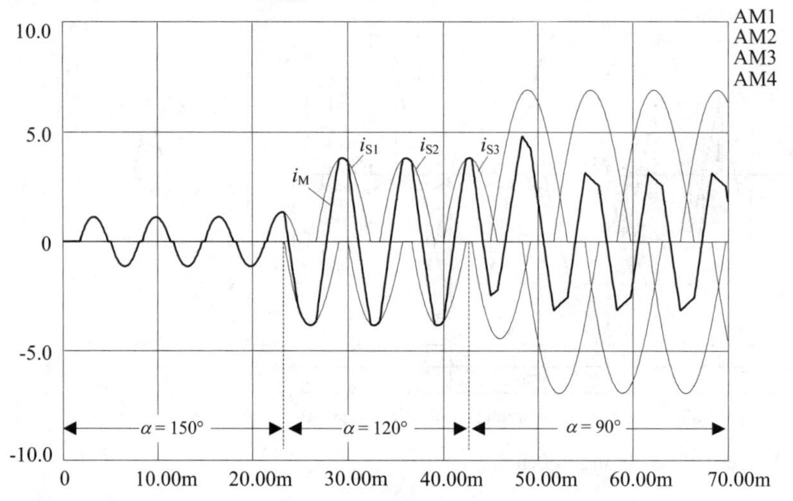

Bild 5.4.5 Systemverläufe des Mittelleiterstroms und der Strangströme

Anregung:

- Man betrachte die Schaltung hinsichtlich der in Aufgabe 5.4.2 geforderten Aufgabenstellung, insbesondere der Ermittlung von $I_{M\,max}$.

5.4.2 Ströme der W3-Schaltung mit Mittelleiter

Für den Drehstromsteller in Sternschaltung mit Mittelleiter nach **Bild 5.4.6** berechne man den Effektivwert I_M des Mittelleiterstroms bei ohmscher Belastung als Funktion des Aussteuerungsgrads U_L/U_S.

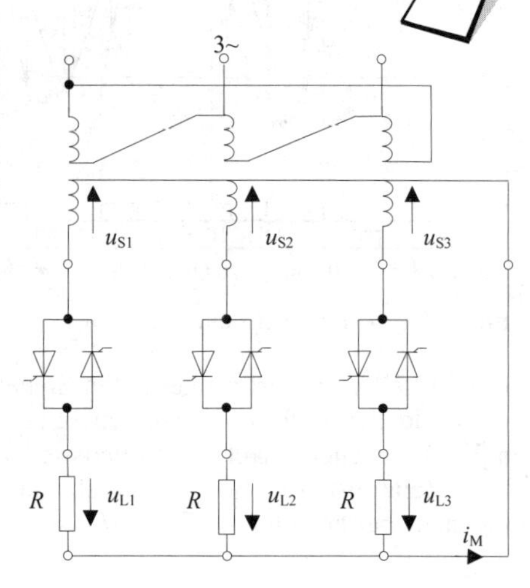

Bild 5.4.6 W3-Schaltung in Sternschaltung mit belastbaren Mittelleiter

Lösung:

Der Mittelleiter führt die Summe der drei Strangströme, die entsprechend Bild 5.2.3 verlaufen, jedoch um jeweils 2π/3 gegeneinander phasenverschoben sind. Der Mittelleiterstrom i_{M} ist stückweise sinusförmig, wobei der rechnerische Scheitelwert $\hat{i}_{\mathrm{M}}$ gleich demjenigen eines Strangstroms $\hat{i}_{\mathrm{S}}$ ist. Dessen Effektivwert bei Vollaussteuerung $I_{\mathrm{S\,max}} = \hat{i}_{\mathrm{S}} / \sqrt{2}$ wird als Bezugsgröße verwendet.

Zwei Bereiche sind zu unterscheiden:

$0° < \alpha < 60°$:

Aus dem nachfolgend dargestellten zeitlichen Verlauf folgt:

$$\frac{I_{\mathrm{M}}}{I_{\mathrm{S\,max}}} = \sqrt{\frac{3\alpha}{\pi} - \frac{3}{2\pi} \sin 2\alpha}$$

Bei Vollaussteuerung ($\alpha = 0°$) ist der Mittelleiter stromlos.

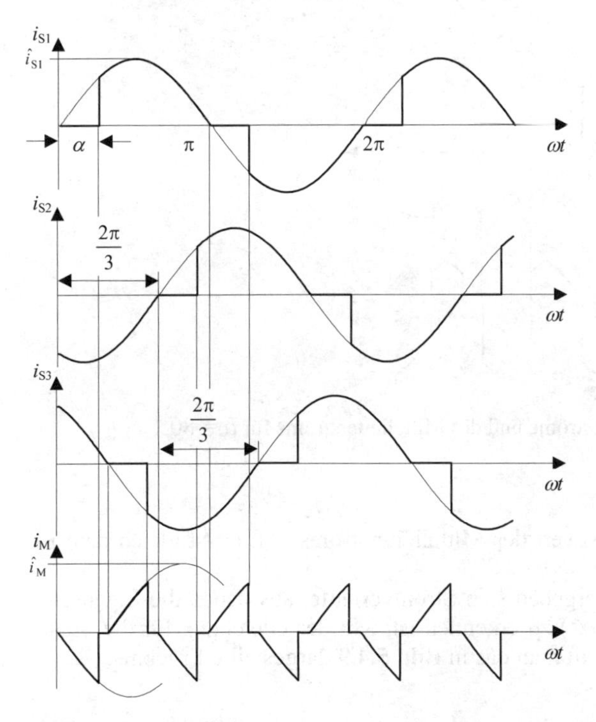

Bild 5.4.7 Verlauf der Strangströme und des Mittelleiterstroms für $\alpha = 45°$

$60° < \alpha < 90°$:

Hier ergibt die abschnittsweise durchzuführende Rechnung:

$$\frac{I_{\mathrm{M}}}{I_{\mathrm{S\,max}}} = \sqrt{1 - \frac{3\sqrt{3}}{2}\left(1 + \cos 2\alpha\right)}$$

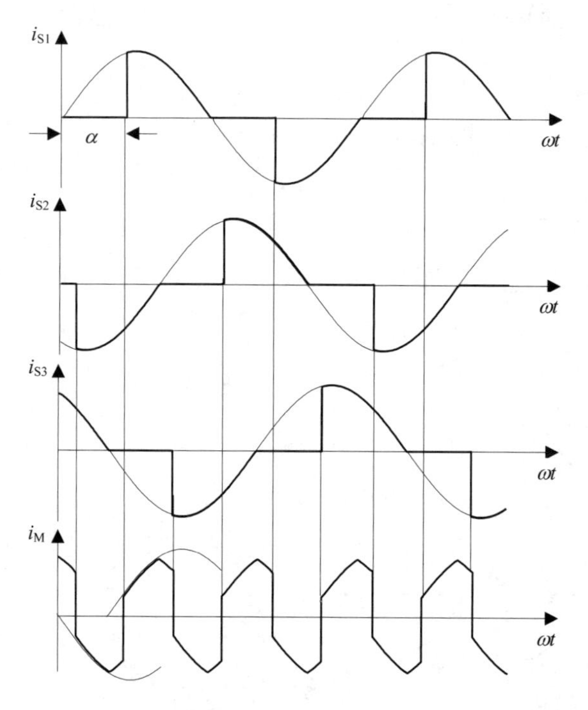

Bild 5.4.8 Verlauf der Strangströme und des Mittelleiterstroms für $\alpha = 80°$

Bei $\alpha = 90°$ tritt der Höchstwert des Mittelleiterstroms auf; er ist gleich dem Bezugswert $I_{\mathrm{S\,max}}$.
Für Steuerwinkel $\alpha > 90°$ ergeben sich Stromverläufe, aus denen die Eigenschaft $I_{\mathrm{M}}\,(90° + \alpha^*) = I_{\mathrm{M}}\,(90° - \alpha^*)$ zu erkennen ist. Mit der Gleichung für die Steuerkennlinie (**L** Gl. (5.24)) erhält man das in **Bild 5.4.9** dargestellte Ergebnis.

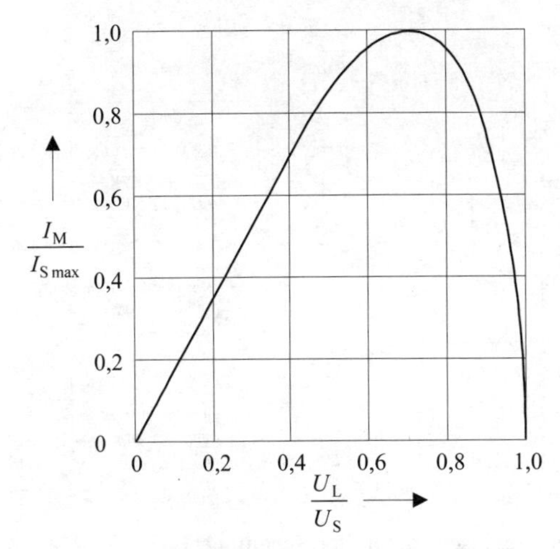

Bild 5.4.9 Mittelleiterstrom als Funktion des Aussteuerungsgrads

5.4.3 W3-Schaltung ohne Mittelleiter

Für den Drehstromsteller ohne Mittelleiteranschluss sollen die beiden Belastungsfälle rein ohmsch ($R = 15\ \Omega$) und rein induktiv ($L =$ 100 mH) simuliert werden. Man wähle die Ansteuersignale so, dass die verschiedenen Teile des Steuerbereichs dargestellt werden.

Datei *Projekt*: Kapitel 5.ssc \ *Datei*: W3-Schaltung.ssh

Lösung:

Für die Simulationsschaltung des Drehstromstellers ohne Mittelleiteranschluss wird ausgehend von der Schaltung in Aufgabe 5.4.1 die Sternpunktverbindung entfernt (**Bild 5.4.10**). Die Zündimpulserzeugung erfolgt nach Bild 5.4.2. Nach der Zündung eines Wechselwegpaars sind zwei Fälle zu unterscheiden:

1. ein weiterer Steller ist leitend → Die Strangspannung entspricht der halben Leiterspannung der beteiligten Stränge,
2. zwei weitere Steller sind leitend → Die Strangspannung entspricht der des speisenden Drehstromnetzes.

Zum besseren Verständnis des Verlaufs der Strangspannung u_{L1} (VM4) an R_1 und L_1 werden in der Simulation nach Fall 1 die halben Leiterspannungen $u_{12}/2$ (VM2) und $-u_{31}/2$ (VM3) der an der Stromführung beteiligten Steller als Bezugsspannung zusätzlich berechnet. Der maximal einstellbare Steuerwinkel der Simulations-

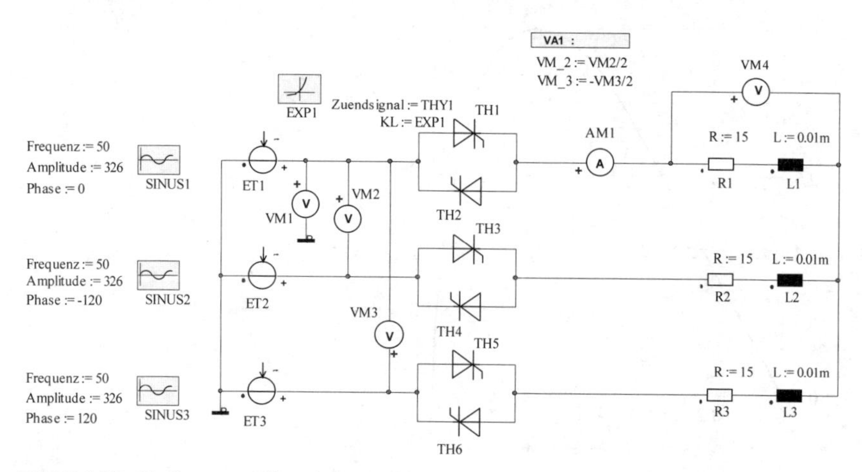

Bild 5.4.10 Drehstromsteller ohne Mittelleiteranschluss in Sternschaltung

schaltung beträgt α = 120°. Für eine Erweiterung des Steuerbereichs auf α = 150° müssten die Zündimpulse um 30° verlängert werden, dies würde eine Modifizierung der Zündimpulserzeugung erfordern (**L** Abschnitt 5.4).

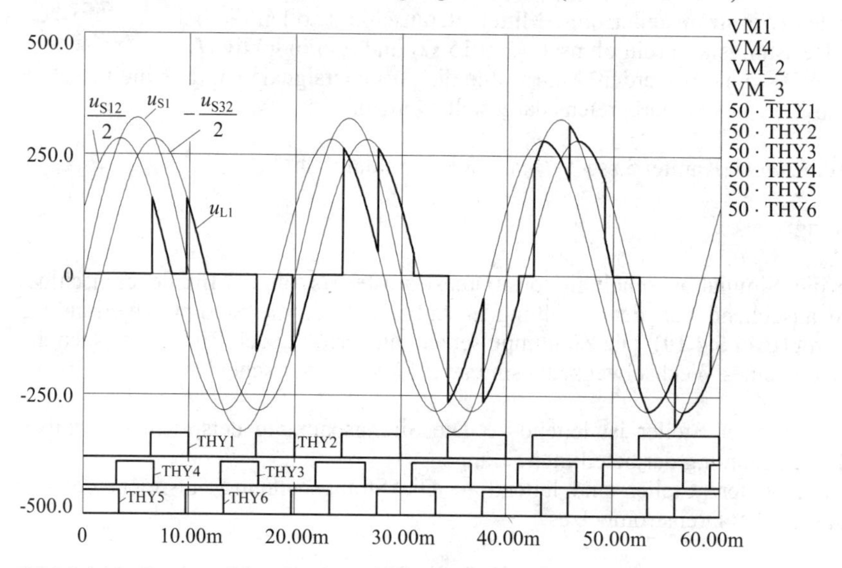

Bild 5.4.11 Systemgrößen für ohmsche Belastung für α = 115°, 80° und 50°

Für ohmsche Belastung wird auf die Darstellung des Laststroms i_{L1} (AM1) in **Bild 5.4.11** verzichtet. Er entspricht dem Verlauf der Lastspannung.

Bei rein induktiver Belastung verlängert sich die Stromflusszeit über den Spannungsnulldurchgang hinweg.. Es entstehen somit die in **Bild 5.4.12** gewonnenen Systemgrößen. Wie beim induktiv belasteten Wechselstromsteller stellt sich bereits für $\alpha \leq 90°$ Vollaussteuerung ein.

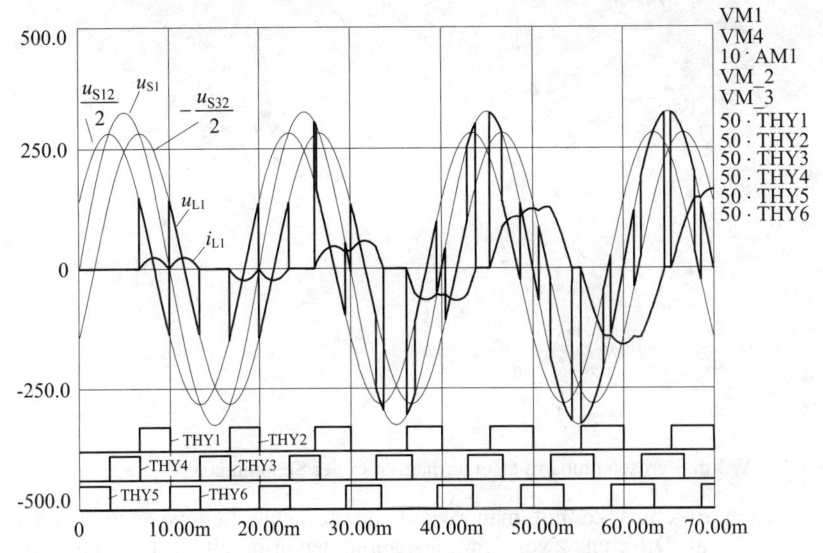

Bild 5.4.12 Systemgrößen für induktive Belastung bei $\alpha = 120°$, 110° und 95°

Anregung:

- Man betrachte die Schaltung hinsichtlich der in Aufgabe 5.4.4 geforderten Aufgabenstellung.

5.4.4 Leiterspannungen der W3-Schaltung ohne Mittelleiter

Für einen Drehstromsteller in Sternschaltung ohne Mittelleiteranschluss ist der zeitliche Verlauf der Leiterspannung an einer ohmschen Belastungsimpedanz beim Steuerwinkel $\alpha = 45°$ zu ermitteln. Ferner ist die Spannung u_T an einem Thyristor- bzw. Wechselwegpaar gesucht.

Lösung:

Ausgehend vom Verlauf der Steuerströme i_G gewinnt man die Leiterspannung u_{L12} mit den Bezeichnungen nach **Bild 5.4.13** abschnittsweise wie folgt:

Zweige 1/1′ und 2/2′ oder alle drei Zweige leitend: $u_{L12} = u_{S12}$;
Zweige 1/1′ und 3/3′ leitend: $u_{L12} = -\, u_{S31}/2$;
Zweige 2/2′ und 3/3′ leitend: $u_{L12} = -\, u_{L2} = -\, u_{S23}/2$.

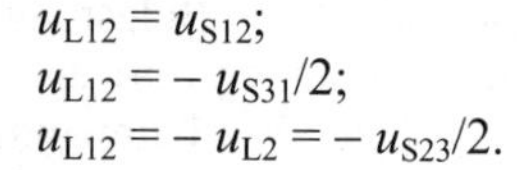

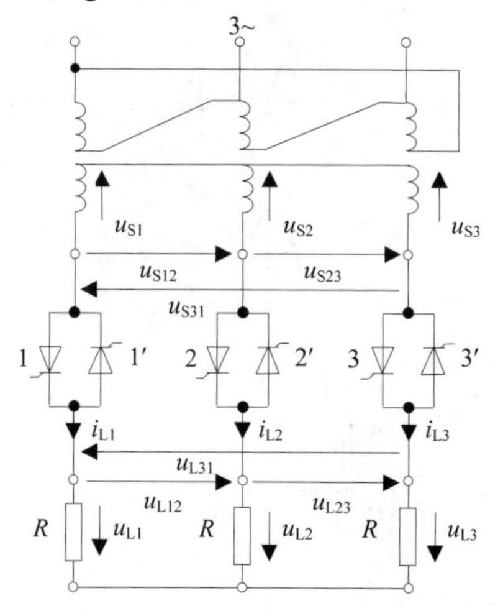

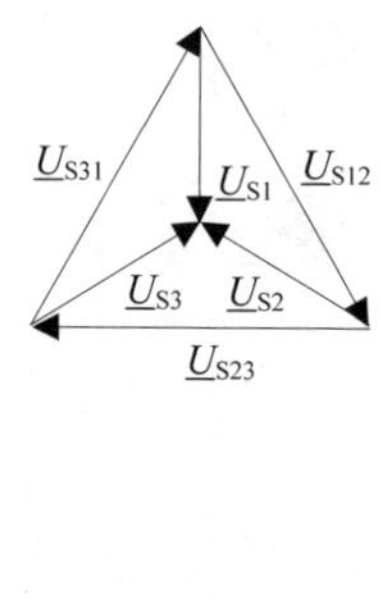

Bild 5.4.13 W3 in Sternschaltung mit Zeigerdiagramm der Spannungen

Zum gleichen Ergebnis kommt man, wenn die gesuchte Leiterspannung nach $u_{L12} = u_{L1} - u_{L2}$ als Differenz zweier Strangspannungen ermittelt wird, die entsprechend **L** Bild 5.9 zu bestimmen sind
Die Spannung u_T an einem Thyristor- bzw. Wechselwegpaar ist während der Stromflusszeit gleich der Ventil-Durchlassspannung, also nahezu null. Bei nicht leitenden Zweig 1/1′ ist:

$$u_{T1} = u_{S12} + u_{L2}$$

$$u_{T1} = u_{S12} + \frac{u_{S23}}{2}$$

$$u_{T1} = \sqrt{3}\,\hat{u}_{S1} \sin(\omega t + 30°) + \frac{1}{2}\sqrt{3}\,\hat{u}_{S1} \sin(\omega t - 90°)$$

$$u_{T1} = \frac{3}{2}\hat{u}_{S1} \sin\omega t$$

Als Höchstwert der Sperr- bzw. Blockierspannung im Steuerbereich $\alpha \geq 90°$ ist:

$$\hat{u}_T = \frac{3}{2}\hat{u}_{S1} = \frac{3}{\sqrt{2}} U_{S1} \approx 2{,}12\, U_{S1} \quad \text{bzw.} \quad \hat{u}_T = \sqrt{\frac{3}{2}}\, U_{S12} \approx 1{,}22\, U_{S12}$$

Dieser Wert gilt für alle Drehstromsteller ohne Mittelleiteranschluss.

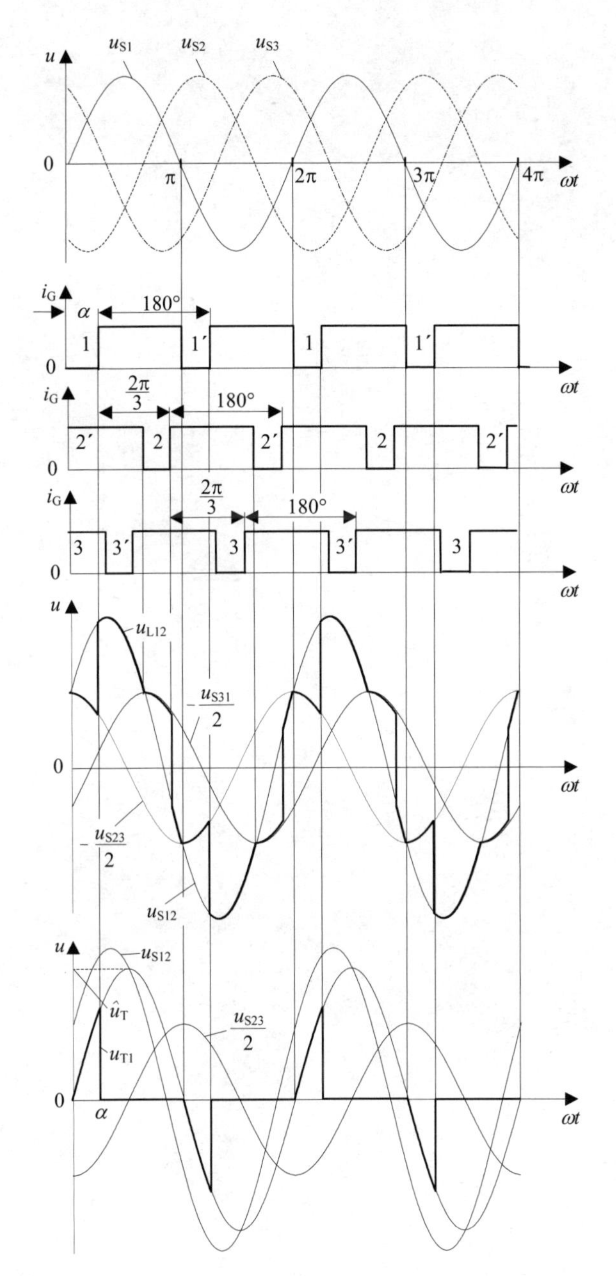

Bild 5.4.14 Systemgrößen bei ohmscher Belastung für $\alpha = 45°$

6 Fremdgeführte Stromrichter

6.1 Mittelpunktschaltungen; Stromglättung

6.1.1 Systemgrößen einer M2-Schaltung bei rein ohmscher Belastung

Man untersuche die Systemgrößen u_d, i_d und die Spannung u_T am Thyristor für die Steuerwinkel von α = 120°; 75°; 35°. Die Last besteht aus einem Widerstand R = 15 Ω.

Datei: *Projekt*: Kapitel 6.ssc \ *Datei*: M2-R-Last.ssh

Lösung:

Obwohl die M2-Schaltung kaum praktische Bedeutung hat, können an ihr die grundlegenden Betriebseigenschaften und Phänomene der fremdgeführten Stromrichter anschaulich in einer einfachen Topologie studiert werden. Die gewonnenen Erkenntnisse lassen sich unmittelbar auf höher pulsige Mittelpunktschaltungen und auf Brückenschaltungen übertragen.

Bild 6.1.1 zeigt das Simulationsmodell der M2-Schaltung. Der für Mittelpunktschaltungen erforderliche Transformator wird als ideal angenommen und dessen sekundäre Ausgangsspannungen u_{S1} (VM1) und u_{S2} (VM2) durch die

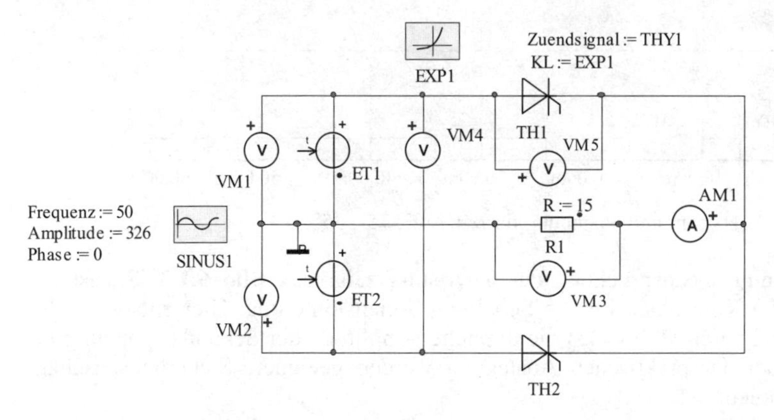

Bild 6.1.1 Zweipuls-Mittelpunktschaltung M2

Spannungsquellen ET1 und ET2 abgebildet. Das der Simulation zu Grunde liegende Verfahren der Knotenspannungsanalyse erfordert die Wahl eines Knotenpotentials als Bezugsgröße. Meist wird diesem Potential der Wert null zugewiesen. In der graphischen Simulationseingabe erfolgt die Zuweisung durch eine Verbindung mit dem Masse-Symbol. Im vorliegenden Fall ist es zweckmäßig, hierfür den Mittelpunkt der Versorgungsspannung zu wählen.

Zur Erzeugung der Zündimpulse (Langimpulse) wird auch hier das bereits in Aufgabe 2.3.4 beschriebene Verfahren eingesetzt. In **Bild 6.1.2** sind die simulierten Systemgrößen dargestellt. Nach jeweils 20 ms wird der Zündwinkel von $\alpha = 120°$ auf $\alpha = 75°$ und schließlich auf $\alpha = 35°$ eingestellt. Bei ohmscher Belastung springt der Strom i_d (AM1) nach der Zündung auf den Wert $u_S(\alpha)/R_1$ und folgt dann proportional dem Spannungsverlauf u_d (VM3). Im Nulldurchgang des Stroms, der nur für rein ohmsche Belastung mit dem Spannungsnulldurchgang zusammenfällt, sperrt der jeweils stromführende Thyristor und nimmt Sperrspannung auf.

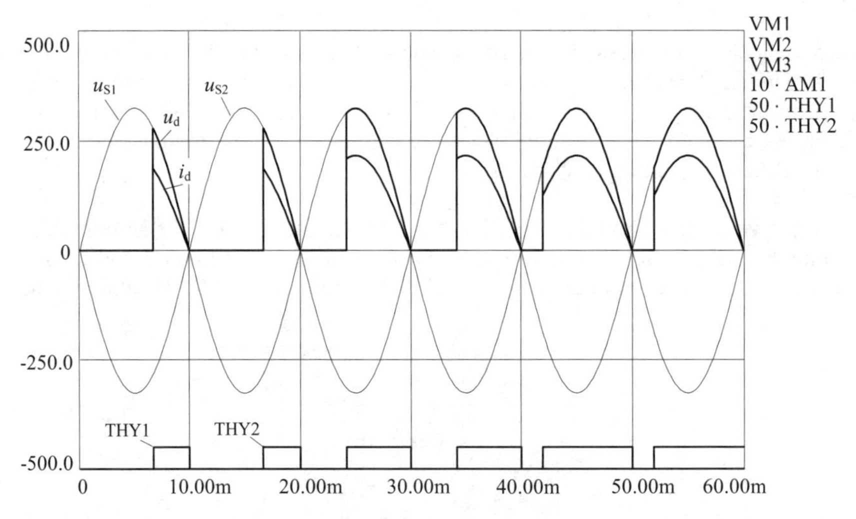

Bild 6.1.2 Laststrom und -spannung für $\alpha = 120°; 75°; 35°$

Die Spannungsbeanspruchung des Thyristors zeigt das **Bild 6.1.3**. Sie ist eine wesentliche Kenngröße für die Schaltungsdimensionierung. Hier entspricht dem Maximalwert von u_{T1} (VM5) die doppelte Amplitude der Sekundärspannung u_{S12} (VM4). Bei der praktischen Auslegung werden geeignete Sicherheitszuschläge vorgenommen.

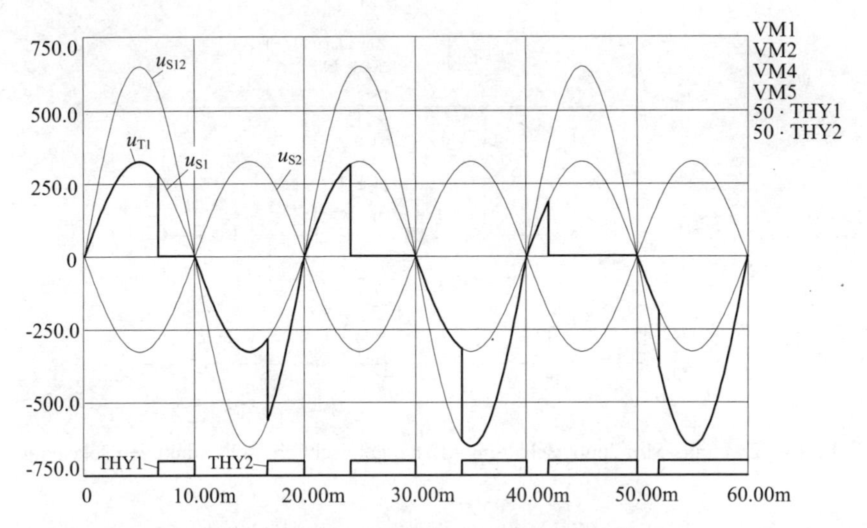

Bild 6.1.3 Spannung u_T am Thyristor TH1 für $\alpha = 120°; 75°; 35°$

Anregung:

- Man variiere den Steuerwinkel α zwischen 180° und 0° und beobachte die Systemgrößen.

6.1.2 M2-Schaltung bei gemischt ohmsch-induktiver Belastung

Man untersuche die Systemgrößen u_d, i_d für die Steuerwinkel α = 120° und 60° für eine gemischt ohmsch-induktive Last mit L = 100 mH, R = 15 Ω.

Datei: *Projekt*: Kapitel 6.ssc \ *Datei*: M2-RL-Last.ssh

Lösung:

In vielen Anwendungsfällen wird ein Gleichstrom mit geringer Welligkeit angestrebt. Dazu muss in den Gleichstromkreis eine Glättungsinduktivität geschaltet werden. Gegenüber der rein ohmschen Belastung verändern sich dann sowohl die Strom- wie auch die Spannungsverläufe. In dem vorliegenden Beispiel in **Bild 6.1.4** beträgt die Lastzeitkonstante $T_L = L/R$ = 6,67 ms. Bei einer Zündung mit α = 120° (**Bild 6.1.5**) steigt der Gleichstrom i_d (AM1) mit einer endlichen Steigung an. Die in der Induktivität induzierte Spannung treibt den Strom über den Spannungsnulldurchgang hinweg. Da keine weitere aktive Spannungsquelle im Gleichstromkreis wirksam ist, klingt dieser Strom auf null ab.

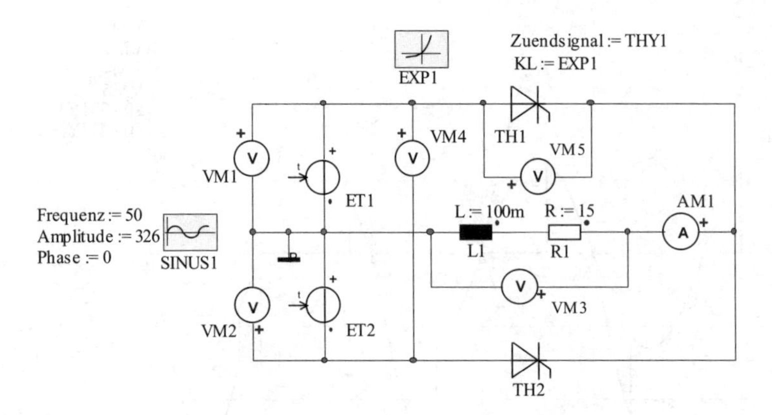

Bild 6.1.4 Zweipuls-Mittelpunktschaltung M2 bei gemischt ohmsch-induktiver Belastung

Es entsteht kein kontinuierlicher Stromfluss, aber ein lückender Strom. Solange Strom fließt, folgt die Gleichspannung u_d (VM3) der jeweiligen Sekundärspannung. Bei kleiner werdendem Steuerwinkel α wird die Stromflusszeit verlängert und die in der Induktivität gespeicherte Energie größer. Unterhalb eines lastabhängigen Grenzwerts α_L fließt ein kontinuierlicher, nicht lückender Strom (**Bild 6.1.6**). Hierzu vergleiche man Aufgabe 6.1.5.

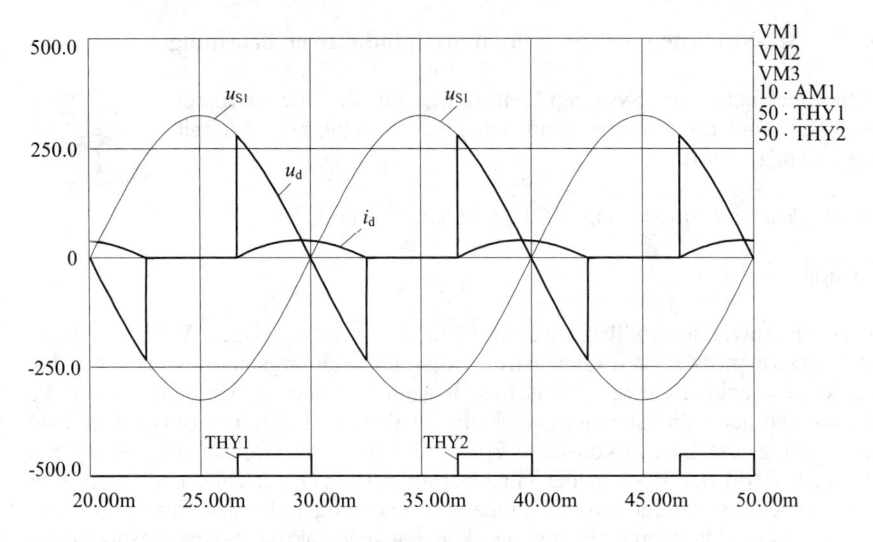

Bild 6.1.5 Laststrom und -spannung für $\alpha = 120°$

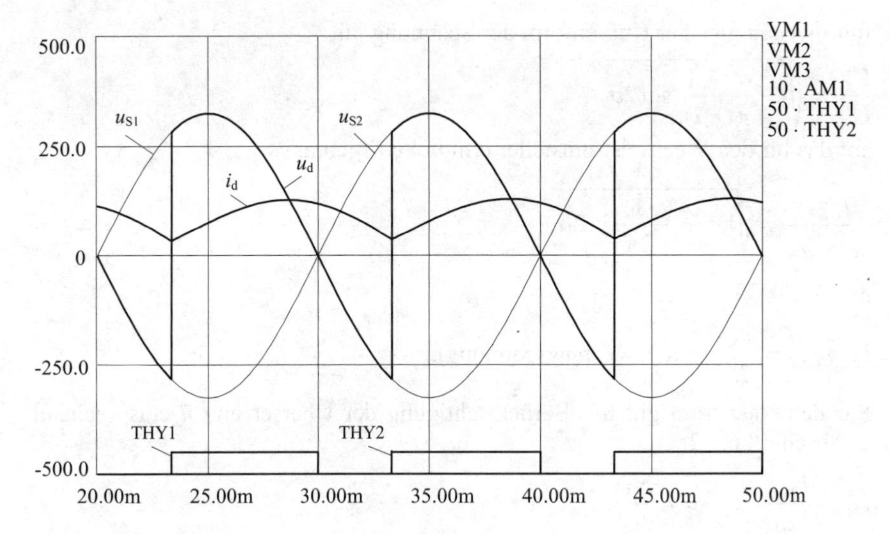

Bild 6.1.6 Laststrom und -spannung für $\alpha = 60°$

Anregung:

- Man verkleinere den Wert der Induktivität bei dem Zündwinkel α = 60° so lange, bis der Strom anfängt zu lücken (siehe **L** Bild 6.4).

6.1.3 M2-Schaltung mit rein ohmscher Belastung und bei idealer Glättung

Für die M2-Schaltung ist der zeitliche Verlauf der Ströme im Gleichstromkreis (i_d), in einem Thyristor (i_T) und im Wechselstromnetz (i_N) bei Teilaussteuerung mit rein ohmscher Belastung ($T_L = L/R = 0$) sowie bei idealer Glättung ($L/R \to \infty$) gegenüberzustellen. Man vergleiche die Wirkleistung P, bezogen auf den bei ohmscher Belastung auftretenden Höchstwert $P_R = RI_{d\,eff}^2$ und den Leistungsfaktor λ als Funktion des Aussteuerungsgrads $U_{di\alpha}/U_{di}$.

Lösung:

- Ohmsche Belastung ($L = 0$):
  Die Definitionsgleichung

$$I_{d\,eff} = \sqrt{\frac{1}{T}\int_0^T i_d^2(t)\,dt}$$

führt wegen gleicher Kurvenform der Spannung mit

$$\frac{U_L}{U_S} = \sqrt{1 - \frac{\alpha}{\pi} + \frac{1}{2\pi}\sin 2\alpha}$$

auf das für den Wechselstromsteller ermittelte Ergebnis

$$\frac{I_{d\,eff}}{I_{d\,eff\,max}} = \sqrt{1 - \frac{\alpha}{\pi} + \frac{1}{2\pi}\sin 2\alpha}$$

mit

$$I_{d\,eff\,max} = \frac{U_S}{R} \qquad (U_S = \text{Strangspannung}).$$

Für den Netzstrom gilt mit Berücksichtigung der Übersetzung *ü* entsprechend **L** Abschnitt 6.1.2:

$$I_N = \frac{I_{d\,eff}}{2\ddot{u}} \quad ; \qquad \ddot{u} = \frac{N_P}{N_S}.$$

Mit $P_R = RI^2_{d\,eff}$ wird

$$\frac{P_R}{P_{R\,max}} = \left(\frac{I_{d\,eff}}{I_{d\,eff\,max}}\right)^2 = 1 - \frac{\alpha}{\pi} + \frac{1}{2\pi}\sin 2\alpha.$$

Aus

$$S = U_N I_N = U_N \frac{I_{d\,eff}}{2\ddot{u}}$$

folgt

$$\lambda = \frac{P}{S} = \frac{RI^2_{d\,eff}}{U_N I_{d\,eff}} \cdot 2\ddot{u}$$

und mit

$$\frac{U_N}{2\ddot{u}R} = \frac{U_S}{R} = I_{d\,eff\,max}$$

ergibt sich der Leistungsfaktor zu

$$\lambda = \frac{I_{d\,eff}}{I_{d\,eff\,max}} \quad \text{(siehe oben)}$$

Für die Steuerkennlinie gilt **L** Gl. (5.9) und Bild 5.2:

$$\frac{U_{di\alpha}}{U_{di}} = \frac{1 + \cos\alpha}{2}.$$

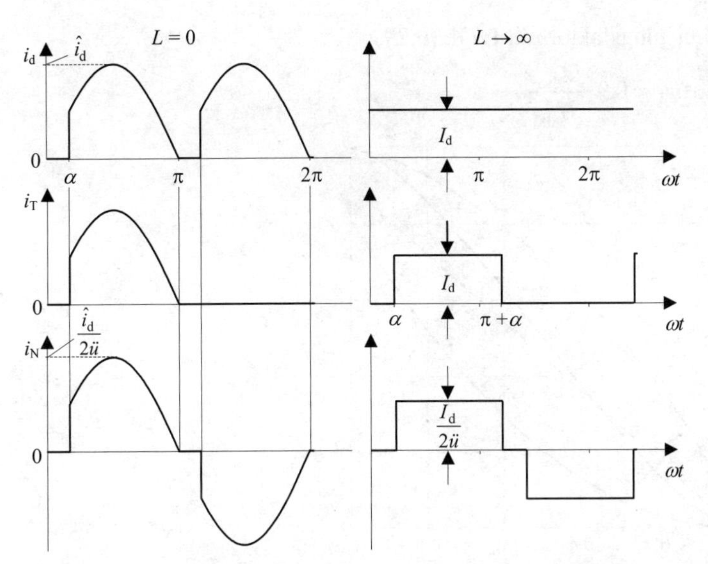

Bild 6.1.7 Vergleich zwischen rein ohmscher Belastung und idealer Glättung

- Induktive Belastung $L \to \infty$:

Mit **L** Gl. (6.20)

$u_{\mathrm{R}} = R \cdot I_{\mathrm{d}} = U_{\mathrm{di}\alpha}$

folgt

$$I_{\mathrm{d}} = \frac{U_{\mathrm{di}\alpha}}{R} = I_{\mathrm{d\,eff}}\text{ , und wie zuvor ist } I_{\mathrm{N}} = \frac{I_{\mathrm{d\,eff}}}{2ü}.$$

Ferner wird mit **L** Gl. (6.18)

$$P_{\mathrm{L}} = U_{\mathrm{di}\alpha} I_{\mathrm{d}} = \frac{U_{\mathrm{di}\alpha}^2}{R} \text{ und } P_{\mathrm{L\,max}} = \frac{U_{\mathrm{di}}^2}{R} = \left(\frac{2\sqrt{2}}{\pi}\right)^2 \frac{U_{\mathrm{eff}}^2}{R} = \frac{8}{\pi^2} \cdot P_{\mathrm{R\,max}}:$$

$$\frac{P_{\mathrm{L}}}{P_{\mathrm{R\,max}}} = \frac{P_{\mathrm{L}}}{P_{\mathrm{Lmax}}} \cdot \frac{P_{\mathrm{L\,max}}}{P_{\mathrm{R\,max}}} = \left(\frac{U_{\mathrm{di}\alpha}}{U_{\mathrm{di}}}\right)^2 \cdot \frac{8}{\pi^2}.$$

Für die Steuerkennlinie gilt im Bereich $\alpha \leq 90°$ gemäß **L** Abschnitt 6.1.2:

$$\frac{U_{\mathrm{di}\alpha}}{U_{\mathrm{di}}} = \cos\alpha = \cos\varphi_1 \text{ sowie } g_{\mathrm{I}} = \frac{2\sqrt{2}}{\pi} \approx 0{,}90 \text{ (siehe unten)}$$

und für den Leistungsfaktor mit **L** Gl. (6.29):

$$\lambda = \frac{P}{S} = g_{\mathrm{I}} \cos\varphi_1 \approx 0{,}9 \cdot \frac{U_{\mathrm{di}\alpha}}{U_{\mathrm{di}}}.$$

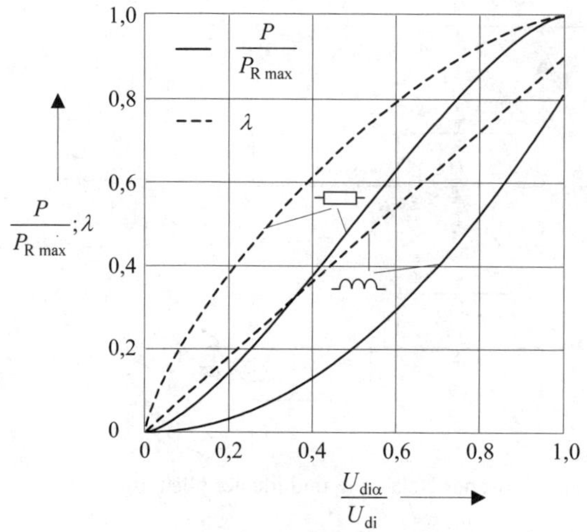

Bild 6.1.8 Wirkleistung und Leistungsfaktor

Aus dem **Bild 6.1.8** der relativen Wirkleistung und des Leistungsfaktors ist zu entnehmen, dass bei gleicher Wirkleistung für beide Belastungsarten auch gleiche Werte des Leistungsfaktors auftreten.
Zur weiteren Erläuterung der Ergebnisse sind in **Bild 6.1.9** die den Leistungsfaktor bestimmenden Werte des Grundschwingungsgehalts g_{I} (Netzstrom) und des Verschiebungsfaktors $\cos\varphi_1$ dargestellt.
Für *ohmsche* Belastung gelten wegen gleicher Kurvenform des Netzstroms die Werte des Wechselstromstellers aus Aufgabe 5.3.1 auch hier.
Bei *induktiver* Belastung ergibt die Fourier-Analyse

$$\hat{i}_{\mathrm{N1}} = \frac{2}{\pi}\frac{I_{\mathrm{d}}}{2\ddot{u}}\int_0^{\pi} \sin\omega t \,\mathrm{d}\omega t = \frac{4}{\pi}\frac{I_{\mathrm{d}}}{2\ddot{u}}$$

$$I_{\mathrm{N1}} = \frac{\hat{i}_{\mathrm{N1}}}{\sqrt{2}} = \frac{2\sqrt{2}}{\pi}\frac{I_{\mathrm{d}}}{2\ddot{u}}; \quad I_{\mathrm{N}} = \frac{I_{\mathrm{d}}}{2\ddot{u}}$$

also

$$g_{\mathrm{I}} = \frac{I_{\mathrm{N1}}}{I_{\mathrm{N}}} = \frac{2\sqrt{2}}{\pi} \approx 0{,}90.$$

Wegen der von der Aussteuerung unabhängigen Kurvenform des Stroms ist hier im Unterschied zur ohmschen Belastung g_I im ganzen Steuerbereich konstant.

Aus der bereits zitierten Beziehung

$$\lambda = 0{,}9 \frac{U_{\mathrm{di}\alpha}}{U_{\mathrm{di}}} = g_I \frac{U_{\mathrm{di}\alpha}}{U_{\mathrm{di}}} \quad \text{und} \quad \lambda = g_I \cdot \cos \varphi_1$$

folgt

$$\cos \varphi_1 = \frac{U_{\mathrm{di}\alpha}}{U_{\mathrm{di}}} = \cos \alpha .$$

Auch daraus erkennt man die für vollgesteuerte Schaltungen charakteristische Proportionalität zwischen Leistungsfaktor und Aussteuerungsgrad:

$$\lambda = \lambda_0 \frac{U_{\mathrm{di}\alpha}}{U_{\mathrm{di}}} \quad \text{mit} \quad \lambda_0 = g_T \quad \text{bei Vollaussteuerung.}$$

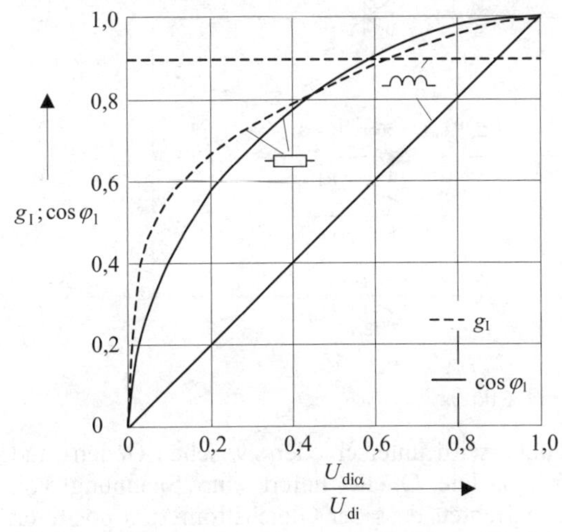

Bild 6.1.9 Grundschwingungsgehalt und Verschiebungsfaktor

6.1.4 M2-Schaltung mit aktivem Gleichstromkreis

Man simuliere die M2-Schaltung mit aktivem Gleichstromkreis. Zu untersuchen sind die Systemgrößen mit Gegen- und Zusatzspannung im Lastkreis, wobei folgende Werte eingestellt werden sollen:

1. Gleichspannung $U = 100$ V, $L = 50$ mH, $R = 5\ \Omega$, für $\alpha = 135°$, $90°$ und $30°$,
2. Gleichspannung $U = -100$ V, $L = 50$ mH, $R = 5\ \Omega$, für $\alpha = 95°$, $120°$ und $150°$.

Zusätzlich betrachte man den zeitlichen Verlauf der Leistung $p(t) = u_d \cdot i_d$ für eine Gleichspannung von $U = -200$ V, bei $L = 50$ mH, $R = 5$ Ω, und einem Steuerwinkel $\alpha = 135°$.

Datei: *Projekt*: Kapitel 6.ssc \ *Datei*: M2-aktive Last.ssh

Lösung:

Im **Bild 6.1.10** wurde der Gleichstromkreis um eine Spannungsquelle erweitert. Derartige aktive Belastungen kommen in der Praxis häufig vor. Beispiele sind das Laden und Entladen von Batteriesätzen oder aus der Antriebstechnik die Speisung von Gleichstrommaschinen. Im letzteren kann dieser Lastkreis direkt als Ersatzschaltbild der fremderregten Gleichstrommaschine interpretiert werden.

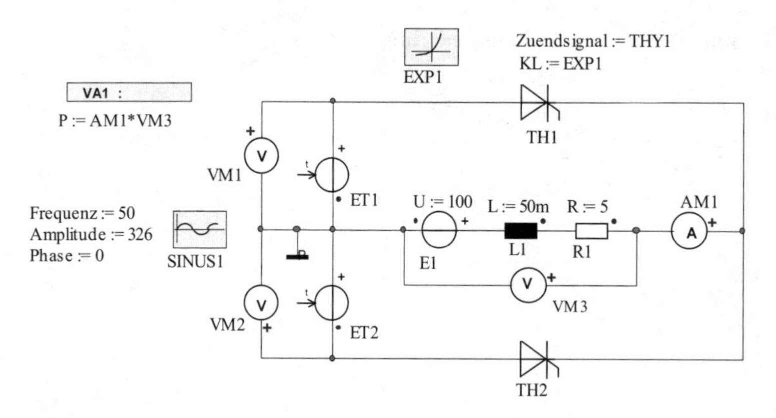

Bild 6.1.10 M2-Schaltung mit akivem Lastkreis

Je nach Polarität der Spannungsquelle wird unterschieden zwischen Gegen- und Zusatzspannung (**L** Abschnitt 6.1.3). Die Quelle liefert eine Spannung von $U = 200$ V. Diese ist zunächst so gerichtet, dass der Gleichstrom zum positiven Pol fließt (Gegenspannung). Die berechneten Systemgrößen zeigt das **Bild 6.1.11**. Der Steuerwinkel wird nach jeweils 20 ms von $\alpha = 135°$ auf $\alpha = 90°$ und schließlich auf $\alpha = 30°$ eingestellt. Nach der Zündung treibt die Spannungsdifferenz $(u_{S1,2} - U)$ den Strom i_d (AM1) durch Widerstand und Induktivität. Gegenüber einer passiven Belastung mit gleichem Widerstand ist der Strom kleiner und beginnt früher zu lücken. Solange kein Strom fließt (Stromlücke), steht an den Klemmen des Stromrichters die Gegenspannung an. Bei Gleichstromantrieben kann daher der im Allgemeinen unerwünschte Lückbetrieb für kurze Zeit erzwungen werden, um so aus der dann messbaren inneren, induzierten Maschinenspannung indirekt die Drehzahl zu bestimmen.

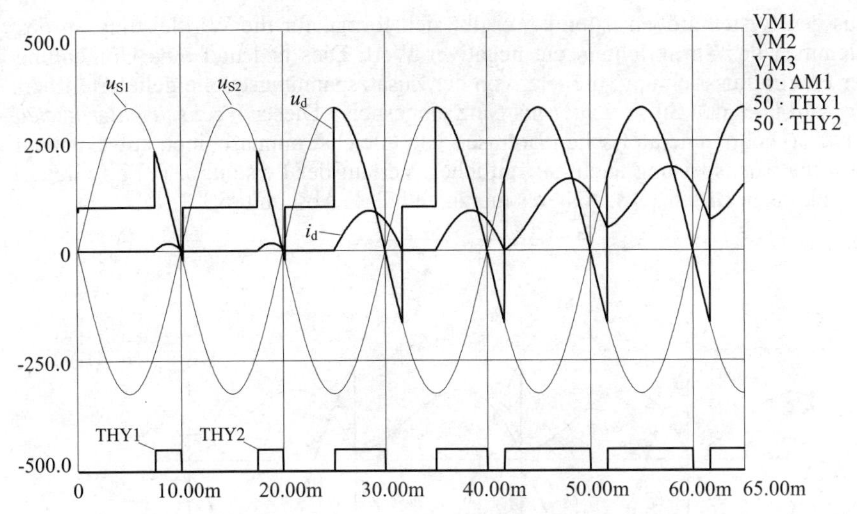

Bild 6.1.11 Laststrom und -spannung für Gegenspannung $U = 100$ V

Nun wird die Polarität der Spannung gewendet und der Steuerwinkel von $\alpha = 95°$ auf $\alpha = 120°$ und schließlich auf $\alpha = 150°$ eingestellt. Augenfällig ist der Verlauf der Spannung u_d (VM3) in **Bild 6.1.12**, deren Mittelwert in den drei Beispielen negativ ist. Weiterhin fließt aber positiver Strom in Einbaurichtung der Thyristoren, verursacht durch die Wirkung der Zusatzspannung.

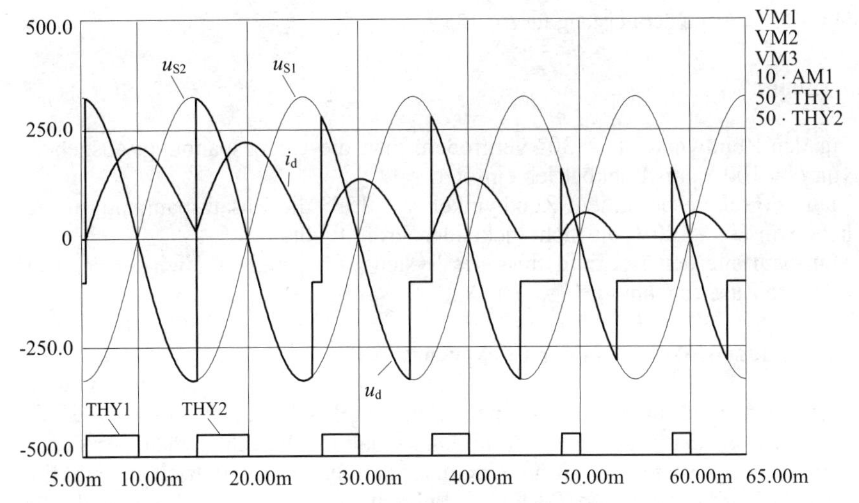

Bild 6.1.12 Laststrom und -spannung für Zusatzspannung $U = -100$ V

Aus den Systemgrößen u_d und i_d ergibt sich formal für die Wirkleistung an den Klemmen des Stromrichters ein negativer Wert. Dies bedeutet eine Umkehrung der Energieflussrichtung: die jetzt von der Zusatzspannungsquelle gelieferte Energie wird über den Stromrichter ins Netz eingespeist. Dieser *Wechselrichterbetrieb* tritt u. a. beim generatorischen Bremsen von Gleichstrommaschinen auf. Deutlich wird die Rückspeisung auch am zeitlichen Verlauf der Leistung p (P) im Gleichstromkreis in **Bild 6.1.13**. Näheres hierzu enthält **L** Abschnitt 6.1.3.

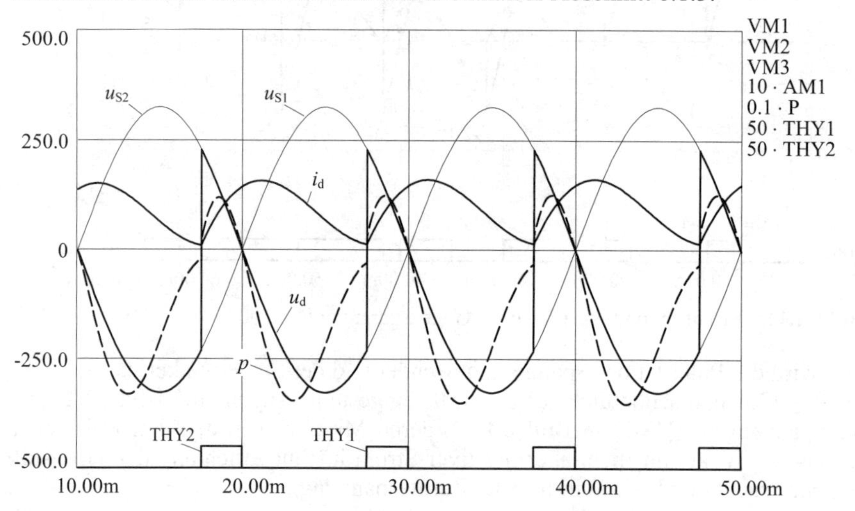

Bild 6.1.13 Verlauf der Leistung für $\alpha = 135°$

Anregung:

- Für den Zündwinkel α = 30° vergrößere man die Gegenspannung, ausgehend von U = 100 V, bis Lückbetrieb einsetzt.
- Man vergrößere bei einem Zündwinkel α = 150° die Zusatzspannung, ausgehend von U = –100V, bis nicht lückender Strom fließt.
- Man beurteile den Leistungsfluss des Systems für einen Zündwinkel α = 60° und eine Zusatzspannung U = –100 V.

6.1.5 Steuerwinkel α_L an der Lückgrenze

Ausgehend von der unten angegebenen Gleichung **L** Gl. (6.8) für den Ausgangsstrom der p-pulsigen Stromrichterschaltung berechne man den Wert α_L des Steuerwinkels an der Grenze zum lückenden Betrieb als Funktion der Lastkreis-Zeitkonstanten T_L für die Pulszahlen p = 2; 3; 6; 12 und stelle den funktionalen Zusammenhang in einem Diagramm dar.

$$\frac{i_d(t)}{\sqrt{2}U_S / R} = \frac{1}{\sqrt{1+(\omega T_L)^2}} \left[\sin(\omega t - \varphi_Z) - \frac{2\sin\frac{\pi}{p}\, e^{-(\omega t-\varepsilon)/(\omega T_L)}}{1-e^{-2\pi/(p\omega T_L)}} \sin(\alpha - \varphi_Z) \right]$$

mit $\varepsilon = \alpha + \frac{\pi}{2} - \frac{\pi}{p}$ für $\varepsilon \le \omega t \le \varepsilon + \frac{2\pi}{p}$.

Lösung:

In **L** Bild 6.4b ist erkennbar, dass der Strom i_d an der Grenze zum lückenden Betrieb jeweils im Zündaugenblick ein Minimum mit dem Augenblickswert null hat. Dies gilt unabhängig von der Pulszahl p. Demnach kann der Wert α_L des Steuerwinkels mit der für den Zündpunkt $\omega t = \varepsilon = \alpha + \pi/2 - \pi/p$ geltenden Bedingung $i_d(\varepsilon/\omega) = 0$ aus oben stehender Gleichung gewonnen werden. Man erhält zunächst den Ausdruck

$$\tan\alpha_L = \frac{a\cdot\sin\varphi_Z + \cos(\varphi_Z + \pi/p)}{a\cdot\cos\varphi_Z - \sin(\varphi_Z + \pi/p)}$$

mit der Abkürzung

$$a = \frac{2\sin(\pi/p)}{1-e^{-2\pi/(p\omega T_L)}}$$

und nach Umformung:

$$\alpha_L = \arctan\omega T_L + \arctan\left(\frac{1-e^{-2\pi/(p\omega T_L)}}{1+e^{-2\pi/(p\omega T_L)}}\cdot\cot\frac{\pi}{p}\right)$$

oder

$$\alpha_L = \arctan\omega T_L + \arctan\left(\tanh\frac{\pi}{p\omega T_L}\cdot\cot\frac{\pi}{p}\right).$$

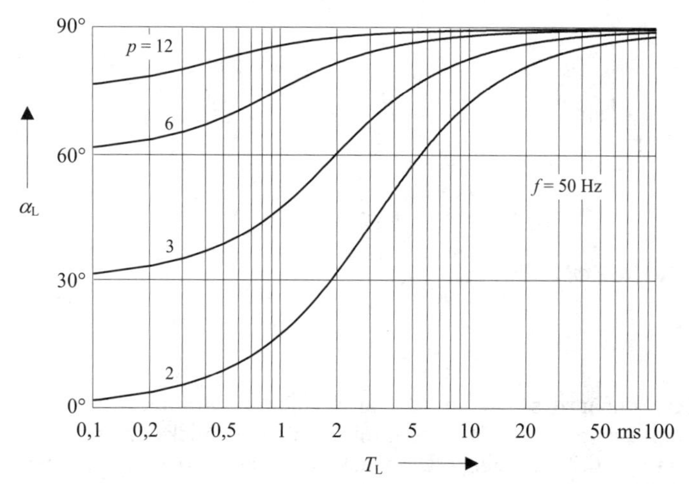

Bild 6.1.14 Steuerwinkel α_L („Lückgrenze“) als Funktion der Lastkreis-Zeitkonstanten T_L

Dem für die Frequenz f = 50 Hz geltenden **Bild 6.1.14** entnimmt man, dass bei stark *induktivem* Lastkreis ($T_L \to \infty$), also weitgehender Stromglättung, die Lückgrenze unabhängig von der Pulszahl bei α_L = 90° liegt. Hier geht bei passivem Lastkreis der Strom-Mittelwert $I_d \to 0$.
Für rein *ohmsche* Last (T_L = 0), also ungeglätteten Strom, ergibt sich

$$\alpha_L = \arctan\left[\cot\left(\pi/p\right)\right] \text{ oder } \alpha = \pi/2 - \pi/p.$$

Hierbei fällt der Zündzeitpunkt $\omega t = \varepsilon = 2(\pi/2 - \pi/p)$ mit einem Spannungs-Nulldurchgang zusammen.
Für die Zweipulsschaltungen (p = 2) ergibt sich aus der abgeleiteten Beziehung

$$\alpha_L = \arctan \omega T_L = \varphi_Z,$$

der Steuerwinkel an der Lückgrenze ist also gleich dem Impedanzwinkel des Lastkreises (vergleiche **L** Bild 6.4).

6.1.6 Bemessung einer Glättungsinduktivität

Im Gleichstromkreis eines Zweipuls-Stromrichters mit rein ohmscher Belastung R = 1 Ω soll eine Glättungsinduktivität L mit der gegebenen Kennlinie $\Psi = f\,(I)$ verwendet werden. Zu ermitteln ist die zur Vermeidung des lückenden Betriebs zulässige größte Spannungswelligkeit $w_{U\,\max}$. Hierzu ist aus **Bild 6.1.15** die differentielle Induktivität $L_{\text{diff}} = f\,(I_d)$ und das Ergebnis der Berechnung $w_{U\,\max} = f\,(I_d)$ als Diagramm darzustellen. Die Rechnung führe man für die Netzfrequenz $f = 50$ Hz und beschränkt auf die Grundschwingung der Wechselanteile durch. Der ohmsche Widerstand der Glättungsdrosselspule werde vernachlässigt.

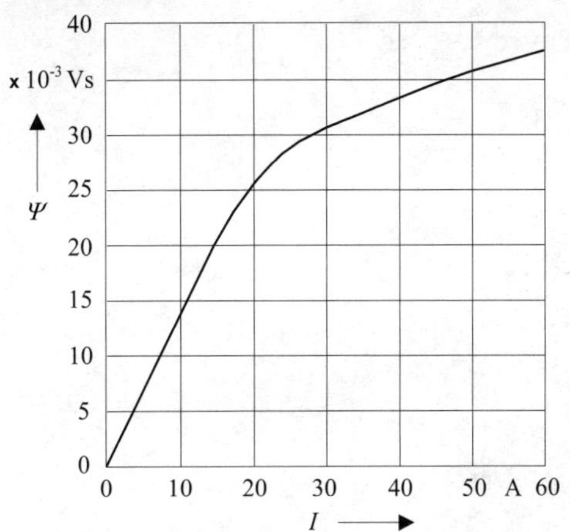

Bild 6.1.15 Kennlinie zur Bestimmung der differentiellen Induktivität

Lösung:

Aus der Kennlinie in Bild 6.1.15 erhält man gemäß **L** Bild 6.6 für die differentielle Induktivität mit

$$L_{\text{diff}} = \frac{\Delta \Psi}{\Delta I}$$

den in **Bild 6.1.16** dargestellten Verlauf.

Aus **L** Gl. (6.14)

$$L \geq \frac{R}{p\omega} \sqrt{\left(\frac{w_{\text{U}}}{w_{\text{I max}}} \right)^2 - 1}$$

folgt

$$w_{\text{U max}} = w_{\text{I max}} \sqrt{1 + \left(\frac{p\omega L_{\text{diff}}}{R} \right)^2}.$$

An der Lückgrenze beträgt die Stromwelligkeit unter den getroffenen Voraussetzungen (**L** Gl. (6.17) und Bild 6.7)

$$w_{\text{I max}} = \frac{1}{\sqrt{2}} = 0{,}707.$$

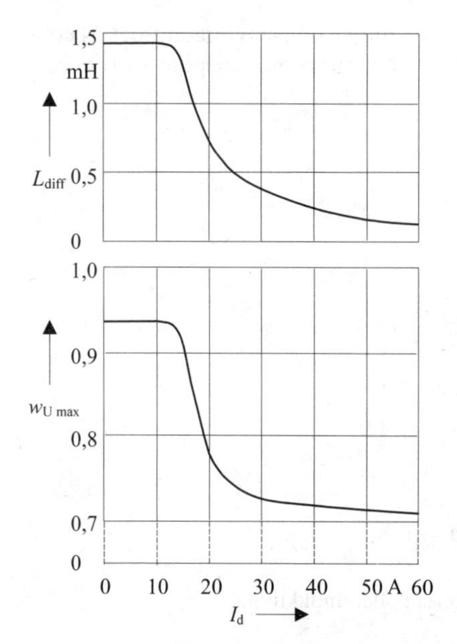

Bild 6.1.16 Differentielle Induktivität und maximale Spannungswelligkeit

Bild 6.1.16 zeigt, dass die zulässige Spannungswelligkeit $w_{U\,max}$ bei zunehmendem Gleichstrom I_d infolge Sättigung der Glättungsdrosselspule herabgesetzt wird. Trotzdem ist im gesamten Bereich $w_{U\,max} > w_{I\,max}$ und höher als die Welligkeit bei Vollaussteuerung ($w_{U0} = 0{,}483$). Dies bedeutet, dass der Stromrichter in Teilaussteuerung bzw. mit Zusatzspannung betrieben werden kann.

6.1.7 Spannungs-Oberschwingungen einer Zweipuls-Schaltung

Für die zweipulsige Gleichspannung bestimme man die auf die ideelle Gleichspannung U_{di} bezogenen Effektivwerte der Oberschwingungen $U_{d\nu}$ als Funktion des Aussteuerungsgrads $U_{di\alpha}/U_{di}$. Dazu sind die Definitionsgleichungen der Fourier-Analyse (**L** Abschnitt 5.1) anzuwenden; die Kommutierung bleibe unberücksichtigt.

Lösung:

Die Teilschwingungs-Amplituden $\hat{u}_{d\nu}$ sind nach **L** Gln. (5.3.1/2) und (5.5) zu berechnen. Die erforderliche Integration kann in Anlehnung an **L** Bild 6.16 nach **Bild 6.1.17** mit der Variablen α vorgenommen werden.

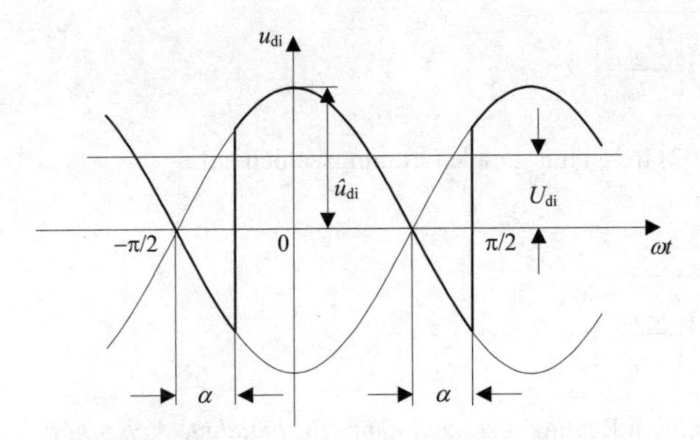

Bild 6.1.17 Integration bei Teilaussteuerung $\alpha = 45°$ ($p = 2$)

Für die Teilschwingungen der ν. Ordnung wird

$$a_\nu = \frac{4}{\omega T}\hat{u}_{di}\int\limits_{-\pi/2+\alpha}^{+\pi/2+\alpha}\cos\omega t\cdot\cos\nu\omega t\,\mathrm{d}\omega t$$

und

$$b_\nu = \frac{4}{\omega T}\hat{u}_{di}\int\limits_{-\pi/2+\alpha}^{+\pi/2+\alpha}\cos\omega t\cdot\sin\nu\omega t\,\mathrm{d}\omega t.$$

Man erhält

$$a_\nu = -\frac{2}{\pi}\hat{u}_{di}\,2\frac{\nu\cdot\sin\nu\alpha\cdot\sin\alpha+\cos\nu\alpha\cdot\cos\alpha}{\nu^2-1}\cos\nu\frac{\pi}{2}$$

bzw.

$$b_\nu = \frac{2}{\pi}\hat{u}_{di}\,2\frac{\nu\cdot\cos\nu\alpha\cdot\sin\alpha-\sin\nu\alpha\cdot\cos\alpha}{\nu^2-1}\cos\nu\frac{\pi}{2}$$

Nach **L** Gl. (5.5) folgt hieraus

$$\hat{u}_{d\nu} = \frac{2}{\pi}\hat{u}_{di}\frac{2}{\nu^2-1}\sqrt{\nu^2-\left(\nu^2-1\right)\,\cos^2\alpha}\;\cos\nu\frac{\pi}{2}.$$

und mit $\frac{2}{\pi}\hat{u}_{di} = U_{di}$ sowie $\cos\alpha = \frac{U_{di\alpha}}{U_{di}}$ und $\hat{u}_{d\nu} = \sqrt{2}U_{d\nu}$:

$$\frac{U_{\mathrm{d}\nu}}{U_{\mathrm{di}}} = \frac{\sqrt{2}}{\nu^2 - 1}\sqrt{\nu^2 - \left(\nu^2 - 1\right)\left(\frac{U_{\mathrm{di}\alpha}}{U_{\mathrm{di}}}\right)^2}\,\cos\nu\frac{\pi}{2}.$$

Wegen des Faktors cos ($\nu\pi/2$) treten nur gerade Ordnungszahlen auf.

Die Beziehung

$$\frac{U_{\mathrm{d}\nu}}{U_{\mathrm{di}}} = \frac{\sqrt{2}}{\nu^2 - 1}\sqrt{\nu^2 - \left(\nu^2 - 1\right)\left(\frac{U_{\mathrm{di}\alpha}}{U_{\mathrm{di}}}\right)^2}$$

gilt, wie man durch allgemeinere Rechnung zeigen kann, für *beliebige Pulszahl p*. Da die Integration über den p-ten Teil der Periode durchgeführt wird, ergibt sich für $\nu = 1$ die Grundschwingung, die – bezogen auf die Netzfrequenz – die Ordnungszahl p hat. Daher treten als Ordnungszahlen ν jeweils nur Vielfache der Pulszahl auf: $\nu = g\,p$ mit $g = 1; 2; 3; \ldots$.

Bild 6.1.18 zeigt die Abhängigkeit der relativen Oberschwingungs-Effektivwerte vom Aussteuerungsgrad für die Pulszahlen $p = 2; 3$ und 6 .

Bei Vollaussteuerung wird

$$\frac{U_{\mathrm{d}\nu}}{U_{\mathrm{di}}} = \frac{\sqrt{2}}{\nu^2 - 1} \quad ; \alpha = 0°.$$

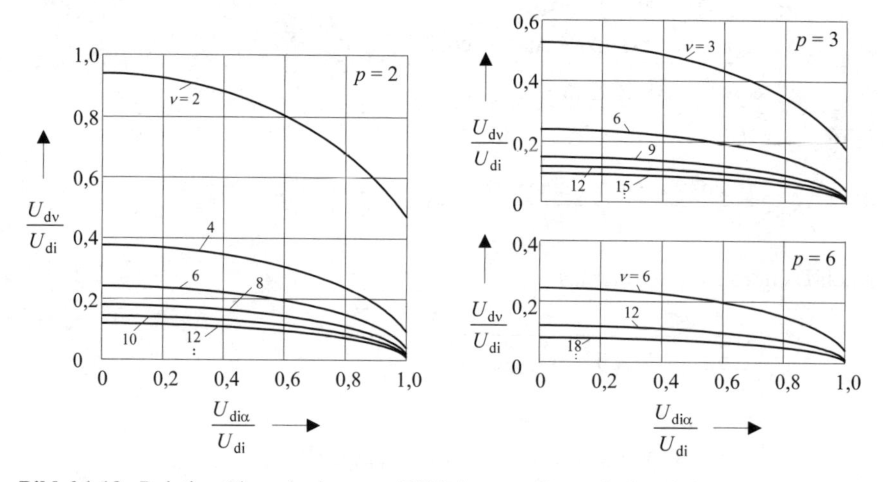

Bild 6.1.18 Relative Oberschwingungs-Effektivwerte für $p = 2$, 3 und 6

Bemerkenswert ist, dass die Oberschwingungen gleicher Ordnungszahl ν für alle Pulszahlen gleich verlaufen, die geringere Welligkeit bei hohen Pulszahlen also darauf beruht, dass die niedrigen Ordnungszahlen $\nu < p$ fehlen.
Beim Steuerwinkel $\alpha = 90°$, also $U_{\mathrm{di}\alpha} = 0$, sind die Effektivwerte aller Oberschwingungen jeweils gerade ν-mal so groß wie bei Vollaussteuerung.

6.1.8 Stromwelligkeit als Funktion der Lastkreis-Zeitkonstanten

Mit Hilfe der in Aufgabe 6.1.7 abgeleiteten Beziehung für die Oberschwingungen $U_{\mathrm{d}\nu}$ der Gleichspannung :

$$\frac{U_{\mathrm{d}\nu}}{U_{\mathrm{di}}} = \frac{\sqrt{2}}{\nu^2 - 1}\sqrt{\nu^2 - (\nu^2 - 1)\cos^2\alpha} \quad ; \qquad \nu = g \cdot p$$

ermittle man die Abhängigkeit der Stromwelligkeit w_{I} von der Lastkreis-Zeitkonstanten $T_{\mathrm{L}} = L/R$ bei der Netzfrequenz $f = 50$ Hz. Dazu stelle man graphisch dar:

- die Welligkeit w_{I0} bei Vollaussteuerung als Funktion von T_{L} für die Pulszahlen $p = 2; 3; 6$.
- Für $p = 3$ die Welligkeit als Funktion des Aussteuerungsgrads $U_{\mathrm{di}\alpha}/U_{\mathrm{di}}$ mit $T_{\mathrm{L}} = 0$; 1 ms; 3,2 ms und 10 ms. Die Induktivität L werde als sättigungsunabhängig angenommen; der Lastkreis enthalte keine Energiequelle.

Lösung:

Bei konstanter (ungesättigter) Induktivität können die Oberschwingungen I_ν des Gleichstroms linear überlagert werden. Sie berechnen sich gemäß

$$I_{\mathrm{d}\nu} = \frac{U_{\mathrm{d}\nu}}{Z_\nu} = \frac{U_{\mathrm{d}\nu}}{\sqrt{R^2 + X_\nu^2}} \qquad \text{mit } X_\nu = \omega_\nu \cdot L = \nu\omega L = 2\pi\nu f L$$

zu

$$I_{\mathrm{d}\nu} = \frac{U_{\mathrm{d}\nu}}{R\sqrt{1 + (\nu\omega T_{\mathrm{L}})^2}}.$$

Der Effektivwert des gesamten Wechselanteils beträgt entsprechend **L** Gl. (5.11.1)

$$I_{\sim} = \sqrt{\sum_{\nu=p}^{n} I_\nu^2}.$$

Nach dem Ergebnis von Aufgabe 6.1.7 sind für ν nur Vielfache der Pulszahl p einzusetzen.

Mit dem Gleichanteil (Mittelwert)

$$I_\mathrm{d} = \frac{U_{\mathrm{di}\alpha}}{R} = \frac{U_\mathrm{di}\cos\alpha}{R}$$

erhält man die Welligkeit nach **L** Gl. (5.12.1) mit

$$w_\mathrm{I} = \frac{I_\sim}{I_\mathrm{d}} = \frac{\sqrt{\sum\limits_{\nu=p}^{n} I_\nu^2}}{I_\mathrm{d}}$$

zu

$$w_\mathrm{I} = \frac{I_\sim}{I_\mathrm{d}} = \frac{U_\mathrm{di}}{U_{\mathrm{di}\alpha}} \sqrt{\sum_{\nu=p}^{n} \frac{\left(U_{\mathrm{d}\nu}/U_\mathrm{di}\right)^2}{1+\left(\nu\omega T_\mathrm{L}\right)^2}}$$

und mit $U_{\mathrm{di}\alpha}/U_\mathrm{di} = \cos\alpha$ (Steuerkennlinie!):

$$w_\mathrm{I} = \frac{1}{\cos\alpha} \sqrt{\sum_{\nu=p}^{n} \frac{\left(U_{\mathrm{d}\nu}/U_\mathrm{di}\right)^2}{1+\left(\nu\omega T_\mathrm{L}\right)^2}}.$$

Für drei geltende Ziffern des Ergebnisses w_I reicht die Berücksichtigung von vier Gliedern der Summe aus. Die Welligkeit w_{I0} bei Vollaussteuerung ergibt sich mit $\cos\alpha = 1$ und $U_{\mathrm{d}\nu} / U_\mathrm{di}$ nach der Lösung zu Aufgabe 6.1.7 .

Die in **Bild 6.1.19** dargestellten Funktionen $w_{\mathrm{I0}} = f\,(T_\mathrm{L})$ und $w_\mathrm{I} = f\,(U_{\mathrm{di}\alpha}/U_\mathrm{di})$ gelten für die Frequenz $f = 50$ Hz.

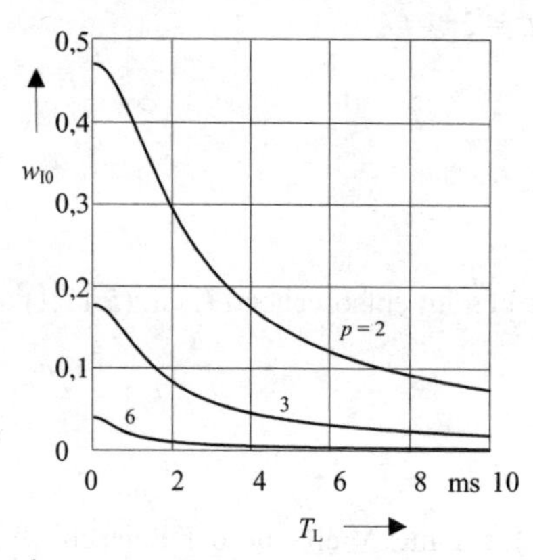

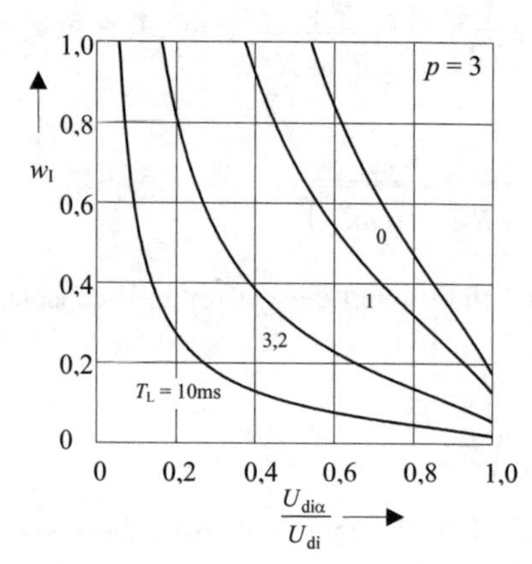

Bild 6.1.19 Stromwelligkeit

Der Vergleich von $w_{I0} = f(T_L)$ mit **L** Bild 6.5 beweist die Zweckmäßigkeit der dort verwendeten Vereinfachung. Sie besteht in der Beschränkung auf die *Grundschwingung* mit der Frequenz $f_v = pf$, was die Rechnung wesentlich vereinfacht und sich für die meisten praktischen Anwendungen als ausreichend erweist. Der in Bild 6.1.19 enthaltenen Kurve für $p = 2$ können die Welligkeitswerte der im **L** Bild 6.4a dargestellten Ströme entnommen werden.
Die im Bereich der Teilaussteuerung stark zunehmende Welligkeit wurde bereits bei der Einpuls-Schaltung festgestellt. Da bei $\alpha \rightarrow 90°$ die Gleichspannung U_d bzw. $U_{di} \rightarrow 0$ geht, streben hierbei auch $w_U \rightarrow \infty$ und $w_I \rightarrow \infty$. Diese für die Praxis „unhandlichen" Werte haben dazu geführt, dass gelegentlich anstelle der in DIN 40110 genormten Definition $w_U = U_{\sim} / U_d$ ersatzweise die ideelle Welligkeit $w_{Ui} = U_{\sim} / U_{di}$ verwendet wird. Da die ideelle Spannung U_{di} von der Aussteuerung unabhängig ist, bleiben so die Welligkeitswerte endlich (vergleiche Lösung zur Aufgabe 6.4.3).

6.2 Kommutierung

6.2.1 Kommutierungsvorgang der M2-Schaltung

Man betrachte am Beispiel der M2-Schaltung den Kommutierungsvorgang des Stroms durch die Thyristoren. Zur Simulation sind folgende Werte einzustellen: Gleichspannung $U = 10$ V, $L = 300$ mH, $R = 2{,}5\ \Omega$, $L_k = 1$ mH für $\alpha = 15°$.

Datei: *Projekt*: Kapitel 6.ssc \ *Datei*: M2-Komutierung.ssh

Lösung:

Als Kommutierung bezeichnet man den Übergang des Stroms von einem Schaltungszweig zum nachfolgend stromführenden. Wären die beteiligten Stromzweige absolut induktivitätsfrei, so erfolgte dieser Übergang sprunghaft mit unendlicher Steilheit. Dieser idealisierte Verlauf wird bei Grundsatzüberlegungen meist vorausgesetzt. In realen Schaltungen sind dagegen immer Induktivitäten wirksam, entweder bedingt durch den konstruktiven Aufbau (Leitungsführung) oder als Eigenschaft von Bauelementen. Im vorliegenden Fall der Einspeisung über einen Stromrichtertransformator begrenzen dessen Streuinduktivitäten die Steilheit der Stromänderung, aber auch die netzseitigen Induktivitäten sind im Kommutierungskreis wirksam. Im Simulationsbeispiel wird symmetrisch in jedem Thyristorzweig eine Induktivität $L_{k1} = L_{k2}$ angenommen (**Bild 6.2.1**).

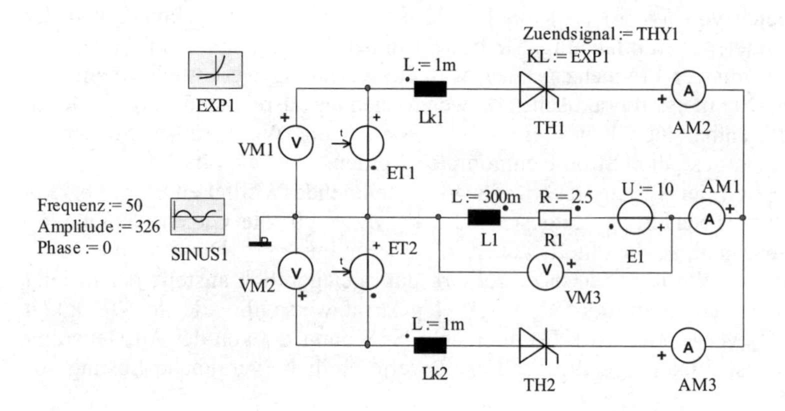

Bild 6.2.1 M2-Schaltung zur Simulation des Kommutierungsvorgangs

Im **Bild 6.2.2** sind zwei berechnete Kommutierungsvorgänge dargestellt. Auf Grund der recht großen Induktivität im Gleichstromzweig fließt dort während der Übergänge nahezu konstanter Strom i_d (AM1). Im gleichen Maß, wie im nachfolgend leitenden Thyristorzweig der Strom zunimmt, muss daher in dem bis dahin stromführenden Thyristor der Strom abnehmen (i_{T1} (AM2) und i_{T2} (AM3)). Die Änderungsgeschwindigkeiten sind gegensinnig gleich groß. In der als *Überlappung* bezeichneten Zeit, in der beide Thyristoren gleichzeitig leitend sind, ist die

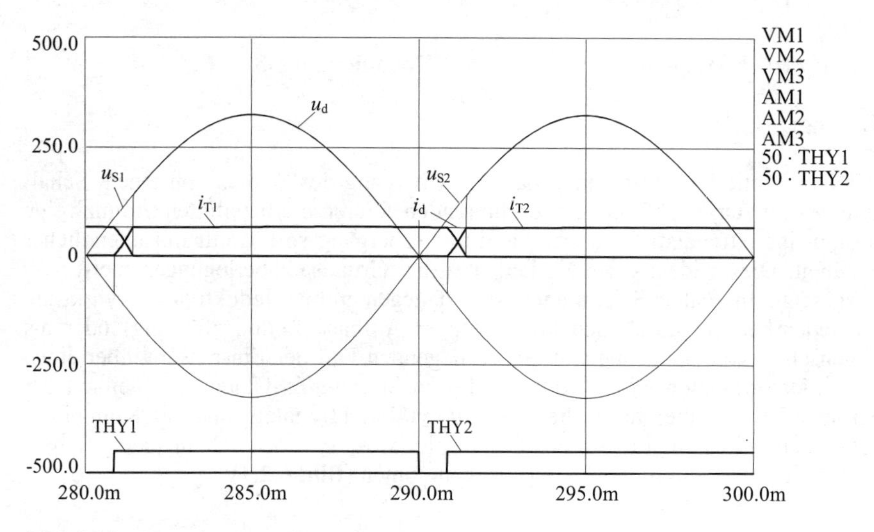

Bild 6.2.2 Komutierungsvorgang für $\alpha = 15°$

Spannung u_d (VM3) im Gleichstromzweig allgemein gleich dem Mittelwert der beiden an der Kommutierung beteiligten Spannungen. Im vorliegenden Beispiel der M2-Schaltung ergibt sich der Sonderfall $(u_{S1} + u_{S2}) / 2 = 0$. Die Systemgrößen für den Übergang des Stroms vom Thyristor TH1 auf den Thyristor TH2 sind im **Bild 6.2.3** zeitlich gedehnt nochmals herausgezogen.

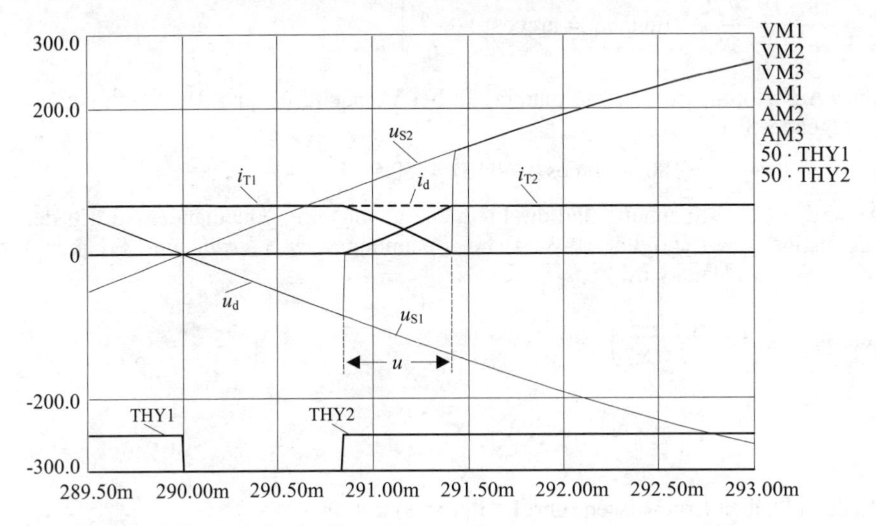

Bild 6.2.3 Detailausschnitt der Kommtierung

Anregung:

- Man variiere den Steuerwinkel α und beobachte die Überlappung (siehe **L** Bild 6.21).
- Man variiere die Induktivität im Kommutierungskreis und beobachte die Systemgrößen während der Überlappung.
- Man variiere den Wert des Gleichstroms durch Veränderung des Widerstands und bewerte die Überlappung.
- Man variiere die Speisespannung ET1 und ET2 und bewerte die Überlappungsdauer.

6.2.2 Steuerwinkel α_{max} an der Wechselrichter-Trittgrenze

Welcher Größtwert α_{max} des Steuerwinkels ist für einen Stromrichter zulässig, dessen Nenndaten den Wert $I_d / \hat{i}_k = 0{,}13$ ergeben, wenn die führende Wechselspannung von einem Maschinenumformer erzeugt wird, bei dem mit Spannungs- und Frequenzänderungen von je 15 % zu rechnen ist?

Lösung:

Wenn angenommen werden kann, dass sich Spannung und Frequenz des Umformers proportional ändern, so bleibt dies nach **L** Gln. (6.53) und (6.55)

$$\hat{i}_\mathrm{k} = \frac{\hat{u}_\mathrm{k}}{2\omega L_\mathrm{k}} = \frac{\sqrt{2}U_\mathrm{k}}{2\omega L_\mathrm{k}} \text{ und } u_0 = \arccos\left(1 - \frac{I_\mathrm{d}}{\hat{i}_\mathrm{k}}\right)$$

ohne Auswirkung auf u_0, und man erhält bei Vernachlässigung des Löschwinkels γ folgendes Ergebnis:

$$\alpha_\mathrm{max} \approx 180° - u_0 = 180° - \arccos(1 - 0{,}13) = 150{,}5°.$$

Ändern sich die Spannung und die Frequenz unabhängig voneinander, so tritt der ungünstigste Fall (größter u_0-Wert) bei Spannungs*verminderung* und Frequenz*erhöhung* auf. Dann wird

$$u_0' = \arccos\left(1 - 0{,}13\frac{1{,}15}{0{,}85}\right) = 34{,}5°$$

und

$$\alpha'_\mathrm{max} \approx 180° - u_0' = 145{,}5°.$$

Zu den gleichen Ergebnissen führt **L** Gl. (6.58) mit $\omega t_\mathrm{c} = \gamma = 0°$.

6.2.3 Simulation des Wechselrichterkippens

Man betrachte am Beispiel der M2-Schaltung aus Aufgabe 6.2.1 den Vorgang des Wechselrichterkippens. Zur Simulation sind folgende Werte einzustellen: Gleichspannung $U = -250$ V, $L = 300$ mH, $R = 5\ \Omega$, $L_\mathrm{k} = 10$ mH, für $\alpha = 160°$.

Datei: *Projekt*: Kapitel 6.ssc \ *Datei*: M2-Wechselrichterkippen.ssh

Lösung:

Die Dauer der Kommutierung ist abhängig von der treibenden Kommutierungsspannung, den im Kommutierungskreis wirksamen Induktivitäten und dem Strom im Gleichstromkreis. Bei Steuerwinkeln knapp unterhalb von 180° besteht im Wechselrichterbetrieb die Gefahr, dass die Kommutierung noch nicht vollzogen ist, wenn die Kommutierungsspannung ihre Richtung umkehrt. Der zunächst abnehmende Strom im zuvor leitenden Thyristor nimmt dann wieder zu, der Thyristor bleibt weiterhin stromführend, und es stellt sich die maximale Gleichspannung ein. Diese und die Zusatzspannung wirken in gleicher Richtung und führen zu einem schnellen Anstieg des Gleichstroms auf unzulässig hohe Werte. Alle weiteren Kommutierungsversuche müssen fehlschlagen. Dieses Phänomen des *Wechselrichterkippens* kann anhand des zuvor benutzten Simulationsmodells Bild 6.2.1 demonstriert werden, wofür die Parameter entsprechend obigen Angaben anzupassen sind.

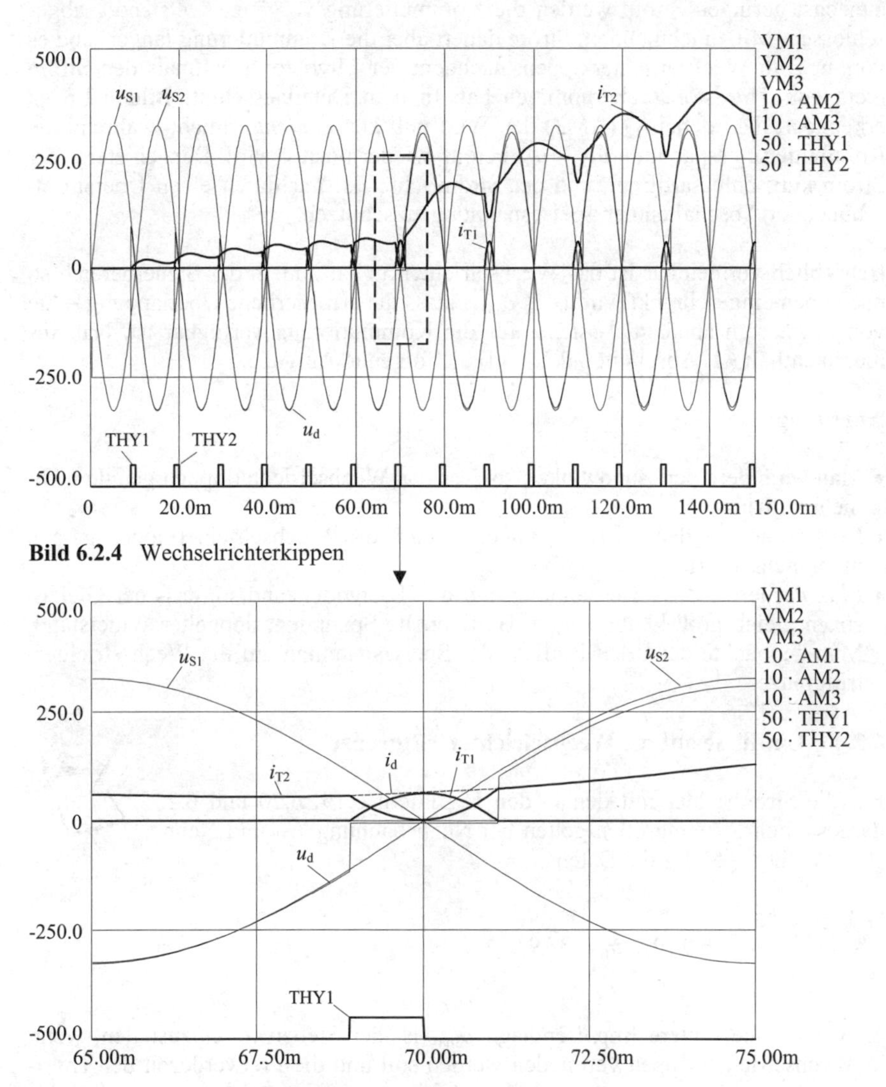

Bild 6.2.4 Wechselrichterkippen

Bild 6.2.5 Detailausschnitt des Kippvorgangs

Für die Darstellung des Wechselrichterkippens ist es sehr vorteilhaft, dass die Simulation das Einschwingverhalten des Stromrichters wiedergibt. **Bild 6.2.4** zeigt den Übergang vom ungestörten Wechselrichterbetrieb zum Kippen des Stromrichters. Die Zündung erfolgt konstant bei α = 160°. Der Gleichstrom i_d (AM1) beginnt bei null und steigt von Halbperiode zu Halbperiode an. Bei dem zunächst geringen Strom werden die Kommutierungsvorgänge vollständig abgeschlossen. Mit zunehmendem Strom dauert aber die Kommutierung länger, und es kommt zum Wechselrichterkippen, nachdem der Thyristor 1 erstmals den Strom nicht von Thyristor 2 übernommen hat. In dem Detailausschnitt **Bild 6.2.5** ist erkennbar, dass dabei i_{T2} (AM3) den Wert null knapp *nicht* erreicht, während die Kommutierungsspannung $u_{S2} - u_{S1}$ bereits wieder positiv wird. Danach steigt der Strom kurzschlussartig an, und der Stromrichter ist nur durch einen Überstromschutz oder Abschalten der Speisespannung zu schützen.

Betrieblich vermeidbar ist das Wechselrichterkippen, indem der Steuerbereich so nach oben eingeschränkt wird ($\alpha \leq \alpha_{max}$), dass die erforderliche Überlappung – die vom Laststrom abhängt! – sicher für die Kommutierung verfügbar ist. Näheres hierzu enthält (**L** Abschnitt 6.2.1, und) die folgende Aufgabe.

Anregung:

- Man verändere den Zündwinkel, so dass das Wechselrichterkippen gerade nicht mehr auftritt.
- Man verändere den Lastwiderstand, so dass das Wechselrichterkippen gerade nicht mehr auftritt.
- Man variiere die Speisespannung und den Lastwiderstand so, dass der Gleichstrom gleich groß bleibt, also z. B.: doppelte Spannung, doppelter Widerstand. Man beobachte dann den Einfluss der Speisespannung auf die Wechselrichtertrittgrenze.

6.2.4 Einflüsse auf die Wechselrichtertrittgrenze

Für die Stromrichter mit den in den **L** Bildern 6.19, 6.20 und 6.23 dargestellten Systemgrößen gelten bei Nennspannung U_N und Nennstrom I_d für f = 50 Hz die Daten

$$\frac{I_d}{\hat{i}_k} = \frac{2 I_d \omega L_k}{\sqrt{2}\, U_N / ü} = 0{,}19; \quad u_0 = 35{,}9°.$$

1. Auf welche hintere Impulsendlage α_{max} ist der Steuersatz einzustellen, wenn Wechselrichterkippen vermieden werden soll und die Freiwerdezeit der Thyristoren t_q = 150 μs beträgt ?

2. Im **L** Bild 6.23 beträgt der Steuerwinkel α = 137°. Welcher relative Spannungseinbruch $\Delta U/U_\mathrm{N}$ darf dabei höchstens auftreten, ohne dass die WR-Trittgrenze überschritten wird?
3. Um welchen Relativwert $\Delta I_\mathrm{d}/I_\mathrm{d}$ darf bei α = 137° der Gleichstrom höchstens zunehmen (Belastungsstoß), wenn die Trittgrenze eingehalten werden soll?

Lösung:

1. Für die hintere Impulsendlage folgt aus **L** Gl. (6.58) mit $\gamma_\mathrm{min} = \omega t_\mathrm{q} = 2{,}7°$

$$\alpha_\mathrm{max} = \arccos\left(\frac{I_\mathrm{d}}{\hat{i}_\mathrm{k}} - 1\right) - \omega t_\mathrm{c} = 141{,}4°.$$

2. Nach **L** Bild 6.23a gilt mit der bei Spannungseinbruch vergrößerten Überlappung u' :

$$\alpha + u' + \gamma_\mathrm{min} = 180°,$$

also

$$u' = 180° - \alpha - \gamma_\mathrm{min} = 40{,}3°.$$

Damit folgt aus **L** Gl. (6.56) die ebenfalls vergrößerte Anfangsüberlappung

$$u_0' = \arccos\left(\cos\left(u' + \alpha\right) - \cos\alpha + 1\right) = 42{,}9°.$$

Aus Gleichung **L** Gl. (6.53) und (6.55) erhält man

$$U_N = \frac{2 I_\mathrm{d}\, \ddot{u}\, \omega L_\mathrm{k}}{\sqrt{2}\left(1 - \cos u_0\right)}.$$

Mit

$$U_\mathrm{N}' = U_\mathrm{N} - \Delta U$$

wird

$$\frac{\Delta U}{U_\mathrm{N}} = 1 - \frac{U_\mathrm{N}'}{U_\mathrm{N}}$$

und die gesuchte zulässige Spannungsänderung als Relativwert

$$\frac{\Delta U}{U_\mathrm{N}} = 1 - \frac{1 - \cos u_0}{1 - \cos u_0'} = 1 - \frac{0{,}1900}{0{,}2675} = 0{,}29 \mathrel{\hat{=}} 29\,\%.$$

3. Mit $I'_d = I_d + \Delta I$, also $\frac{\Delta I}{I_d} = \frac{I'_d}{I_d} - 1$, folgt entsprechend Ziffer 2:

$$\frac{\Delta I}{I_d} = \frac{1-\cos u'}{1-\cos u_0} - 1 = 0{,}41 \mathrel{\hat{=}} 41\,\%.$$

Aus den Resultaten erkennt man, dass ein geringer zusätzlicher »*Respektabstand*« zur Trittgrenze (hier: 4,4°) deutliche Reserven gegenüber Spannungseinbrüchen und Überlastungen ergibt.

6.2.5 Induktive Gleichspannungsänderung

Durch die Beziehung $u_x = X_\sigma\, I/U$ ist die relative Streuspannung eines Transformators definiert, wobei X_σ die Streureaktanz eines Strangs sowie U und I die Nennwerte von Stranggrößen sind. Der auf die Sekundärseite bezogene Wert $X_{S\sigma} = u_x\, U_S / I_S$ ist bei Betrieb am starren Netz die im Kommutierungskreis wirksame Reaktanz: $X_{S\sigma} = \omega L_k$. Da L_k die Kommutierung bestimmt, besteht der durch **L** Gl. (6.66) gegebene Zusammenhang mit der induktiven Gleichspannungsänderung d_{xN}:

$$d_{xN} = \frac{qs\delta}{g} \frac{fL_k I_{dN}}{U_{di}}$$

Man berechne das Verhältnis d_{xN}/u_x für die Schaltungen M2, B2, M3 und B6 unter Benutzung der in **L** Tabellen 6.1 und 6.2 angegebenen Werte.

Lösung:

Ausgehend von vorhergehender Gleichung folgt mit

$$L_k = \frac{X_{S\sigma}}{\omega} = \frac{1}{\omega} u_x \cdot \frac{U_S}{I_S} = \frac{u_x}{\omega} \frac{U_S}{I_N \ddot{u}} \quad \text{und } \omega = 2\pi f:$$

$$\frac{d_{xN}}{u_x} = \frac{qs\delta}{g} \frac{1}{2\pi} \frac{U_S}{U_{di}} \frac{I_d}{I_N \ddot{u}}.$$

Mit den Werten aus **L** Tabellen 6.1 und 6.2 erhält man

M2: $$\frac{d_{xN}}{u_x} = \frac{2 \cdot 1 \cdot 1}{1} \cdot \frac{1}{2\pi} \cdot \frac{\pi}{2\sqrt{2}} 2 \qquad = \frac{1}{\sqrt{2}} \approx 0{,}707$$

B2: $$\frac{d_{xN}}{u_x} = \frac{2 \cdot 2 \cdot 2}{1} \cdot \frac{1}{2\pi} \cdot \frac{\pi}{4\sqrt{2}} 1 \qquad = \frac{1}{\sqrt{2}} \approx 0{,}707$$

M3: $$\frac{d_{\mathrm{xN}}}{u_{\mathrm{x}}} = \frac{3 \cdot 1 \cdot 1}{1} \cdot \frac{1}{2\pi} \cdot \frac{2\pi}{3\sqrt{6}} \sqrt{\frac{3}{2}} \sqrt{3} \,{}^{*)} \qquad = \frac{\sqrt{3}}{2} \approx 0{,}866$$

B6: $$\frac{d_{\mathrm{xN}}}{u_{\mathrm{x}}} = \frac{3 \cdot 2 \cdot 1}{1} \cdot \frac{1}{2\pi} \cdot \frac{2\pi}{6\sqrt{6}} \sqrt{\frac{3}{2}} \qquad = \frac{1}{2} = 0{,}5$$

*) Umrechnung auf Stranggröße (Dy-Schaltung des Transformators)

6.2.6 Stromsteilheit bei Kommutierung

Man überprüfe, ob zur Begrenzung der Stromsteilheit während der Kommutierung die Transformator-Streureaktanz X_σ bzw. die relative Streuspannung u_{x} über die üblichen Werte hinaus erhöht werden muss. Als Grundlage einer Abschätzung dienen die folgenden, extrem ungünstigen Werte: $u_{\mathrm{x}} = 0{,}01$; $I_{\mathrm{d}} = 1000$ A; B6-Schaltung (**L** Tabelle 6.2).

Lösung:

Zur Abschätzung der größten auftretenden Stromsteilheit $\mathrm{d}i/\mathrm{d}t = I_{\mathrm{d}}/t_{\mathrm{k}}$ ist der Kleinstwert der Kommutierungszeit t_{k} zu ermitteln. Aus **L** Gl. (6.70.2)

$$u_0 = \arccos\left[1 - 2\left(\frac{d_{\mathrm{xN}}}{u_{\mathrm{x}}}\right) u_{\mathrm{x}}\right]$$

ergibt sich mit $u_{\mathrm{x}} = 0{,}01$ und $d_{\mathrm{xN}}/u_{\mathrm{x}} = 0{,}5$ die Anfangsüberlappung zu

$$u_0 = \arccos(1 - 2 \cdot 0{,}5 \cdot 0{,}01) = 8{,}1°.$$

Der Kleinstwert der Überlappung tritt nach **L** Bild 6.21 beim Schnittpunkt der „U-Kurven" $u = f(\alpha)$ mit der Geraden $u = \pi - 2\alpha$ auf. Man erhält

$$\alpha' = \arccos\frac{1 - \cos u_0}{2} \approx 89{,}7°$$

und

$$u_{\min} = \pi - 2\arccos\frac{1 - \cos u_0}{2} = \pi - 2\alpha' = 0{,}57°.$$

Dies entspricht der Kommutierungszeit

$$t_{\mathrm{k\,min}} = \frac{u_{\min}}{\omega} = \frac{0{,}57 \cdot \pi}{180 \cdot 2\pi \cdot 50}\,\mathrm{s} \approx 32\,\mu\mathrm{s}$$

und der Stromsteilheit

$$\left(\frac{\mathrm{d}i}{\mathrm{d}t}\right)_{\max} = \frac{I_\mathrm{d}}{t_{\mathrm{k\,min}}} \approx 31\frac{\mathrm{A}}{\mu\mathrm{s}} = 31\frac{\mathrm{kA}}{\mathrm{ms}}.$$

Da dieser ungünstig abgeschätzte Wert noch unterhalb der zulässigen Grenzwerte $(\mathrm{d}i/\mathrm{d}t)_{\mathrm{cr}}$ liegt, sind besondere Vorkehrungen zur Begrenzung der Stromsteilheit in der Regel *nicht* nötig. Eine Ausnahme kann beim Direktanschluss eines Stromrichters in Brückenschaltung an ein starkes Netz (kleine Netzimpedanz!) erforderlich werden. Häufig ist eine Vorschalt-Drosselspule auch zur Begrenzung der Netzrückwirkung notwendig, vergleiche **L** Abschnitt 7.1.

6.3 Brückenschaltungen

6.3.1 Zweipuls-Brückenschaltung bei unterschiedlichen Belastungen

Man untersuche die B2-Brückenschaltung für ohmsche Belastung mit R = 10 Ω, gemischt ohmsch-induktiv mit einem Impedanzwinkel φ_Z = 45° und bei idealer Glättung ($L/R \to \infty$) mit L = 31,8 mH und R = 0,01 Ω. Der Steuerwinkel soll für alle drei Belastungsfälle konstant α = 60° betragen.

Datei: *Projekt*: Kapitel 6.ssc \ *Datei*: B2-Schaltung.ssh

Lösung:

In der Praxis werden heute fast ausschließlich Brückenschaltungen eingesetzt, deren Funktionsweise und Vorteile in **L** Abschnitt 6.3 ausführlich beschrieben sind. Gegenüber den Mittelpunktschaltungen fließt der Strom immer über zwei

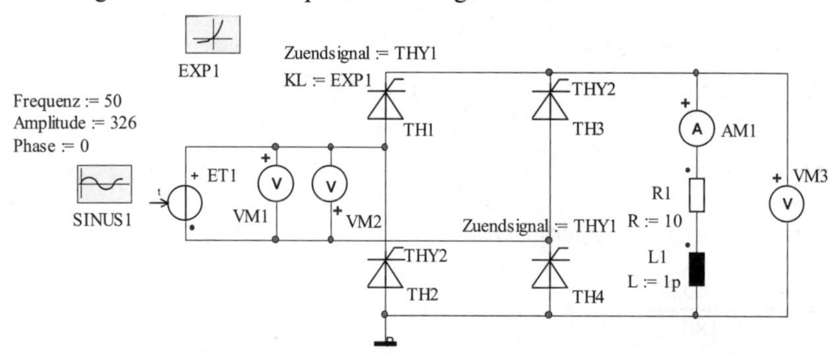

Bild 6.3.1 Zweipuls-Brückenschaltung

Thyristoren. Damit ein geschlossener Stromkreis entsteht, muss in der B2-Schaltung nach **Bild 6.3.1** jeweils das Thyristorpaar TH1 und TH4 bzw. TH2 und TH3 gleichzeitig gezündet werden. Die Generierung der Zündimpulse erfolgt nach dem in Bild 5.2.2 beschriebenen Verfahren. Der Zustandsgraph ist entsprechend anzupassen.
Die berechneten Systemgrößen sind im **Bild 6.3.2** dargestellt, wobei nach jeweils 20 ms die Belastungsart wechselt. In allen Fällen gilt der Steuerwinkel α = 60°. Typisch ist wieder das Einschwingverhalten für den nicht lückenden Betrieb, während im Lückbetrieb jeder Zündimpuls zum stationären Zustand führt.

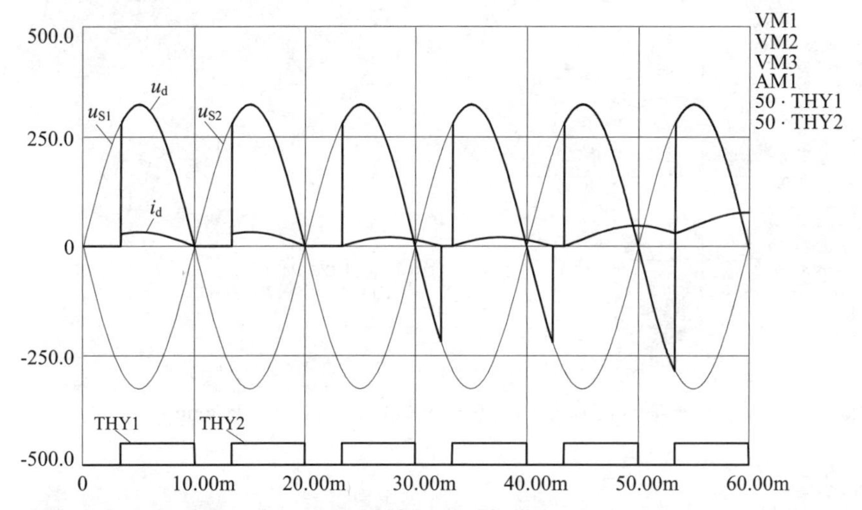

Bild 6.3.2 Laststrom und -spannung bei unterschiedlichen Belastungsarten

Anregung:

- Man vergleiche die Systemgrößen der B2-Schaltung mit den Ergebnissen aus Aufgaben 6.1.1 und 6.1.2.
- Man variiere den Steuerwinkel bei den drei unterschiedlichen Lastarten und beobachte die Systemgrößen.

6.3.2 Systemgrößen der Drehstrom-Brückenschaltung

Man simuliere die B6-Brückenschaltung für eine ohmsch-induktive Belastung mit R = 30 Ω und L = 100 mH bei einem Steuerwinkel von α = 45°. Zu untersuchen sind Spannung und Strom im Lastkreis sowie die Ströme eines Strangs.

Datei: *Projekt*: Kapitel 6.ssc \ *Datei*: B6-Schaltung.ssh

Lösung:

Die Sechspuls-Brückenschaltung in **Bild 6.3.3** ist die dreiphasige Erweiterung der Zweipuls-Brückenschaltung (**L** Abschnitt 6.3.2). Die drei katodenseitig angeordneten Thyristoren müssen um jeweils 120° versetzt gezündet werden. Gleiches gilt für die anodenseitigen Thyristoren. Beide Gruppen sind ihrerseits wiederum um 60° phasenverschoben anzusteuern. So entstehen sechs um jeweils 60° versetzte Zündimpulse, die mittels Zustandsgraph **Bild 6.3.4** erzeugt werden.

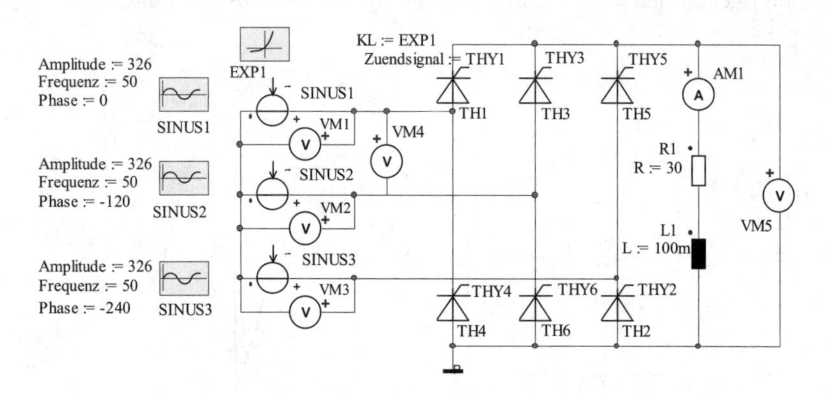

Bild 6.3.3 Drehstrom-Brückenschaltung bei ohmsch-induktiver Belastung

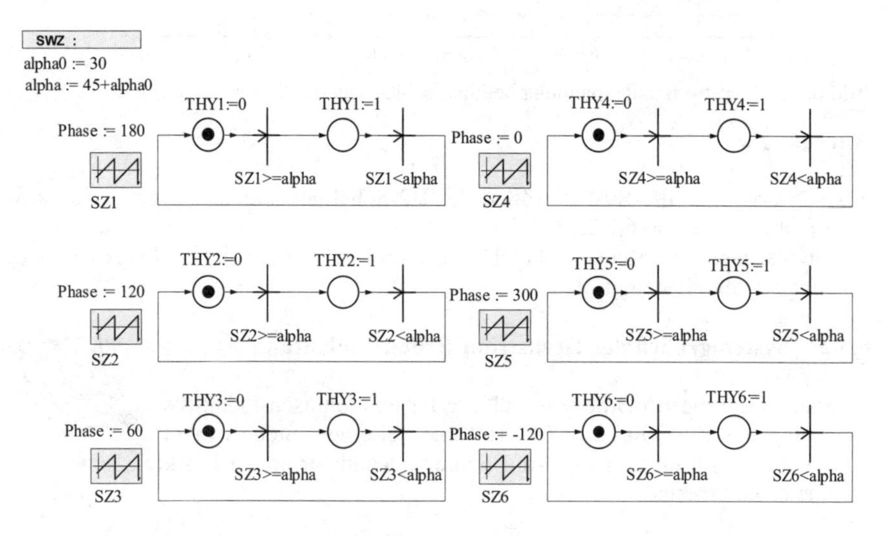

Bild 6.3.4 Zündimpulserzeugung für die Drehstrom-Brückenschaltung

Die Systemgrößen für nicht lückenden Betrieb im eingeschwungenen Zustand beim Steuerwinkel $\alpha = 45°$ zeigt das **Bild 6.3.5**. Der Laststrom verteilt sich auf die Thyristoren so, dass jeder Thyristor mit 120° breiten Stromblöcken belastet ist. Im separat dargestellten Netzstrom i_{S1} (**Bild 6.3.6**) finden sich diese Stromblöcke wieder.

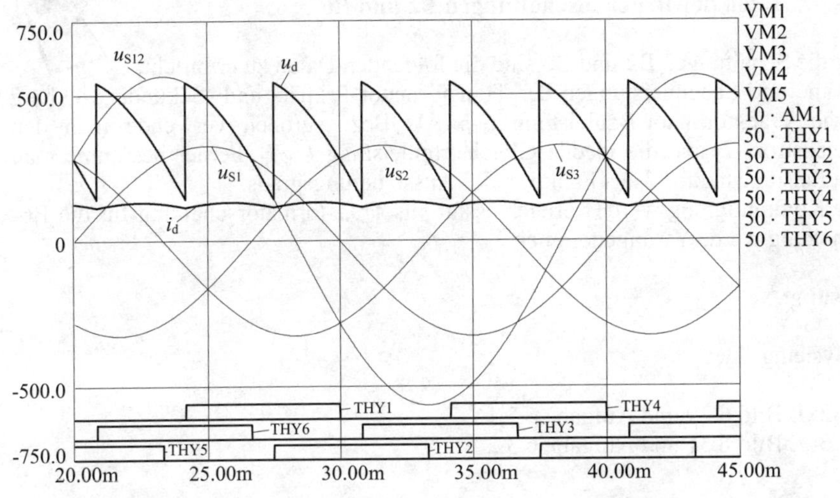

Bild 6.3.5 Laststrom und –spannung bei ohmsch-induktiver Belastung

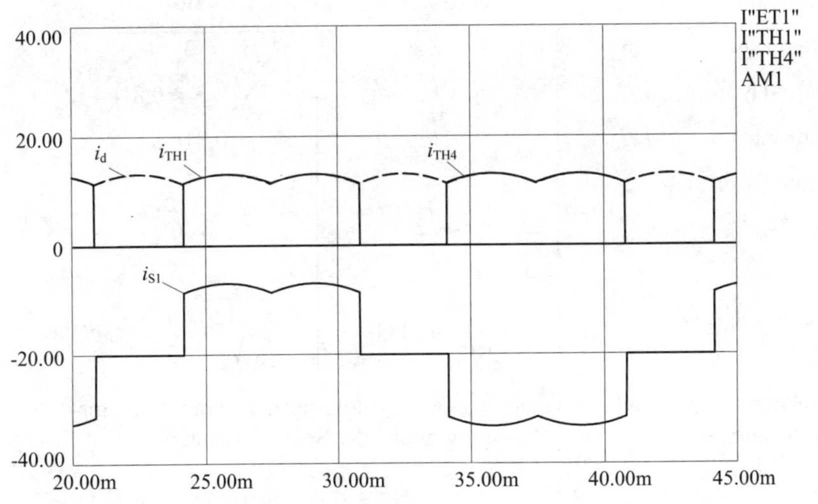

Bild 6.3.6 Netz-, Thyristor- und Laststrom

Anregung:

- Man variiere den Steuerwinkel α zwischen 0° und 90° und beobachte die Systemgrößen.

6.3.3 Daten der Brückenschaltungen B2 und B6

Für die Schaltungen B2 und B6 sind die folgenden Daten zu ermitteln:
Ströme und Scheinleistungen der Transformator-Primär- und -Sekundärwicklung sowie Transformator-Bauleistung S_{Tr}. Als Bezugsgrößen verwende man den Gleichstrom I_d und die ideelle Gleichstromleistung $U_{di}\,I_d$. Ferner bestimme man den Leistungsfaktor λ_i als Funktion des Aussteuerungsgrads.
Die Kommutierung werde vernachlässigt, als Transformatorschaltung für die B6-Schaltung werde Yy angenommen.

Lösung:

- Systemgrößen

B2: **L** Bild 6.29 und Aufgabe 6.3.1
B6: **L** Bild 6.31 und Aufgabe 6.3.2

- Transformator

Schaltung		**B2**	**B6**
Strangzahl	m	2	3
Sekundärstrom	I_S/I_d	1	$\sqrt{2/3} \approx 0{,}816$
Primärstrom	I_P/I_d	$1/ü$	$0{,}816/ü$
Sekundärleistung			
Mit U_{di}/U_S		$\frac{4\sqrt{2}}{\pi}$	$\frac{3\sqrt{6}}{\pi}$
wird			
$\frac{S_S}{U_{di}I_d} = \frac{mU_SI_S}{U_{di}I_d}$		$\frac{\pi}{2\sqrt{2}} \approx 1{,}111$	$\frac{3\pi}{3\sqrt{6}}\sqrt{\frac{2}{3}} = \frac{\pi}{3} \approx 1{,}047$
Primärleistung S_P und Bauleistung S_{Tr}		sind wegen symmetrischer Transformator-Belastung gleich der Sekundärleistung S_S: $S_S = S_P = S_{Tr}$	

- Leistungsfaktor

Mit

$\lambda_i = P/S = U_{di} I_d / S_P$ und $S_P = S_S$

wird

$$\lambda_i = \frac{U_{di} I_d}{S_S} \frac{U_{di\alpha}}{U_{di}} = \lambda_{i0} \frac{U_{di\alpha}}{U_{di}}.$$

Daraus

Schaltung	B 2	B 6
$\lambda_{i0} = U_{di} I_d / S_S$	$\frac{2\sqrt{2}}{\pi} \approx 0{,}900$	$\frac{3}{\pi} \approx 0{,}955$

6.3.4 B6-Schaltung mit verschiedenen Transformatorschaltungen

Für die Sechspuls-Brückenschaltung B6 vergleiche man die Transformatorschaltungen Yy, Dy und Yd bezüglich Kurvenform, Effektivwert und Grundschwingungsgehalt g_I des Netzstroms sowie der Transformator-Bauleistung S_{Tr}.

Lösung:

Für alle Schaltungen ergeben sich die Sekundärströme nach **L** Bild 6.31 bzw. **Bild 6.3.7**.

- **Yy**: $i_P = \frac{i_S}{\ddot{u}}$

$$I_S = I_d \sqrt{\frac{2}{3}}; \quad I_P = \frac{I_d}{\ddot{u}} \sqrt{\frac{2}{3}} = I_N$$

$$\hat{i}_{N1} = \frac{2\sqrt{3}}{\pi} \frac{I_d}{\ddot{u}}; \quad I_{N1} = \frac{\hat{i}_{N1}}{\sqrt{2}} = \frac{\sqrt{6}}{\pi} \frac{I_d}{\ddot{u}}$$

$$g_I = \frac{I_{N1}}{I_N} = \frac{\sqrt{6}}{\pi} \sqrt{\frac{3}{2}} = \frac{3}{\pi} \approx 0{,}955.$$

- **Dy**: $i_\text{P} = \dfrac{i_\text{S}}{ü}$; $i_\text{N2} = i_\text{P2} - i_\text{P1}$ (Bild 6.3.7)

$$I_\text{S} = I_\text{d}\sqrt{\frac{2}{3}};\quad I_\text{N} = \frac{I_\text{d}}{ü}\sqrt{2}.$$

Die Grundschwingung berechnet man zweckmäßig mit der gestrichelt angegebenen Lage der i–Achse. Dann ist nur $a \mathrel{\hat{=}} \hat{i}_\text{N1}$ zu berechnen (Ansatz entsprechend Aufgabe 6.1.7).

$$\hat{i}_\text{N1} = \frac{I_\text{d}}{ü}\frac{4}{\pi}\left[\int_0^{\pi/6} 2\cos\omega t\,\mathrm{d}\omega t + \int_{\pi/6}^{\pi/2} \cos\omega t\,\mathrm{d}\omega t\right]$$

$$\hat{i}_\text{N1} = \frac{6}{\pi}\frac{i_\text{d}}{ü};\quad I_\text{N1} = \frac{6}{\sqrt{2}\pi}\frac{I_\text{d}}{ü}$$

$$g_\text{I} = \frac{6}{\sqrt{2}\pi}\cdot\frac{1}{\sqrt{2}} = \frac{3}{\pi}$$

- **Yd**: $i_\text{S12} = i_\text{S1} - i_\text{S2}$; $i_\text{N} = i_\text{P}$

Da die beiden Strangströme i_S1 und i_S2
- gleiche Kurvenform und
- gegenseitige Phasenverschiebung $2\pi/3 \mathrel{\hat{=}} 120°$ haben sowie
- obiger Gleichung bei vorgegebenem Verlauf von i_S12 gehorchen müssen und für die Primärströme die Forderung

$$\sum_{\nu=1}^{3} i_{\text{P}\nu} = 0$$

besteht, sind nur die im Bild 6.3.7 dargestellten Stromverläufe möglich. Dies bedeutet gleiche Kurvenform des Netzstroms wie bei der Dy-Schaltung, jedoch mit der „Stufenhöhe" $I_\text{d}/(3ü)$ anstelle von $I_\text{d}/ü$, woraus $I_\text{S} = I_\text{d}\sqrt{2}/3$ folgt.

Damit:

$$I_\text{N1} = \frac{\sqrt{2}}{\pi}\frac{I_\text{d}}{ü};\qquad \hat{i}_\text{N1} = \frac{2}{\pi}\frac{I_\text{d}}{ü};\qquad I_\text{N} = \frac{\sqrt{2}}{3}\frac{I_\text{d}}{ü};$$

$$g_\text{I} = \frac{\sqrt{2}}{\pi}\frac{3}{\sqrt{2}} = \frac{3}{\pi}.$$

Somit ergibt sich für alle drei Schaltungen der gleiche Grundschwingungsgehalt des Netzstroms.

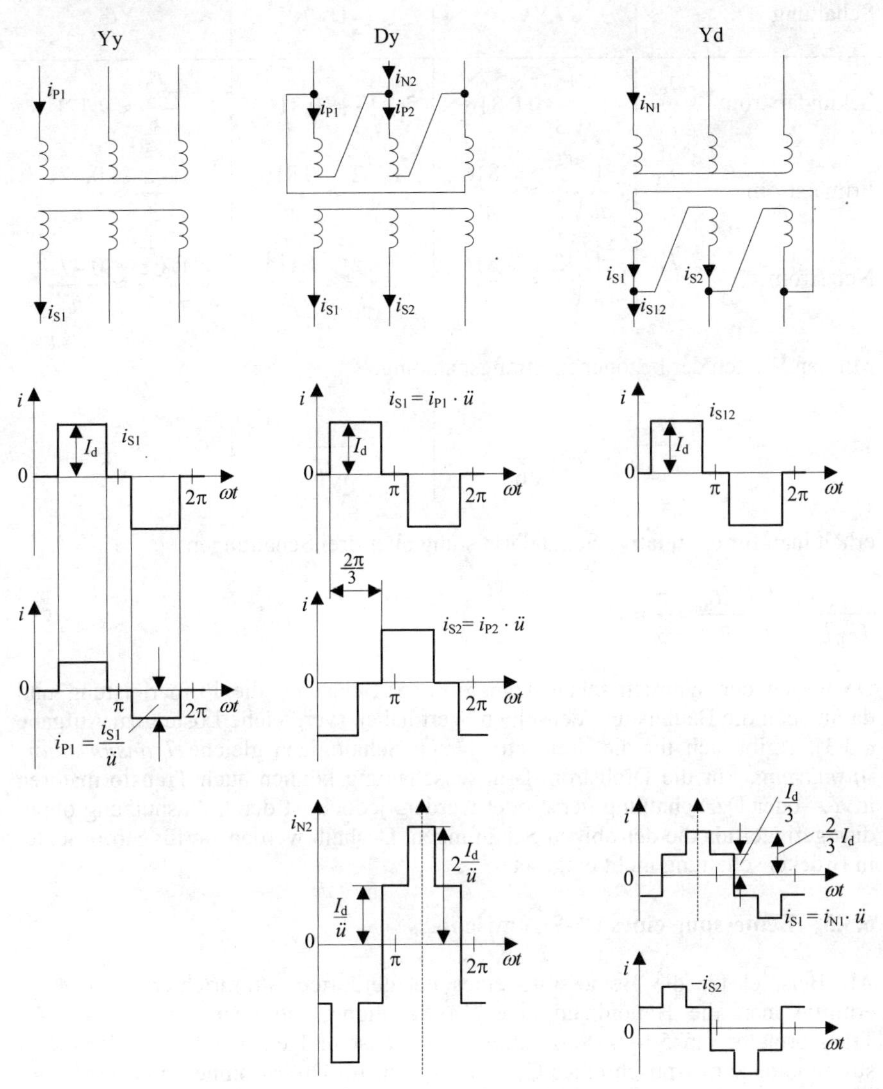

Bild 6.3.7 Transformator-Ströme

Relative Ströme:

Schaltung		Yy	Dy	Yd
Sekundärstrom	$\frac{I_S}{I_d}$	$\sqrt{\frac{2}{3}} \approx 0{,}816$	$\sqrt{\frac{2}{3}} \approx 0{,}816$	$\frac{\sqrt{2}}{3} \approx 0{,}471$
Primärstrom	$\frac{I_P}{I_d}$	$\frac{1}{ü}\sqrt{\frac{2}{3}} \approx \frac{0{,}816}{ü}$	$\frac{1}{ü}\sqrt{\frac{2}{3}} \approx \frac{0{,}816}{ü}$	$\frac{1}{ü}\frac{\sqrt{2}}{3} \approx \frac{0{,}471}{ü}$
Netzstrom	$\frac{I_N}{I_d}$	$\frac{1}{ü}\sqrt{\frac{2}{3}} \approx \frac{0{,}816}{ü}$	$\frac{\sqrt{2}}{ü} \approx \frac{1{,}414}{ü}$	$\frac{1}{ü}\frac{\sqrt{2}}{3} \approx \frac{0{,}471}{ü}$

Mit den Werten der bezogenen Strangspannung:

	Yy	Dy	Yd
$\frac{U_S}{U_{di}}$	$\frac{\pi}{3\sqrt{6}}$	$\frac{\pi}{3\sqrt{6}}$	$\frac{\pi}{3\sqrt{2}}$

erhält man für die relative Sekundärleistung aller drei Schaltungen:

$$\frac{S_S}{U_{di}I_d} = \frac{3 \cdot U_S I_S}{U_{di}I_d} = \frac{\pi}{3} \approx 1{,}047$$

Da wegen der symmetrischen Transformator-Belastung die Primärleistung und damit auch die Bauleistung denselben Wert haben (vergleiche Lösung zu Aufgabe 6.3.3), ergibt sich für die drei betrachteten Schaltungen gleiche *Transformator-Ausnutzung*. Für die Drehstrom-Brückenschaltung können auch Transformatoren in Yz- oder Dz-Schaltung verwendet werden, jedoch ist deren Ausnutzung ohnedies geringer als die der obigen Schaltungen. Deshalb werden sie für Stromrichter in Brückenschaltung nicht eingesetzt.

6.3.5 Bemessung eines B6-Stromrichters

Als Beispiel für die Bemessung eines netzgeführten Stromrichters ermittle man die Hauptdaten einer B6-Schaltung, die über einen Transformator am 50-Hz-Netz angeschlossen ist und einen Gleichstrommotor zum Antrieb eines Gebläses speist. Im Drehstromnetz mit der Nennspannung 400 V ist mit Spannungsschwankungen im Bereich +10 % bis –15 % zu rechnen. Der Gleichstrom sei ideal geglättet. Die Motordaten lauten: $U_{dN} = 440$ V; $I_{dN} = 50$ A. Für die relative Streuspannung des Transformators ist $u_x = 8{,}5$ % anzu-

setzen; Schaltung Dy. Die Transformator-Verluste werden vernachlässigt. Anzugeben sind folgende Daten:
1. Transformator
   - Bauleistung S_{Tr}
   - Übersetzung $\ddot{u} = N_P/N_S$ (Strang-Windungszahlen), womit die Nennspannung bis zum 1,5-fachen Motor-Nennstrom eingehalten werden kann,
   - Wicklungsströme I_P und I_S bei Belastung mit Nennstrom.
2. Thyristoren
   - Dauergrenzstrom I_{TAVM} für kurzzeitige Belastung mit dem zweifachen Nennstrom,
   - Spitzensperrspannung U_{DRM} für 2,5-fache Sicherheit gegen Überspannungen.

Lösung :

1. Transformator:

   - Bauleistung:
     $S_{Tr} = 1{,}047 \cdot 440 \cdot 50\ \text{VA} = 23\ \text{kVA}$ (vgl. **L** Tabelle 5.2)
     Diesem Anhaltswert liegt die Näherung $U_{di} \approx U_{dN}$ zu Grunde.

   - Übersetzung:
     Als Nennspannung ist der Kleinstwert

     $$U_{N\,min} = (1 - 0{,}15) \cdot U_N = 0{,}85 \cdot 400\ \text{V} = 340\ \text{V}$$

     anzusetzen. Sekundärseitig ist der *induktive Spannungsfall* zu berücksichtigen. Mit dem für Nennstrom geltenden Verhältnis

     $$\frac{d_{xN}}{u_x} = 0{,}5$$

     beträgt er beim größten Strom

     $$d_x = d_{xN} \frac{I_d}{I_{dN}} = 0{,}5 \cdot u_x \cdot 1{,}5 = 0{,}5 \cdot 0{,}085 \cdot 1{,}5.$$

     Damit ist die erforderliche Gleichspannung bei Vollaussteuerung (ohmsche und Ventilspannungsfälle vernachlässigt):

     $$U_{di} = U_{dN}/(1 - d_x)$$

     und die sekundäre Transformator-Strangspannung

     $$U_S = \frac{U_{di}}{2{,}339} = \frac{U_{dN}}{2{,}339 \cdot (1 - 0{,}5 \cdot 0{,}085 \cdot 1{,}5)} = 200\ \text{V}.$$

Damit:

$$\ddot{u} = \frac{N_P}{N_S} = \frac{U_N}{U_S} = \frac{340}{200} = 1{,}70$$

Nach Lösung zur Aufgabe 6.3.3:

- Primärstrom:

$$I_P = \frac{0{,}816 I_{dN}}{\ddot{u}} = 24{,}0\ \text{A}$$

- Sekundärstrom:

$$I_S = 0{,}816\ I_{dN} = 40{,}8\ \text{A}$$

Die sich mit diesen Werten ergebenden Transformator-Wicklungsleistungen S_P und S_S sind größer als nach **L** Tabelle 6.2 die berechnete Bauleistung S_{Tr} da dort die Kommutierung und die Netzspannungsänderungen unberücksichtigt sind.

2. Thyristoren:

- Dauergrenzstrom:
  Da die Ventile praktisch nicht überlastbar sind, müssen sie für den kurzzeitig auftretenden Strom-Höchstwert bemessen werden:

  $$I_{TAVM} = 0{,}333 \cdot 2 \cdot I_{dN} = 33{,}3\ \text{A}$$

  Dieser Strom muss bei ungünstigsten Kühlungsverhältnissen (höchste Kühlmitteltemperatur) geführt werden können.

- Spitzensperrspannung:
  Hierfür ist die *größte* auftretende Netzspannung $U_{N\,max} = 1{,}1\ U_N$ zu berücksichtigen. Mit $U_{S\,max} = U_{N\,max}/\ddot{u}$ wird

  $$U_{DRM} = 2{,}5\,\hat{u}_T = 2{,}5 \cdot 2{,}449 \frac{1{,}1 \cdot 400}{1{,}70}\ \text{V} = 1585\ \text{V}.$$

  Es ist ein Thyristortyp zu wählen, dessen Daten oberhalb, jedoch nicht zu weit über den ermittelten Werten liegen, da eine Überdimensionierung meist erheblichen Mehrpreis bedingt

Weitere, für die Projektierung von Stromrichtern wichtige Einzelheiten, wie Schutz und Beschaltung der Ventile, Auswahl des Steuersatzes sowie regelungstechnische Gesichtspunkte, sind von den Besonderheiten des Einzelfalls abhängig und bleiben hier außer Acht.

6.3.6 Zwölfpuls-Schaltung

Für die Zwölfpuls-Schaltung nach **L** Bild 6.33 ermittle man den zeitlichen Verlauf der Transformator-Wicklungsströme und des Netzstroms unter Annahme idealer Stromglättung und Vernachlässigung der Kommutierung. Wie groß sind die Wicklungsleistungen und die erforderliche Transformator-Bauleistung S_{Tr} – bezogen auf die ideelle Gleichstromleistung $U_{di}\,I_d$ – sowie der Leistungsfaktor λ_{i0} bei Vollaussteuerung?

Lösung:

Bezeichnet man das Windungszahlverhältnis der beiden Y-Wicklungen mit *ü*

$$\frac{N_P}{N_S} = ü,$$

so muss die Windungszahl eines Strangs der d-Wicklung

$$N_{Sd} = \sqrt{3} N_{Sy}$$

betragen, also

$$\frac{N_P}{N_{Sy}} = \frac{ü}{\sqrt{3}}$$

damit beide Sekundärwicklungen *gleiche Leiterspannung* haben und gemäß **L** Bild 6.34 den gleichen Beitrag zur Gesamtspannung $U_{di} = U_{di1} + U_{di2}$ leisten:

$$U_{di1} = U_{di2} = \frac{3\sqrt{6}}{\pi} U_S; \qquad U_S = U_{Sy}; \text{ Strangspannung der Y-Wicklung}$$

$$U_{Sd} = \sqrt{3} U_{Sy}.$$

Mit den Bezeichnungen des Schaltbilds und den bei Aufgabe 6.3.4 ermittelten Strömen ergeben sich die im **Bild 6.3.8** dargestellten Verläufe der Wicklungsströme. Dabei gilt für die den Sekundärströmen i_y und i_{dS} entsprechenden Anteile des Netzstroms i_{Ny} und i_{Nd}:

$$N_P\, i_{Ny} = N_{Sy}\, i_y, \text{ also } i_{Ny} = i_y / ü$$

und

$$N_P\, i_{Nd} = N_{Sd}\, i_{dS}, \text{ also } i_{Nd} = \frac{\sqrt{3}}{ü} i_{dS}.$$

Der resultierende Netzstrom i_N setzt sich aus den beiden Anteilen zusammen:

$i_N = i_{Ny} + i_{Nd}$.

Wegen der Reihenschaltung der beiden Teilstromrichter nach **L** Bild 6.33 sind die Leiterströme i_y und i_d beider Sekundärwicklungen gleich groß, infolge der verschiedenen Schaltgruppen jedoch um 30° phasenverschoben.
Die Effektivwerte der Strangströme betragen nach der Lösung der Aufgabe 6.3.4

$$I_{Sy} = \sqrt{\frac{2}{3}} I_d$$

und

$$I_{Sd} = \frac{\sqrt{2}}{3} I_d .$$

Aus dem nachstehend dargestellten Verlauf des Netzstroms i_N folgt der Effektivwert

$$I_N = \left(1 + \frac{1}{\sqrt{3}}\right) \frac{I_d}{ü},$$

und mit **L** Gl. (6.79)

$$U_{di} = \frac{12\sqrt{6}}{2\pi} U_S \approx 4{,}678\, U_S$$

ergeben sich folgende Wicklungsleistungen:

Sekundär:

$$S_{Sy} = 3\, U_S I_{Sy} = 3 \frac{\pi}{6\sqrt{6}} \sqrt{\frac{2}{3}} U_{di} I_d = \frac{\pi}{6} U_{di} I_d$$

$$S_{Sd} = 3\sqrt{3}\, U_S I_{Sd} = 3\sqrt{3} \frac{\pi}{6\sqrt{6}} \frac{\sqrt{2}}{3} U_{di} I_d = \frac{\pi}{6} U_{di} I_d$$

$$S_S = S_{Sy} + S_{Sd} = \frac{\pi}{3} U_{di} I_d \approx 1{,}047\, U_{di} I_d .$$

Primär:

$$S_N = 3\, U_S \cdot ü \cdot I_N = 3 \frac{\pi}{6\sqrt{6}} \left(1 + \frac{1}{\sqrt{3}}\right) U_{di} I_d \approx 1{,}012\, U_{di} I_d .$$

Hieraus folgt für die Transformator-Bauleistung

$$S_{Tr} = \frac{1}{2}(S_N + S_S) = \frac{\pi}{12\sqrt{2}} (1 + \sqrt{3} + 2\sqrt{2})\, U_{di} I_d \approx 1{,}029\, U_{di} I_d .$$

Der Leistungsfaktor λ_{i0} bei Vollaussteuerung ergibt sich mit $P = U_{di}\, I_d$ zu

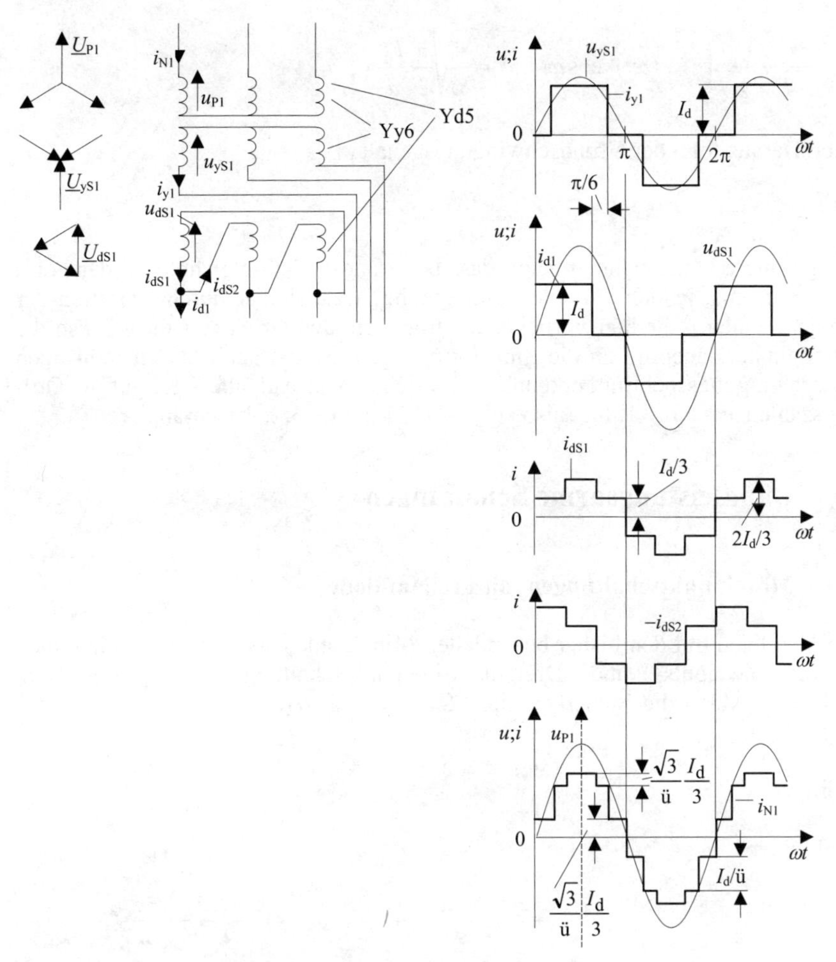

Bild 6.3.8 Transformator-Wicklungsströme

$$\lambda_{i0} = \frac{U_{di} I_d}{S_N} = \frac{6\sqrt{2}}{\pi(1+\sqrt{3})} \approx 0{,}989.$$

Hieraus und aus dem günstigen Wert der Transformator-Bauleistung S_{Tr} ist die gute Ausnutzung des Netzes und des Transformators bei dieser Schaltung zu erkennen. Sie beruht auf der vorteilhaften Form des Netzstroms i_N, für dessen Grundschwingung sich mit der gestrichelt eingezeichneten Lage der Ordinatenachse der Effektivwert

$$I_{\mathrm{N1}} = \frac{2}{\omega T}\frac{4}{\sqrt{2}}\int_0^{\pi/2} i_{\mathrm{N}}(\omega t)\cdot\cos\omega t\,\mathrm{d}\omega t = \frac{4}{\pi}\sqrt{\frac{3}{2}}\frac{I_{\mathrm{d}}}{\ddot{u}}$$

ergibt. Daraus folgt der Grundschwingungsgehalt

$$g_{\mathrm{I}} = \frac{4}{\pi}\sqrt{\frac{3}{2}}\frac{\sqrt{3}}{1+\sqrt{3}} \approx 0{,}989 = \lambda_{\mathrm{i0}}.$$

Eine genauere Untersuchung zeigt, dass bei grundsätzlich gleichbleibender Form des Netzstroms, jedoch variabler „Stufenhöhe" (realisierbar durch Variation der Windungszahlen), die hier vorliegende Stromform den Größtwert für g_{I}, also die bestmögliche Näherung an die Sinusform, ergibt. Sie ist auch in dem günstigen Oberschwingungsspektrum erkennbar, das sich gemäß Aufgabe 7.1.1 auf die Ordnungszahlen $\nu = g\,p \pm 1$, hier also auf $\nu = 11; 13; 23; 25; ...$ beschränkt.

6.4 Blindleistungsarme Schaltungen

6.4.1 Mittelpunktschaltungen mit Freilaufdiode

Zum Vergleich mit den bisher behandelten Mittelpunktschaltungen berechne man für die Zweipuls- und Dreipuls-Mittelpunktschaltung *mit Freilaufdiode* (M2F bzw. M3F) die Steuerkennlinie $U_{\mathrm{di\alpha}}/U_{\mathrm{di}} = f(\alpha)$ und den Leistungsfaktor $\lambda_{\mathrm{i}} = f(U_{\mathrm{di\alpha}}/U_{\mathrm{di}})$.

Lösung:

Schaltbilder

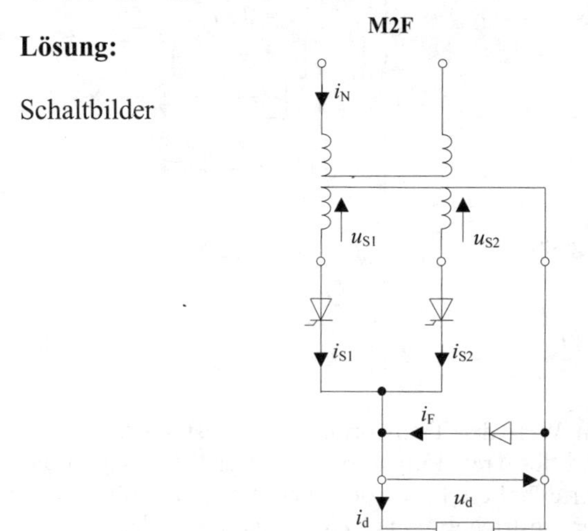

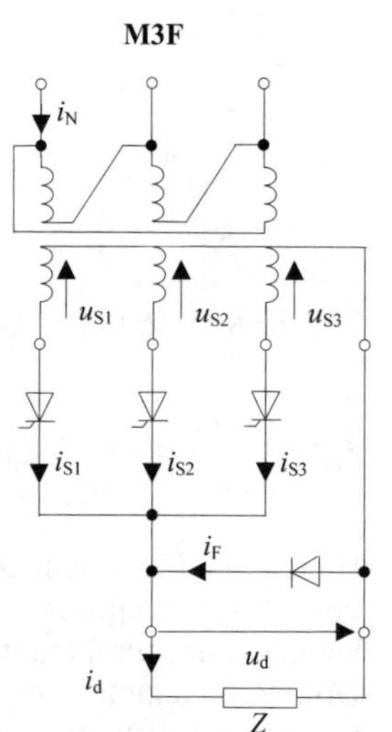

Bild 6.4.1 Mittelpunktschaltungen M2F und M3F

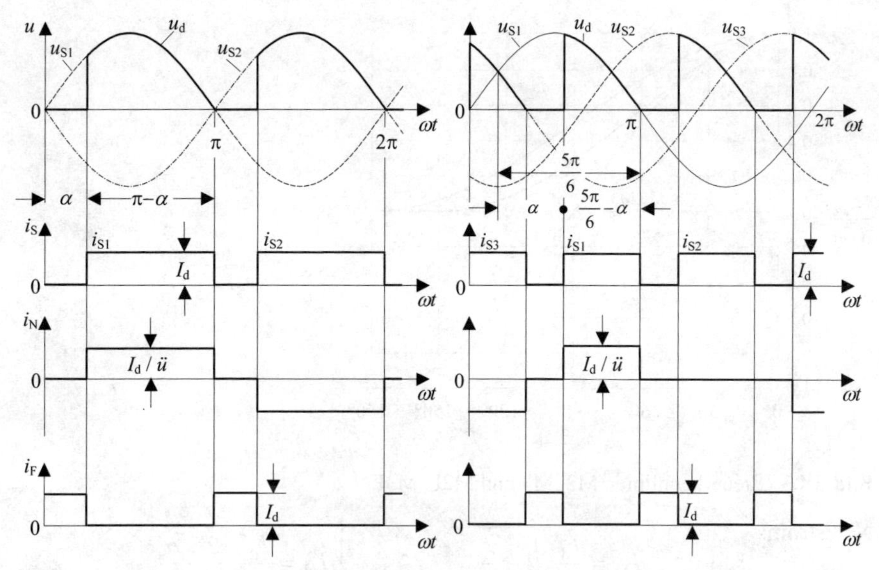

Bild 6.4.2 Systemgrößen der Mittelpunktschaltungen mit Freilaufdiode

Schaltung	M2F	M3F
Wirksamkeit der Freilaufdiode:	$0° < \alpha < 180°$	$30° < \alpha < 150°$ Unterhalb dieses Bereichs gelten die Beziehungen der M3-Schaltung

Steuerkennlinie: Entsprechend **L** Gl. (6.45) und **L** Bild 6.16 mit der Obergrenze $\pi/2$ wird

$$U_{\mathrm{di\alpha}} = \hat{u}_{\mathrm{di}} \frac{p}{2\pi} \int_{-\pi/p+\alpha}^{+\pi/2} \cos\omega t \,\mathrm{d}\omega t$$

und

M2F	M3F
$U_{\mathrm{di}} = \frac{2}{\pi} \hat{u}_{\mathrm{di}}$:	$U_{\mathrm{di}} = \frac{3\sqrt{3}}{2\pi} \hat{u}_{\mathrm{di}}$:
$\frac{U_{\mathrm{di\alpha}}}{U_{\mathrm{di}}} = \frac{1+\cos\alpha}{2}$	$\frac{U_{\mathrm{di\alpha}}}{U_{\mathrm{di}}} = \frac{2}{\sqrt{3}} \cos^2\left(\frac{\alpha}{2} + \frac{\pi}{12}\right)$ für $\alpha \geq 30°$

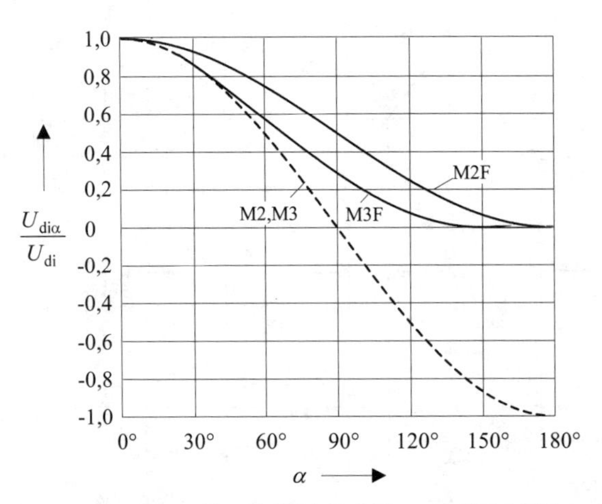

Bild 6.4.3 Steuerkennlinien M2, M3 und M2F, M3F

Netzstrom:

$$I_N = \frac{I_d}{2\ddot{u}}\sqrt{1-\frac{\alpha}{\pi}} \qquad I_N = \frac{I_d}{\ddot{u}}\sqrt{\frac{5}{6}-\frac{\alpha}{\pi}}$$

Leistungsfaktor:

$$\lambda_i = \frac{U_{di\alpha} I_d}{2U_S \ddot{u} I_N} \qquad \lambda_i = \frac{U_{di\alpha} I_d}{\sqrt{3}U_S \ddot{u} I_N}$$

$$\lambda_i = \frac{\sqrt{2}(1+\cos\alpha)}{\pi\sqrt{1-\alpha/\pi}} \qquad \lambda_i = \frac{\sqrt{6}\cos^2(\alpha/2+\pi/12)}{\pi\sqrt{5/6-\alpha/\pi}}$$

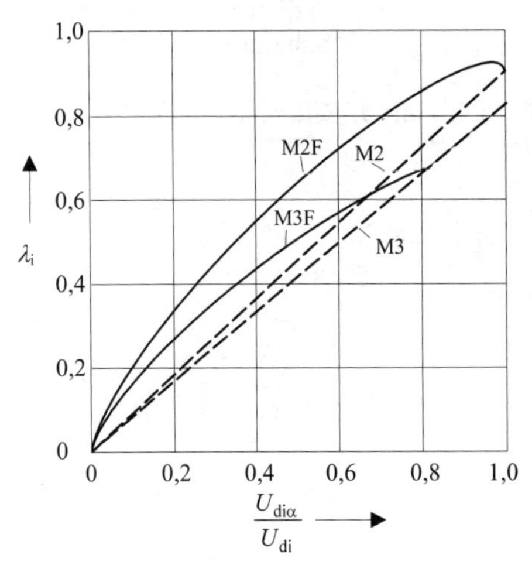

Bild 6.4.4 Leistungsfaktor M2, M3 und M2F, M3F

Man vergleiche die Bilder 6.4.3 und 6.4.4 mit **L** Bild 6.41 und 6.42. Die dort angestellten Überlegungen gelten auch hier. Außerdem beachte man die Schlussbemerkung zu **L** Abschnitt 6.4.1 über Freilaufdioden.

6.4.2 Systemgrößen der halbgesteuerten Brückenschaltung B2HZ

Man simuliere Spannung und Strom im Lastkreis der halbgesteuerten Brückenschaltung B2HZ für eine Last mit R = 15 Ω, L = 100 mH bei einem Steuerwinkel α = 70°. Weiterhin ist die Aufteilung eines Strangstroms auf die Thyristoren und Dioden näher zu untersuchen.

Datei: *Projekt*: Kapitel 6.ssc \ *Datei*: B2HZ-Schaltung.ssh

Lösung:

Halbgesteuerte Brückenschaltungen belasten das speisende Netz im Vergleich zu den vollgesteuerten Schaltungen mit weniger Blindleistung. Mit einer Reihe von anderen Lösungen, welche die gleiche Zielsetzung verfolgen, zählen sie zu den *blindleistungsarmen Schaltungen* (**L** Abschnitt 6.4). Das Merkmal der zweigpaargesteuerten Zweipuls-Brückenschaltung in **Bild 6.4.5** (kurz: B2HZ) ist der ungesteuerte Diodenzweig parallel zum Gleichstromlastkreis. Diese Topologie lässt

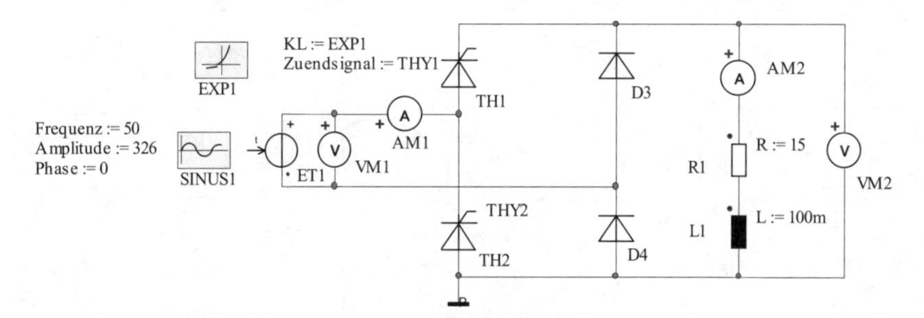

Bild 6.4.5 Halbgesteuerte Brückenschaltung B2HZ

keine negative Ausgangsspannungen zu. Der Vorteil des geringeren Blindleistungsbedarfs wird durch Wegfall des Wechselrichterbetriebs erkauft. Die berechneten Ausgangsgrößen in **Bild 6.4.6** für einen Steuerwinkel α = 70° machen dies deutlich. Aufschlussreich sind die weiteren Systemgrößen in **Bild 6.4.7**. Der Strom durch einen Thyristor fließt nur, solange die Ausgangsspannung positiv ist. Im Nulldurchgang der Spannung übernimmt der durch die Dioden gebildete Freilaufzweig den Strom. Die Stromflussdauer durch die Thyristoren und die Dioden sind somit unterschiedlich und vom Zündwinkel abhängig. Am zeitlichen Verlauf des Netzstroms ist die blindleistungssparende Eigenschaft der Schaltung zu erkennen. Die Phasenverschiebung des Stroms gegenüber der Spannung ist ersichtlich geringer als bei der voll gesteuerten B2-Schaltung.

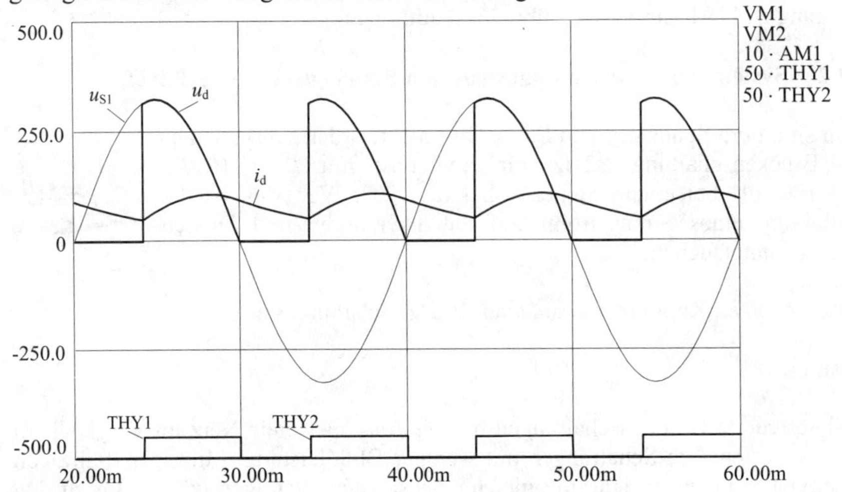

Bild 6.4.6 Laststrom und -spannung für $\alpha = 70°$

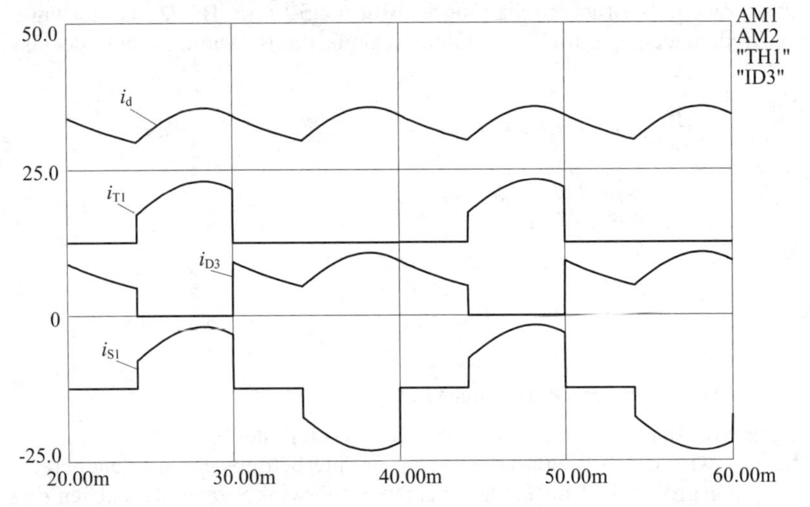

Bild 6.4.7 Aufteilung des Strangstroms auf die Ventilzweige

Anregung:

- Man variiere den Steuerwinkel und beobachte alle Systemgrößen.

- Man erstelle das Simulationsmodell für eine einpolige, katodenseitige Steuerung (kurz: B2HK).

6.4.3 Spannungswelligkeit der B2- und B6-Schaltungen

Ergänzend zum Vergleich der Brückenschaltungen berechne man für die behandelten B2- und B6-Schaltungen die Welligkeit w_U der idealisierten Ausgangsspannung u_{di} (Kommutierung vernachlässigt) als Funktion des Aussteuerungsgrads $U_{di\alpha}/U_{di}$.

Lösung:

B2C: Der zeitliche Spannungsverlauf nach **L** Bild 6.29 ergibt **L** Gl. (6.24) für die Steuerkennlinie

$$\frac{U_{di\alpha}}{U_{di}} = \cos\alpha$$

und den allgemein gültigen Gleichungen für U_{di} und w_{U0}

$$U_{di} = \frac{q \cdot s}{\pi}\sqrt{2}\,U_S \sin\frac{\pi}{q} \qquad (\textbf{L}\text{ Gl. (6.76)})$$

bzw.

$$w_{U0} = \sqrt{\left(\frac{U_{di\,eff}}{U_{di}}\right)^2 - 1} \qquad (\textbf{L}\text{ Gl. (6.39)})$$

die Welligkeit:

$$w_U = \sqrt{\frac{\pi^2}{8\cos^2\alpha} - 1}.$$

B2H: Aus **L** Bild 6.43 und der Gleichung der Steuerkennlinie

$$\frac{U_{di\alpha}}{U_{di}} = \frac{1+\cos\alpha}{2} = \cos^2\frac{\alpha}{2}$$

folgt:

$$w_U = \sqrt{\frac{\pi}{2}\,\frac{\pi - \alpha + (1/2)\sin 2\alpha}{(1+\cos\alpha)^2} - 1}.$$

(B2HZ)2S: Nach **L** Bild 6.46 ergeben sich zwei Steuerbereiche. Mit **L** Gl. (6.95) für die Steuerkennlinie

$$\frac{U_{\mathrm{di}\alpha}}{U_{\mathrm{di}}} = \frac{1}{2} + \frac{1}{4}(\cos\alpha_1 + \cos\alpha_2)$$

erhält man:

$$w_{\mathrm{U}} = \sqrt{\frac{\pi}{2}\,\frac{\pi - \alpha_1 + (1/2)\sin 2\alpha_1}{(1+\cos\alpha_1)^2} - 1}; \qquad 0° \le \alpha_1 \le 180°; \quad \alpha_2 = 180°$$

bzw.

$$w_{\mathrm{U}} = \sqrt{\frac{\pi}{2}\,\frac{4\pi - 3\alpha_2 + (3/2)\sin 2\alpha_2}{(3+\cos\alpha_2)^2} - 1}; \quad \alpha_1 = 0°; \quad 0° \le \alpha_2 \le 180°.$$

B6C: Der Spannungsverlauf nach **L** Bild 6.31 führt mit **L** Gln. (6.24), (6.76) und (6.39) zu

$$w_{\mathrm{U}} = \sqrt{\frac{\pi}{36}\,\frac{2\pi + 3\sqrt{3}\cos 2\alpha}{\cos^2\alpha} - 1}.$$

B6F: Im Steuerbereich $\alpha \le 60°$ ergibt sich dieselbe Spannungsform und daher die gleiche Welligkeit wie bei der vollgesteuerten Schaltung. Für $\alpha \ge 60°$ erhält man aus **L** Bild 6.38 mit **L** Gl. (6.84)

$$\frac{U_{\mathrm{di}\alpha}}{U_{\mathrm{di}}} = 1 + \cos\left(\alpha + \frac{\pi}{3}\right)$$

für die Welligkeit

$$w_{\mathrm{U}} = \sqrt{\frac{\pi}{18}\,\frac{2\pi - 3\alpha + (3/2)\sin(2\alpha - \pi/3)}{(1+\cos(\alpha + \pi/3))^2} - 1}.$$

B6H: Aus dem Spannungsverlauf nach **L** Bild 6.40 folgt mit **L** Gl. (6.87)

$$\frac{U_{\mathrm{di}\alpha}}{U_{\mathrm{di}}} = \frac{1+\cos\alpha}{2} = \cos^2\frac{\alpha}{2}$$

für die beiden Steuerbereiche

$$w_{\mathrm{U}} = \sqrt{\frac{\pi}{9}\,\frac{2\pi + 3\sqrt{3}\cos^2\alpha}{(1+\cos\alpha)^2} - 1} \qquad \alpha \le 60°;$$

$$w_{\mathrm{U}} = \sqrt{\frac{\pi}{6}\,\frac{2\pi - 2\alpha + \sin 2\alpha}{(1+\cos\alpha)^2} - 1} \qquad \alpha \ge 60°.$$

Aus **Bild 6.4.8** sind die erheblichen Vorteile der Drehstrom-Brückenschaltungen zu entnehmen. Lediglich die Zweipuls-Folgesteuerung hat ähnlich niedrige Welligkeitswerte aufzuweisen. Bei den B6-Schaltungen hat die Schaltung mit Freilaufdiode im Bereich kleiner Aussteuerung niedrigere Werte als die anderen Schaltungen. Mit Rücksicht auf den Glättungsaufwand (**L** Abschnitt 6.1.2) ist sie der vollgesteuerten Schaltung vorzuziehen, wenn kein Wechselrichterbetrieb gefordert wird. Die halbgesteuerte Schaltung ist besonders im Bereich mittlerer Aussteuerung ungünstig. Wie bei der Lösung zur Aufgabe 6.1.8 bereits erwähnt, wird in der Praxis wegen der bei kleinem Aussteuerungsgrad stark ansteigenden Welligkeitswerte auch die ebenfalls übliche *ideelle Welligkeit*

$$w_{\mathrm{Ui}} = \frac{U_{\sim}}{U_{\mathrm{di}}}$$

verwendet. Die nach der allgemein gültigen Beziehung

$$w_{\mathrm{Ui}} = w_{\mathrm{U}} \frac{U_{\mathrm{di}\alpha}}{U_{\mathrm{di}}}$$

berechneten Werte sind in den Diagrammen gestrichelt eingetragen.

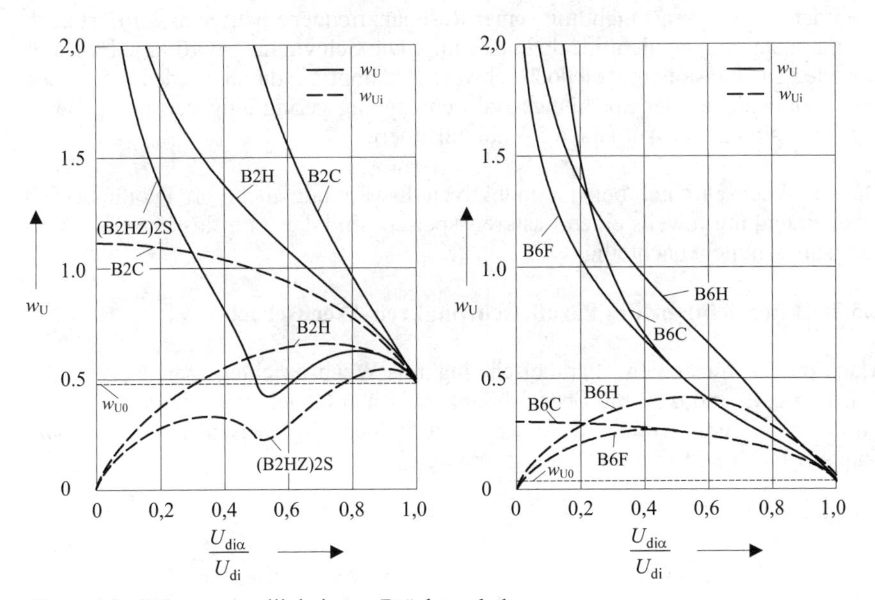

Bild 6.4.8 Spannungswelligkeit von Brückenschaltungen

6.5 Lastgeführte Stromrichter

6.5.1 Kommutierung beim Parallelschwingkreis-Wechselrichter

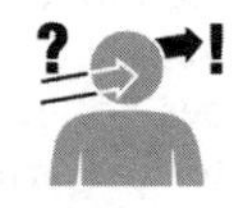

Welche Abweichungen im Verlauf der Systemgrößen sind beim Parallelschwingkreis-Wechselrichter vom idealisierten **L** Bild 5.50 zu erwarten, wenn man

- die endliche Größe der gleichstromseitig vorgeschalteten Induktivität und
- die Kommutierungsvorgänge

berücksichtigt? Gibt es noch weitere Einflüsse?

Lösung:

Bei endlicher Induktivität im Gleichstromkreis entsteht ein welliger Eingangsstrom i_d (Mischstrom). Die Kommutierung bewirkt während der Überlappung Stromflanken mit endlicher Steilheit. Beide Einflüsse haben eine Abweichung der Thyristorströme i_T und des Laststroms i_L von der „rechtförmigen" Blockform zur Folge.

Weil der Schwingkreis nicht mit seiner Resonanzfrequenz betrieben wird, ist auch die Lastspannung u_L nicht ideal sinusförmig. Die Schwingung wird in jeder Halbperiode neu angestoßen, ist jedoch schwach gedämpft; dadurch werden Amplitude und Periodendauer der Spannungs-Halbschwingung geringfügig verringert. Beide Einflüsse sind in der Aufgabe 6.5.3 dokumentiert.

Da die Wechselrichter bei der induktiven Erwärmung nicht im Parallelbetrieb arbeiten und nur jeweils einen Lastkreis speisen, sind diese Einflüsse auf die Ausgangsgrößen nicht nachteilig.

6.5.2 Energiebilanz des Parallelschwingkreis-Wechselrichters

Man stelle für einen Parallelschwingkreis-Wechselrichter nach **L** Bilder 6.49 und 6.50 die Energiebilanz zwischen Gleichstrom- und Lastkreis auf und ermittle daraus den Zusammenhang zwischen Wechselspannungs-Effektivwert U_L und Gleichspannung U_d.

Lösung:

Bei Vernachlässigung der internen Verluste des Wechselrichters besteht Gleichheit zwischen der vom Gleichstromkreis eingespeisten und der an den Lastkreis abgegebenen Energie. Für eine Halbschwingung der Lastgrößen ergibt dies

$$U_{\mathrm{d}} \cdot I_{\mathrm{d}} \cdot \frac{\pi}{\omega} = \int_{0}^{\pi/\omega} \hat{u}_L \cdot \sin(\omega t - \varphi) \cdot i_{\mathrm{L}} \mathrm{d}t.$$

Im betrachteten Zeitraum ist $i_{\mathrm{L}} = I_{\mathrm{d}}$, und mit $\hat{u}_{\mathrm{L}} = \sqrt{2} U_{\mathrm{L}}$ wird

$$U_{\mathrm{d}} \frac{\pi}{\omega} = \sqrt{2} U_{\mathrm{L}} \frac{2 \cdot \cos\varphi}{\omega},$$

also

$$U_{\mathrm{L}} = U_{\mathrm{d}} \frac{\pi}{2 \cdot \sqrt{2} \cos\varphi}.$$

Die Verstellung der Lastspannung U_{L} durch die Gleichspannung U_{d} wird zur Steuerung der Ausgangsleistung benutzt.

6.5.3 Systemgrößen des Parallelschwingkreis-Wechselrichters

Man simuliere die Systemgrößen eines Parallelschwingkreis-Wechselrichters. Der Wechselrichter speist eine RL-Last mit R = 5 Ω und L = 3,8 mH. Dieser Lastzweig wird mit einem Kondensator mit C = 33 µF zu einem Parallelschwingkreis ergänzt. Die in einer Brückenkonfiguration angeordneten Thyristoren werden aus einer Gleichspannungsquelle mit U = 310 V und vorgeschalteter Induktivität mit L_{V} = 200 mH versorgt. Die Thyristoren werden paarweise in der Diagonalen im Wechsel mit f = 500 Hz gezündet.

Datei: *Projekt*: Kapitel 6.ssc \ *Datei*: Parallelschwingkreis-Wechselrichter.ssh

Lösung:

Der wichtigste Anwendungsbereich des Parallelschwingkreis-Wechselrichter ist das induktive Erwärmen und Schmelzen von Metallen. Die Lasten haben daher

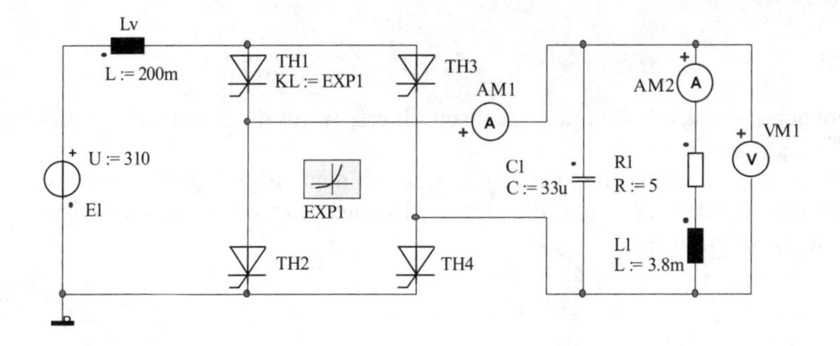

Bild 6.5.1 Parallelschwingkreis-Wechselrichter

ohmsch-induktiven Charakter und werden durch einen Kondensator zu einem Schwingkreis ergänzt (**Bild 6.5.1**). Damit die Thyristoren verlöschen, muss der Wechselrichter oberhalb der Resonanzfrequenz betrieben werden. Im vorliegenden Beispiel ist der Schwingkreis auf 450 Hz abgestimmt bei einer Ausgangsfrequenz von 500 Hz.

Im **Bild 6.5.2** sind die simulierten Verläufe der Ausgangsspannung u_L (VM1), des Ausgangsstroms i_L (AM1) und des Stroms i_{R1} (AM2) durch den Widerstand dargestellt. Auf Grund der großen Eingangsinduktivität von L_V = 200 mH verlangsamt sich der Einschwingvorgang des Wechselrichters, wobei die Systemgrößen im stationären Zustand sehr gut mit der prinzipiellen Darstellungen in **L** Bild 6.50 übereinstimmen; insbesondere hat der Ausgangsstrom rechteckförmigen Verlauf.

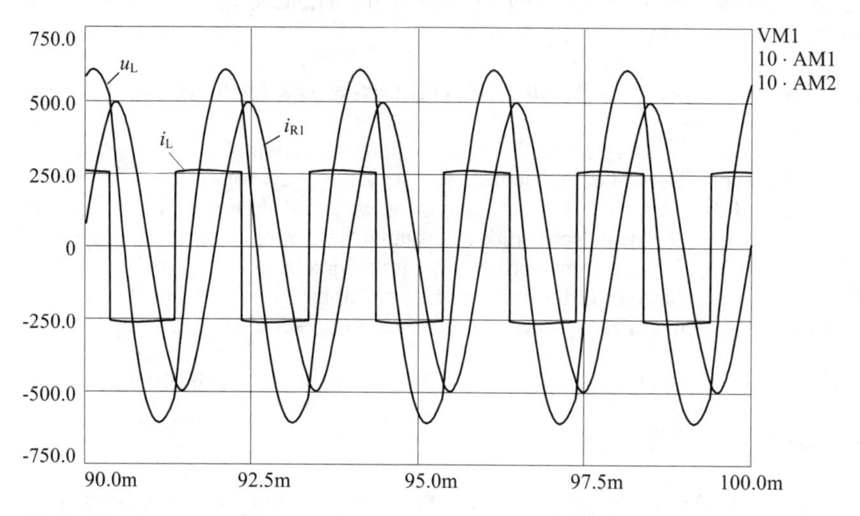

Bild 6.5.2 Ausgangsgrößen des Parallelschwingkreis-Wechselrichters bei einer Betriebsfrequenz von f = 500 Hz

Anregung:

- Man beobachte das Verhalten des Wechselrichters, wenn die Kapazität vergrößert und verkleinert wird.
- Die Induktivität des Lastkreises verringere sich auf den halben Wert. Man passe den Wert des Kondensators und die Betriebsfrequenz entsprechend an und simuliere die Systemgrößen.

7 Stromrichter-Rückwirkungen

7.1 Spannungsverzerrungen

7.1.1 Fourier-Analyse der Netzstrom-Oberschwingungen

Zur genaueren Beurteilung der Netzrückwirkungen in Form von Strom-Oberschwingungen führe man die Fourier-Analyse des idealisierten Netzstroms für die Pulszahlen $p = 2$; 3 und 6 durch und ermittle den jeweiligen Grundschwingungsgehalt g_{I}. Dabei werde ideale Stromglättung angenommen und die Kommutierung vernachlässigt, gemäß **L** Bilder 6.10 bzw. 6.29, 6.15 und 6.31.

Lösung:

Zur Berechnung der Koeffizienten nach **L** Gl. (5.3) bzw. Aufgabe 6.1.7 kann die Lage der Stromkurven zweckmäßig wie folgt gewählt werden. Die dadurch erreichten Symmetrieeigenschaften bewirken dic angegebenen Vereinfachungen.

***p* = 2:**

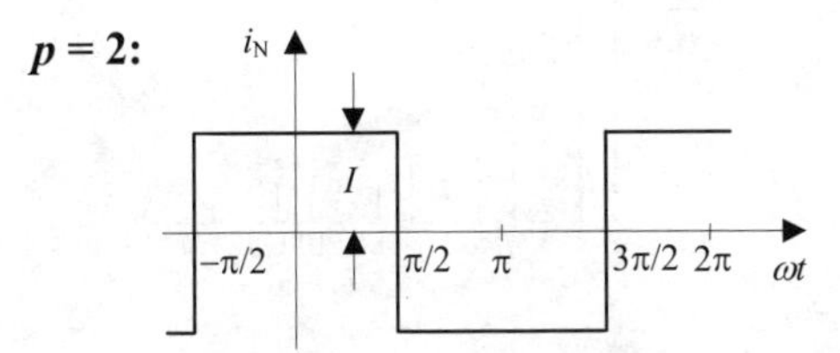

Bild 7.1.1 Stromverlauf für $p = 2$

- Wegen $i\,(\omega t) = i\,(-\omega t)$ (gerade Funktion) sind alle $b_\nu = 0$.
- Wegen $i\,(\omega t) = -i\,(\omega t + \omega T/2)$ (Halbschwingungs-Symmetrie) sind alle $a_{2\nu} = 0$.

$$a_\nu = \frac{2I}{\omega T}\left(\int_0^{\pi/2} \cos \nu\omega t \,\mathrm{d}\omega t - \int_{\pi/2}^{3\pi/2} \cos \nu\omega t \,\mathrm{d}\omega t + \int_{3\pi/2}^{2\pi} \cos \nu\omega t \,\mathrm{d}\omega t\right)$$

$$a_\nu = \hat{i}_\nu = \frac{2I}{\nu\pi}\left(\sin \nu\frac{\pi}{2} - \sin \nu\frac{3\pi}{2}\right)$$

p = 3:

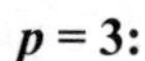

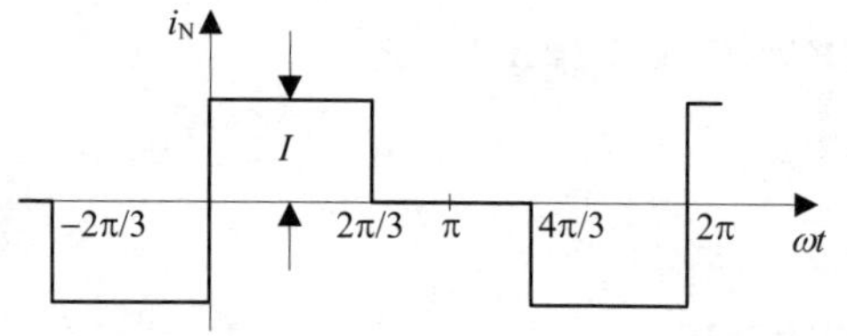

Bild 7.1.2 Stromverlauf für $p = 3$

- Wegen $i\,(\omega t) = -i\,(-\omega t)$ (ungerade Funktion) sind alle $a_\nu = 0$.

$$b_\nu = \frac{2I}{\omega T}\left(\int\limits_0^{2\pi/3} \sin \nu\omega t \,\mathrm{d}\omega t - \int\limits_{4\pi/3}^{2\pi} \sin \nu\omega t \,\mathrm{d}\omega t\right)$$

$$b_\nu = \hat{i}_\nu = \frac{I}{\nu\pi}\left(2 - \cos\nu\frac{2\pi}{3} - \cos\nu\frac{4\pi}{3}\right)$$

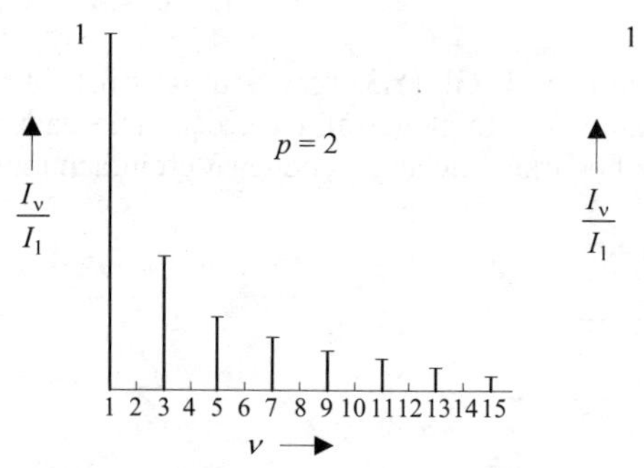

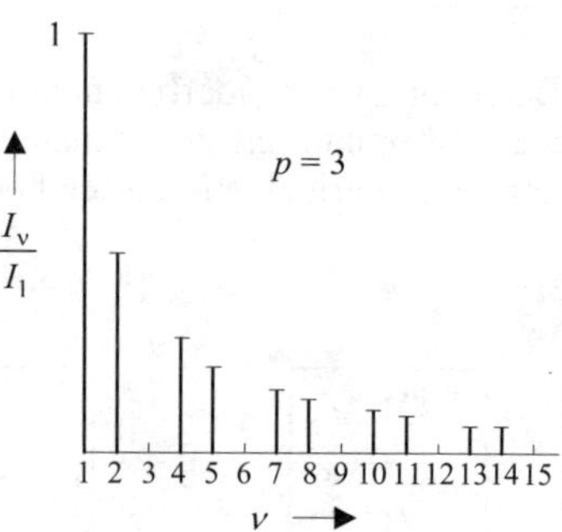

Bild 7.1.3 Stromspektrum für $p = 2$ und $p = 3$

p = 6:

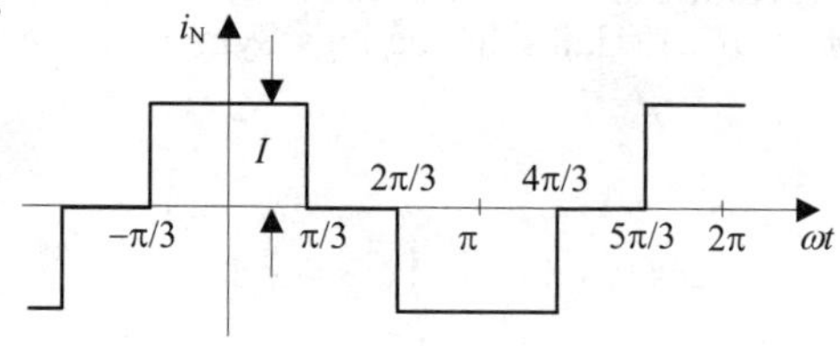

Bild 7.1.4 Stromverlauf für $p = 6$

Gleiche Vereinfachungen wie bei $p = 2$:

$$a_\nu = \frac{2I}{\omega T}\left(\int_0^{\pi/3} \cos \nu\omega t \, \mathrm{d}\omega t - \int_{2\pi/3}^{4\pi/3} \cos \nu\omega t \, \mathrm{d}\omega t + \int_{5\pi/3}^{2\pi} \cos \nu\omega t \, \mathrm{d}\omega t \right)$$

$$a_\nu = \hat{i}_\nu = \frac{I}{\nu\pi}\left(\sin \nu \frac{\pi}{3} + \sin \nu \frac{2\pi}{3} - \sin \nu \frac{4\pi}{3} - \sin \nu \frac{5\pi}{3} \right)$$

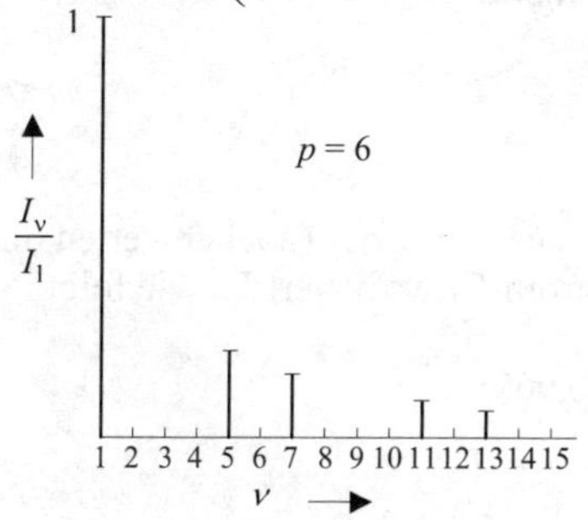

Bild 7.1.5 Stromspektrum für $p = 6$

Die Rechnung ergibt folgende Werte:

Tabelle 7.1.1 Ergebnisse der Rechnungen

p	2	3	6
$\hat{i}_1$	$\frac{4}{\pi} I \approx 1{,}2732\, I$	$\frac{3}{\pi} I \approx 0{,}9549\, I$	$\frac{2\sqrt{3}}{\pi} I \approx 1{,}1027\, I$
$I_1 = \hat{i}_1 / \sqrt{2}$	$0{,}9003\, I$	$0{,}6752\, I$	$0{,}7797\, I$
$\frac{I_\nu}{I_1} = \frac{\hat{i}_\nu}{\hat{i}_1}; \nu = 2$	–	0,5000	–
3	0,3333	–	–
4	–	0,2500	–
5	0,2000	0,2000	0,2000
6	–	–	–
7	0,1429	0,1429	0,1429
8	–	0,1250	–
9	0,1111	–	–
10	–	0,1000	–
11	0,0909	0,0909	0,0909
12	–	–	–
13	0,0769	0,0769	0,0769
14	–	0,0714	–
15	0,0667	–	–

Aus der **Tabelle 7.1.1** und den Oberschwingungsspektren erkennt man als allgemeingültige Eigenschaft der Strom-Oberschwingungen:

$$\frac{I_\nu}{I_1} = \frac{1}{\nu} \quad \text{bzw.} \quad I_\nu = \frac{I_1}{\nu}.$$

Ferner ergibt sich, dass als Oberschwingungs-Ordnungszahlen jeweils nur die den Vielfachen der Pulszahl p „benachbarten" Werte

$$\nu = g \cdot p \pm 1; \qquad g = 1; 2; 3; \ldots$$

auftreten.

Den Grundschwingungsgehalt g_I erhält man mit den Tabellenwerten und den nachstehenden Beziehungen für den Netzstrom-Effektivwert I_eff wie folgt:

$$p = 2: \quad I_\mathrm{eff} = I; \qquad g_\mathrm{I} = \frac{4}{\sqrt{2}\pi} \approx 0{,}900;$$

$$p = 3: \quad I_\mathrm{eff} = \sqrt{\frac{2}{3}} I; \qquad g_\mathrm{I} = \frac{3}{\sqrt{2}\pi}\sqrt{\frac{3}{2}} \approx 0{,}827;$$

$$p = 6: \quad I_\mathrm{eff} = \sqrt{\frac{2}{3}} I; \qquad g_\mathrm{I} = \frac{2\sqrt{3}}{\sqrt{2}\pi}\sqrt{\frac{3}{2}} = \frac{3}{\pi} \approx 0{,}955.$$

Man kann zeigen, dass für $p \geq 3$

$$g_\mathrm{I} = \frac{p}{\pi} \cdot \sin\frac{\pi}{p}$$

ist. Mit wachsender Pulszahl p strebt $g_\mathrm{I} \to 1$ (vergleiche hierzu auch Aufgabe 6.3.6!). Der Grundschwingungsgehalt und das Oberschwingungs-Spektrum der Ströme sind vom Aussteuerungsgrad unabhängig!

7.1.2 Kurzschlussleistung und Impedanz des Netzes

Die oszilloskopische Messung des Spannungseinbruchs Δu_N während der Kommutierung bietet eine elegante Möglichkeit zur Ermittlung der Kurzschlussleistung S_kN am Arbeitspunkt des Stromrichters und der Netzimpedanz X_N. Man bestimme diese beiden Kenngrößen, ausgehend von **L** Gl. (7.6), aus dem Messwert $\Delta u_\mathrm{N}/\Delta u = 0{,}15$ an einer B6-Schaltung bei der Netzspannung $U_\mathrm{N} = 400$ V und den Transformator-Werten $S_\mathrm{Tr} = 50$ kVA; $u_\mathrm{k} = 5$ %.

Lösung:

Aus **L** Gl. (7.6) folgt

$$S_{\mathrm{kN}} = \frac{P_{\mathrm{d}}}{u_{\mathrm{k}}}\left(\frac{\Delta u}{\Delta u_{\mathrm{N}}} - 1\right).$$

Da man für höherpulsige Schaltungen $P_{\mathrm{d}} \approx S_{\mathrm{Tr}}$ annehmen kann (**L** Tabelle 6.2), erhält man

$$S_{\mathrm{kN}} \approx \frac{50 \cdot 10^3}{0{,}05}\left(\frac{1}{0{,}15} - 1\right)\mathrm{VA} = 5{,}67\,\mathrm{MVA}.$$

Damit wird die Netzreaktanz (Strangwert)

$$X_{\mathrm{N}} = \frac{U_{\mathrm{N}}^2}{S_{\mathrm{kN}}} = \frac{\left(400/\sqrt{3}\right)^2}{(5{,}67/3)\cdot 10^6}\,\Omega = 0{,}028\,\Omega.$$

Die ermittelten Werte sind typisch für ein Niederspannungsnetz mit ausreichender Kurzschlussleistung. Das Leistungsverhältnis beträgt

$$\frac{S_{\mathrm{kN}}}{P_{\mathrm{d}}} \approx \frac{S_{\mathrm{kN}}}{S_{\mathrm{Tr}}} \approx 113.$$

Anmerkung:

Wenn der Stromrichter nicht über einen Transformator, sondern direkt ans Netz angeschlossen würde, müsste zur Begrenzung des Spannungseinbruchs Δu_{N} auf dem obigen Relativwert 15 % je Strang eine Reaktanz von etwa der Größe

$$X_{\mathrm{T}} \approx \frac{u_{\mathrm{k}} U_{\mathrm{N}}^2}{S_{\mathrm{Tr}}} = \frac{0{,}05\,(400/\sqrt{3})^2}{(50/3)\cdot 10^3}\,\Omega = 0{,}16\,\Omega \text{ vorgeschaltet werden.}$$

Dies entspricht der Kommutierungsinduktivität

$$L_{\mathrm{k}} = \frac{X_{\mathrm{T}}}{\omega} \approx 0{,}51\,\mathrm{mH}.$$

7.1.3 Impedanz eines Reihenschwingkreises

Für einen RLC-Reihenschwingkreis ist die Abhängigkeit der Impedanz Z von der Frequenz ω darzustellen. Als Bezugsgrößen sind die Resonanzfrequenz

$\omega_0 = \dfrac{1}{\sqrt{LC}}$ und der Schwingungswiderstand $Z_0 = \sqrt{L/C}$ geeignet.

Lösung:

Die Impedanz der RLC-Reihenschaltung beträgt bei sinusförmigen Systemgrößen

$$Z = \sqrt{R^2 + \left(\omega L - \frac{1}{\omega C}\right)^2}.$$

Die Resonanzbedingung $Z = R$ bestimmt die Resonanzfrequenz $\omega_0 = \dfrac{1}{\sqrt{LC}}$.

Führt man die bezogene Frequenz ω / ω_0 und für Z den empfohlenen Bezugswert ein, so erhält man

$$\frac{Z}{\sqrt{L/C}} = \sqrt{\left(\frac{R}{\sqrt{L/C}}\right)^2 + \left(\frac{\omega}{\omega_0} - \frac{\omega_0}{\omega}\right)^2}.$$

Im Frequenzbereich $\omega / \omega_0 > 1$ ist der Schwingkreis überwiegend induktiv, für $\omega / \omega_0 < 1$ überwiegend kapazitiv.

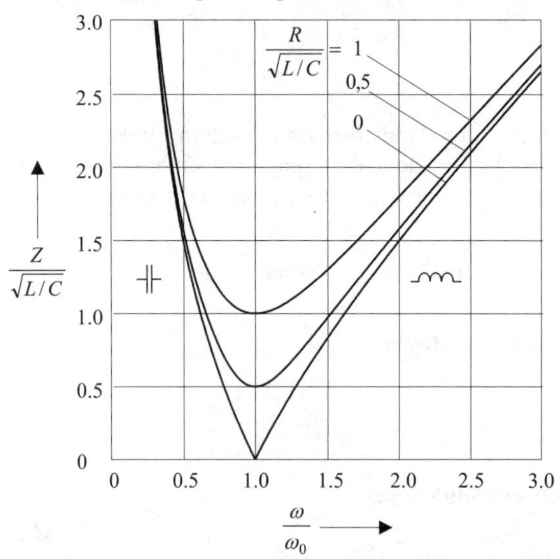

Bild 7.1.6 Impedanz eines RLC-Reihenschwingkreises

7.1.4 Netzrückwirkung einer B6-Schaltung mit kapazitiver Belastung

Zur Speisung von Zwischenkreis-Umrichtern dienen häufig ungesteuerte Stromrichter, für die der Zwischenkreis eine kapazitiv-ohmsche Last darstellt. Man untersuche eine B6-Schaltung hinsichtlich ihrer Rückwirkungen auf das Netz. Der ausgangsseitige Wechselrichter wird mit einer ohmschen Last nachgebildet. Folgende Werte sind gegeben:

- Netzinduktivität: $L_N = 0{,}209$ mH
- Eingangsinduktivität: $L_{ein} = 1{,}5$ mH
- Zwischenkreisinduktivität: $L_{ZK} = 0{,}8$ mH
- Zwischenkreiskondensator: $C_{ZK} = 780$ µF
- Belastungswiderstand: $R_L = 21\ \Omega$

Welche Rückwirkungen auf das Netz hat die Schaltung ohne vorgeschaltete Eingangsinduktivität?

Datei: *Projekt*: Kapitel 7.ssc \ *Datei*: B6-Netzrueckwirkung.ssh

Lösung:

Die zunehmende Anwendung leistungselektronischer Schaltungen im öffentlichen Niederspannungsnetz erfordert eine genaue Betrachtung der hiervon ausgehenden Rückwirkungen. Hinsichtlich der *Störaussendung* von Geräten und Anlagen sind entsprechende Grenzwerte im Rahmen der EMV-Richtlinien festgelegt. Diese gewährleisten dem Wesen nach die Betriebssicherheit, indem die normativ festgelegten, produktbezogenen Grenzwerte für die *Störfestigkeit* über denen der Störaussendung liegen. Eine Vielzahl von Geräten in ganz unterschiedlichen Anwendungsfeldern und Leistungsbereichen besitzt einen Eingangskreis mit einem ungesteuerten Gleichrichter, der einen kapazitiv gestützten Gleichspannungs-Zwischenkreis speist. Der Gleichrichter lädt den Kondensator jeweils im Scheitelwert der Spannung nach, so dass ein impulsförmiger Netzstrom fließt. Die hierin enthaltenen Oberschwingungen niedriger Ordnungszahlen belasten das Netz mit Verzerrungsleistung und verformen in „weichen“ Netzen die Spannung. In den einschlägigen Normen DIN EN 61000-3-2/4/12 sind die zulässigen Grenzwerte für die Oberschwingungsströme, Spannungsschwankungen und Flicker festgelegt. Für die Untersuchung der niederfrequenten Rückwirkungen solcher Geräte ist in vielen Fällen eine Reduzierung der Gesamtschaltung auf den ohmsch belasteten Eingangskreis zulässig, um so die Rechenzeiten erheblich zu verringern. **Bild 7.1.7** zeigt ein derart modifiziertes Modell für ein dreiphasiges Gerät mit den dominanten Einflussgrößen auf das Oberschwingungsspektrum: Netzinduktivität, Eingangsinduktivität, Zwischenkreisinduktivität, Zwischenkreiskapazität und Lastwiderstand. Die meist hochfrequenten Rückwirkungen der ausgangsseitigen Schaltung sind in diesem Ansatz nicht berücksichtigt.

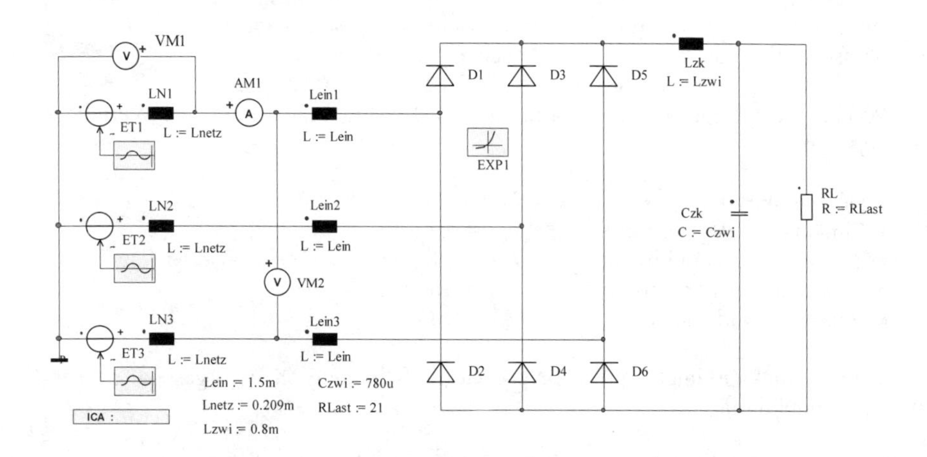

Bild 7.1.7 B6-Brückenschaltung mit kapazitiv-ohmscher Belastung

Das Verhältnis der Kurzschlussleistung des Netzes S_{SC} (S_{kN}) am Anschlusspunkt der Einrichtung zur Bemessungs-Scheinleistung der Einrichtung S_{equ} wird als Kurzschlussverhältnis (R_{SCe}) bezeichnet. Mit abnehmendem Wert nimmt der Einfluss der Rückwirkungen zu. Die Kurzschlussleistung ist daher eine wesentliche Bezugsgröße für die Festlegung von Grenzwerten. Im vorliegenden Beispiel wurde ein Wert für das Kurzschlussverhältnis (R_{SCe}) von etwa 160 angenommen. Die Simulation wird zunächst für Direktanschluss und anschließend mit einer Eingangsinduktivität L_{ein} = 1,5 mH durchgeführt.
Beim direkten Anschluss des Gleichrichters an das Netz ohne zusätzliche Eingangsinduktivitäten fließen Netzströme (i_N (AM1)) mit ausgeprägter Impulsform (**Bild 7.1.8**). In diesem Fall ist auch die Verzerrung der Netzspannung u_N (VM1) im zeitlichen Verlauf eklatant. Quantitativen Aufschluss über die Rückwirkung gibt das Amplitudenspektrum der Oberschwingungen in **Bild 7.1.9**. Bei einer Grundschwingungsamplitude $\hat{i}_1 \approx 30$ A beträgt die Amplitude der 5. Oberschwingung $\hat{i}_5 \approx 23$ A und die der 7. Oberschwingung $\hat{i}_7 \approx 18$ A.
Mit Eingangsinduktivität zeigen die Ergebnisse in **Bild 7.1.10**, dass der Netzstrom deutlich geglättet ist, so dass die charakteristische Impulsform nur wenig hervortritt. Im zeitlichen Verlauf der Netzspannung ist die Rückwirkung kaum erkennbar. Genauere Aussagen liefert das Amplitudenspektrum der Netzströme in **Bild 7.1.11**. Bei einer Grundschwingungsamplitude $\hat{i}_1 \approx 27{,}5$ A beträgt die Amplitude der 5. Oberschwingung $\hat{i}_5 \approx 8$ A und die der 7. Oberschwingung $\hat{i}_7 \approx 3$A.

Ein Vergleich der beiden Amplitudenspektren zeigt deutlich den Einfluss der Eingangsinduktivität auf die Rückwirkungen und demonstriert eine Möglichkeit zu deren Reduzierung.

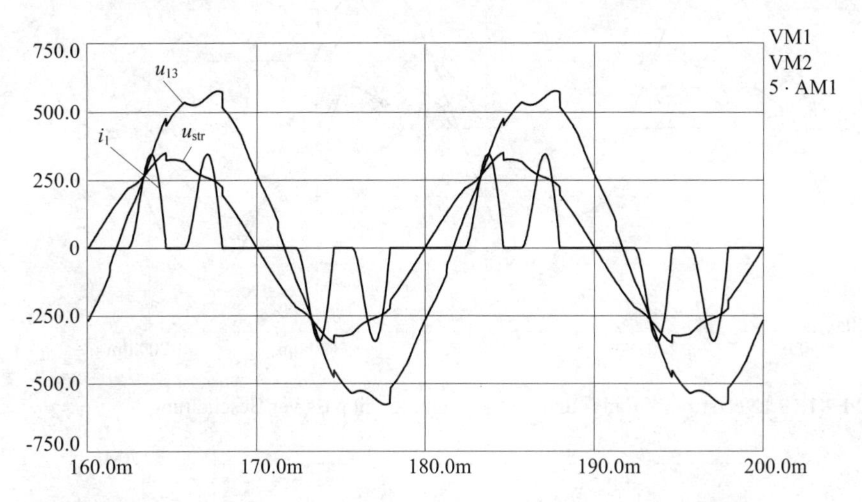

Bild 7.1.8 Netzstrom, Strang- und Leiterspannung ohne passive Beschaltung

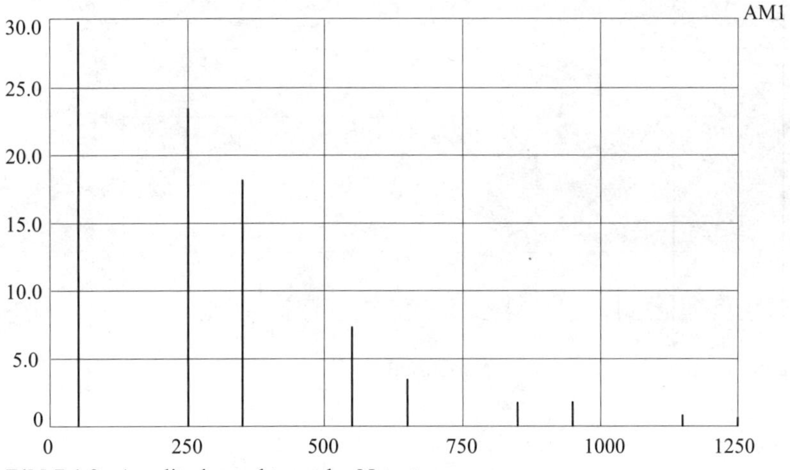

Bild 7.1.9 Amplitudenspektrum des Netzstroms

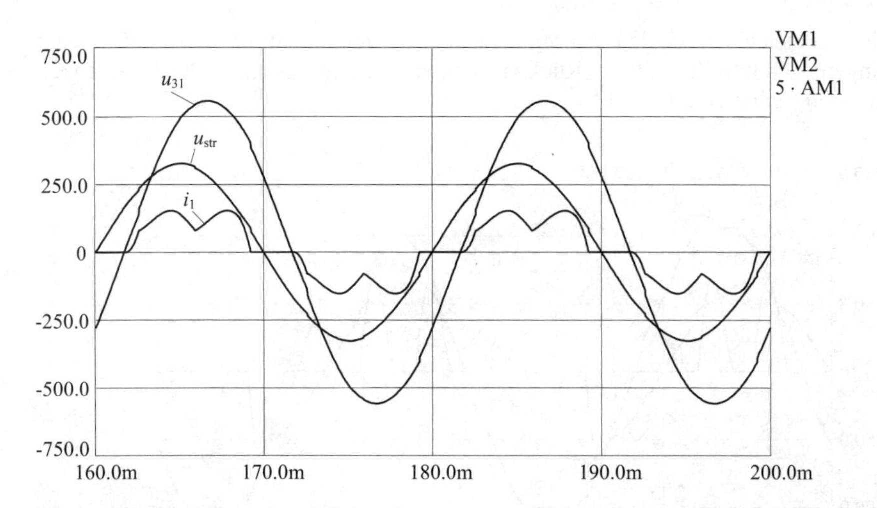

Bild 7.1.10 Netzstrom, Strang- und Leiterspannung mit passiver Beschaltung

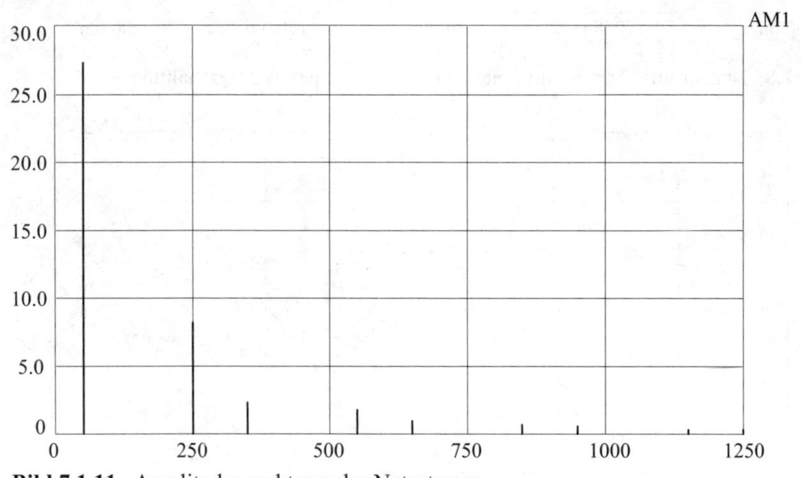

Bild 7.1.11 Amplitudenspektrum des Netzstroms

Anregung:

- Man betrachte die zeitlichen Verläufe der Netzspannung und des Netzstroms sowie das Oberschwingungsspektrum des Netzstroms für verschiedene Eingangsinduktivitäten.

- Man beobachte die zeitlichen Verläufe der Netzspannung und des Netzstroms sowie das Oberschwingungsspektrum des Netzstroms für verschiedene Zwischenkreiskapazitäten.
- Man führe die Untersuchungen für ein Kurzschlussverhältnis R_{SCe} von etwa 30 durch.
- Man untersuche in gleicher Weise die niederfrequenten Netzrückwirkungen der B2-Schaltung mit kapazitiver Belastung.

7.1.5 Strom-Oberschwingungskompensation

Man untersuche die Wirkung von Saugkreisen in Stromrichteranlagen. Gegeben ist eine ungesteuerte B2-Schalutng mit den Komponenten im Gleichstromkreis: R_1 = 15 Ω, L_1 = 300 mH. Der Stromrichter ist an einem „weichen“ Netz mit L_N = 5,6 mH angeschlossen. Es werden Saugkreise für die 3., 5. und 7. Oberschwingung eingesetzt mit folgender Dimensionierung:

3. Oberschwingung: C_3 = 68 µF; L_3 = 16,5 mH; R_3 = 0,1 Ω
5. Oberschwingung: C_5 = 33 µF; L_3 = 12,3 mH; R_5 = 0,1 Ω
7. Oberschwingung: C_7 = 15 µF; L_7 = 13,8 mH; R_7 = 0,1 Ω

Zunächst sollen die von der Schaltung hervorgerufenen Netzoberschwingungsströme ohne Beschaltungsmaßnahmen berechnet werden. Dazu werden die in der Topologie angelegten Dämpfungswiderstände der Saugkreise von 0,1 Ω auf 10 kΩ hochgesetzt und so die Saugkreise unwirksam gemacht. Vergleichend dazu werden dann die Berechnungen mit den Saugkreisen durchgeführt.

Datei: *Projekt*: Kapitel 7.ssc \ *Datei*: Saugkreise.ssh

Lösung:

Der Oberschwingungspegel in den öffentlichen Energieversorgungsnetzen der Mittelspannungs- und Niederspannungs-Ebene steigt in den letzten Jahren stetig an. Die zulässigen Verträglichkeitspegel können u. a. durch den Einsatz von zentralen Kompensationsanlagen eingehalten werden. Die Auslegung dieser Anlagen erfordert eine genaue Kenntnis der Netzparameter. Der komplexe Einfluss der Eigenresonanz des Netzes auf die Kompensationswirkung der Filterkreise (*Saugkreise*) wird konkret durch die Simulation greifbar. Die zentrale Kompensation erfasst eine Gesamtanlage und ist daher üblicherweise dreiphasig für große Leistungen ausgelegt und im Nieder- oder gar Mittelspannungsnetz installiert. Allein um die Topologie für das Simulationsmodell klein zu halten, wurde hier – abweichend von der Praxis – das Beispiel eines Einphasennetzes gewählt. Durch die Wahl eines Kurzschlussverhältnis R_{SCe} von etwa 10, woraus die Netzinduktivität L_N = 5,6 mH resultiert, werden vergleichbare Gegebenheiten zu Großanlagen abgebildet. Saugkreise sind auf die niedrigsten auftretenden Oberschwingungen abzustimmen. Während im Dreiphasennetz daher die Auslegung für die Ordnungszahlen 5, 7, 11 und 13 erfolgt, sind im vorliegenden Modell (**Bild 7.1.12**) Saugkreise für die 3., 5. und 7. Oberschwingung eingesetzt.

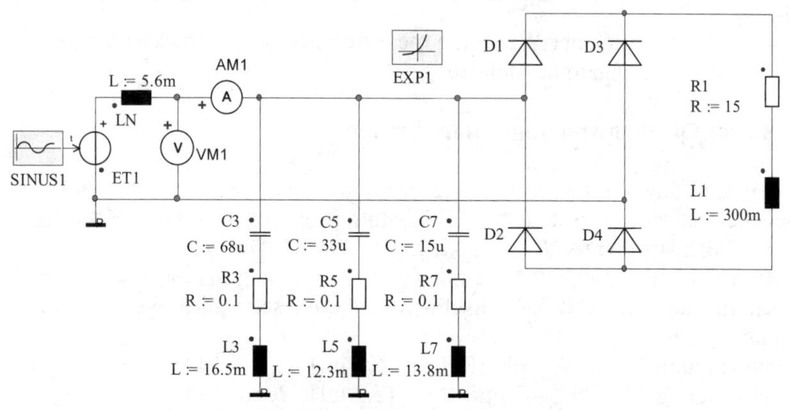

Bild 7.1.12 B2-Schaltung mit Saugkreisen für die Ordnungszahlen $n = 3; 5; 7$

Die simulierten Systemgrößen der nicht kompensierten B2-Schaltung zeigt das **Bild 7.1.13**. Charakteristisch ist der etwa rechteckförmige Verlauf des Netzstroms i_N (AM1). Bedingt durch die relativ große Netzinduktivität wird der Einfluss der Kommutierung im Spannungsverlauf deutlich erkennbar. Während der Kommutierung ist die Netzspannung null.

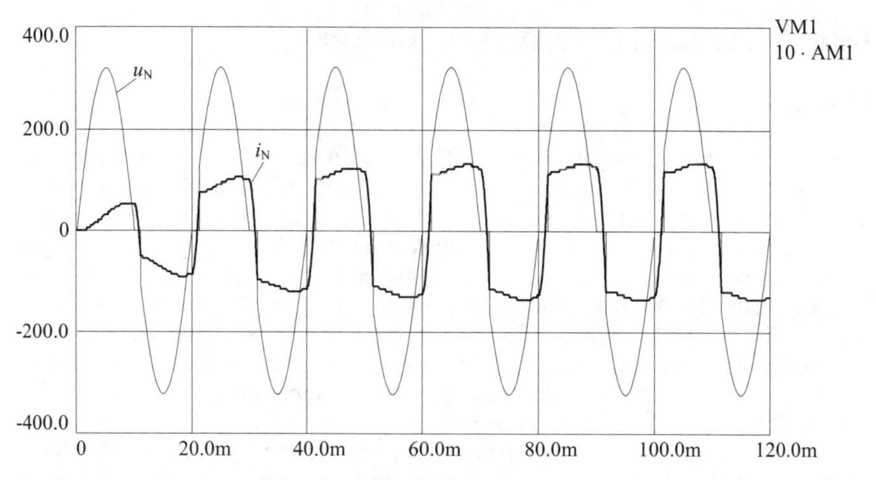

Bild 7.1.13 Netzstrom und Netzspannung ohne Saugkreise

Quantitative Aussagen über die Rückwirkungen liefert die „Schnelle Fourier-Transformation“ der Netzströme. In **Tabelle 7.1.2** sind die Effektivwerte für die ersten Oberschwingungsströme aufgeführt.

Tabelle 7.1.2 Effektivwerte der Netz-Oberschwingungsströme ohne Saugkreise

Ordnungszahl ν	Frequenz f	Oberschwingungsstrom I_ν
	Hz	A
1	50	16,11
3	150	4,60
5	250	2,46
7	350	1,48

Die Wirkung der Saugkreise zeigt **Bild 7.1.14**. Beim Einschalten werden die ungeladenen Saugkreise angestoßen. Erst nach mehreren Perioden sind die Saugkreise eingeschwungen und entfalten ihre kompensierende Wirkung. Der Netzstrom nähert sich augenfällig einem sinusförmigen Verlauf.

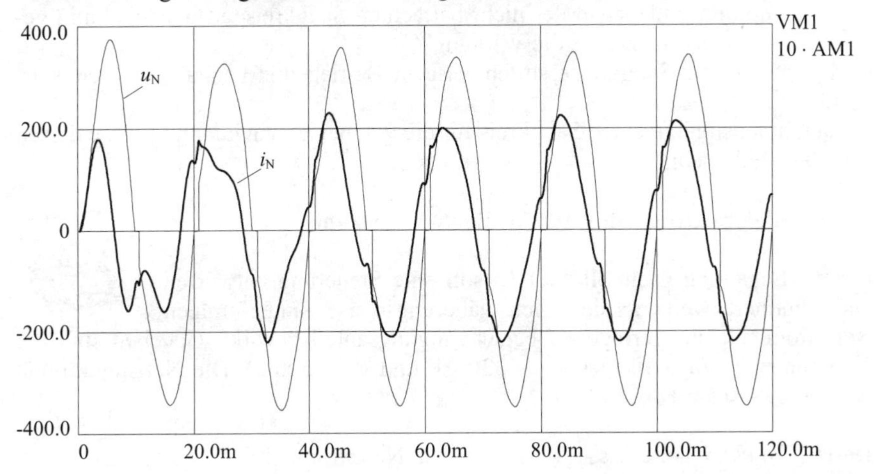

Bild 7.1.14 Netzstrom und Netzspannung mit Saugkreisen für die 3., 5. und 7. Oberschwingung

Die Effektivwerte der Netzoberschwingungsströme sind in **Tabelle 7.1.3** angegeben. Im Vergleich zur nicht kompensierten Anlage sind die Oberschwingungspegel grob um ca. 70 % gesenkt. Unterhalb der Resonanzfrequenz wirken die einzelnen Saugkreise kapazitiv (Aufgabe 7.1.3). Neben dem Oberschwingungsstrom ist daher jeder Saugkreis zusätzlich mit kapazitivem Grundschwingungsstrom belastet. Die Kompensation der Oberschwingungsströme durch Saugkreise führt damit zu einer Erhöhung des kapazitiven Grundschwingungsanteils im Netzstrom.

Saugkreise erfüllen bei optimierter Auslegung also gleichzeitig auch die Aufgabe der Blindleistungskompensation (Aufgabe 7.2.3). Da die ungesteuerte B2-Schaltung nur geringen induktiven Blindleistungsbedarf hat, steigt in diesem Beispiel der Effektivwert des Netzgrundschwingungsstroms an.

Tabelle 7.1.3 Effektivwerte der Netz-Oberschwingungsströme mit Saugkreise

Ordnungszahl ν	Frequenz f	Oberschwingungsstrom I_ν
	Hz	A
1	50	21,26
3	150	1,32
5	250	0,65
7	350	0,50

Anregung:

- Man nehme für jede Oberschwingung den Saugkreis getrennt in Betrieb, indem der Dämpfungswiderstand der nicht betrachten Saugkreise sehr hochohmig gewählt wird, und untersuche die Wirkung
- Man nehme die Saugkreise stufenweise in Betrieb und beobachte deren Wirkung.
- Man dimensioniere einen Saugkreis für die 9. Oberschwingung und führe diesen in das Modell ein.

7.1.6 Gleichrichter mit sinusförmigen Netzstrom

Für die Schaltung nach **Bild 7.1.15** soll eine Steuerung entworfen und simuliert werden, die einen näherungsweise sinusförmigen Netzstrom mit nur geringem Oberschwingungsanteil bewirkt. Gegeben sind die Komponenten: L_1 = 10 mH, C_1 = 330 µF und R_1 = 500 Ω. Die Netzinduktivität betrage L_N = 0,5 mH.

Datei: *Projekt*: Kapitel 7.ssc \ *Datei*: Sinus-Netzstrom.ssh

Lösung:

Eine aktuelle Strategie zur Reduzierung der Netzrückwirkungen besteht darin, unabhängig von der angeschlossenen Last dem Netz sinusförmigen Strom phasengleich zur Spannung zu entnehmen. Der Leistungsfaktor λ nimmt dann den Wert eins an. Dieses daher als *Power Factor Correction* (PFC) bezeichnete Verfahren wird heute in Schaltnetzteilen und zunehmend auch in Industrie-Stromrichtern eingesetzt. Das Funktionsprinzip soll am Beispiel des Gleichrichters in Bild 7.1.15 vorgestellt werden.

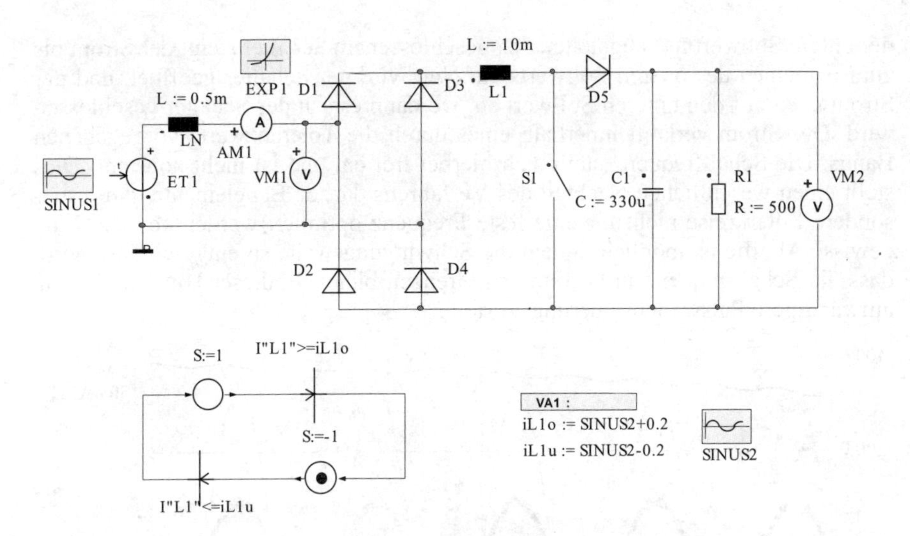

Bild 7.1.15 Gleichrichter für sinusförmigen Netzstrom

Die Schaltung besteht aus einem ungesteuerten Gleichrichter auf der Netzseite. Der Schalter S1 steht stellvertretend für ein steuerbares Ventilbauelement, welches mit einer relativ hohen Schaltfrequenz ein- und ausschaltet. Bei geschlossenem Schalter S1 steigt der Strom durch die Induktivität L_1 und damit auch der Netzstrom. Für die Steilheit gilt mit der Netzspannung u_N:

$$\frac{di_{L1}}{dt} = \frac{u_N}{L_1}.$$

Im eingeschwungenen Zustand ist die Ausgangsspannung U_{C1} größer als der Scheitelwert der Netzspannung $\hat{u}_N$. Auf diese Eigenschaft des „Hochsetzens" einer Spannung wird in Aufgabe 8.2.8 eingegangen. Man vergleiche auch **L** Abschnitt 8.2.2.2. Wird der Schalter S1 geöffnet, fällt daher der Strom i_{L1} mit der Steilheit

$$\frac{di_{L1}}{dt} = \frac{u_N - U_{C1}}{L_1}$$

ab. Durch geeignete Steuerung des Schalters S1 mit hinreichend hoher Schaltfrequenz kann somit dem Netzstrom ein sinusförmiger Verlauf phasengleich zur Netzspannung aufgezwungen werden.

Die in diesem Beispiel angewandte Zweipunktregelung benötigt zwei zeitabhängige Sollwertgrößen (i_{L1o} , i_{L1u}). Dazu wird zunächst aus der Netzspannung durch Betragsbildung (Gleichrichtung) die Sinus-Kurvenform gewonnen und der gewünschte Amplitudenwert vorgegeben. Der obere Stromsollwert i_{L1o} ergibt sich dann durch Addition eines Toleranzwerts. Entsprechend wird durch Subtraktion der untere Sollwert i_{L1u} abgeleitet. Bei geschlossenem Schalter steigt der Strom bis zum Erreichen des oberen Sollwerts an. Nun wird der Schalter geöffnet, und der Strom sinkt auf den unteren Sollwert ab, wo dann erneut der Schalter geschlossen wird. Der Strom verläuft innerhalb eines durch die Toleranzwerte vorgegebenen Bands. Die Schaltfrequenz stellt sich hierbei frei ein und ist nicht konstant. Dies stellt einen wesentlichen Nachteil des Verfahrens dar, da Bauelemente und insbesondere Filterkreise nicht für eine feste Frequenz optimiert werden können. Eine gewisse Abhilfe ist möglich, indem die Schwingungsweite so eingeschränkt wird, dass die Schaltfrequenz in bestimmten Grenzen bleibt. In dieser Hinsicht hat die aufwändigere Pulsweitensteuerung Vorteile.

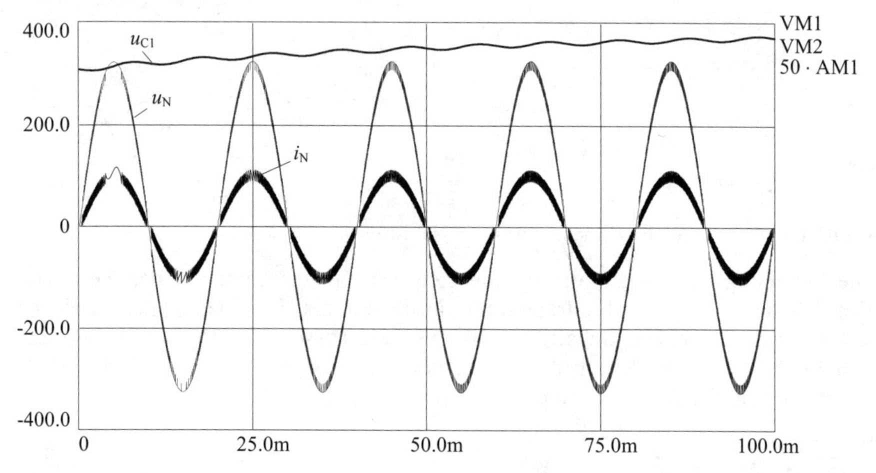

Bild 7.1.16 Systemgrößen des Gleichrichters mit sinusförmigem Netzstrom

Die simulierten Verläufe der Systemgrößen für einen Amplitudensollwert des Netzstroms i_N = 2A (AM1) sind in **Bild 7.1.16** dargestellt, wobei der Strom 50-fach vergrößert ist. Der Netzstrom bewegt sich in einem schmalen Band von ± 0,2 A um den mittleren Sollwert und liegt in Phase zur Netzspannung u_N (VM1). Die Schaltung hat damit praktisch keinen Blindleistungsbedarf und keine niederfrequenten Netzrückwirkungen.

Die zeitlich gestreckte Darstellung der Systemgrößen in **Bild 7.1.17** weist jedoch deutlich auf die hochfrequenten Rückwirkungen hin, die durch das schnelle Schalten auf der Gleichstromseite entstehen. Die Amplitude der hochfrequenten Störspannung wird hauptsächlich durch das Verhältnis der Netzinduktivität L_N zur inneren Induktivität L_1 bestimmt. Letztlich wird mit dieser Schaltungstechnik die Problematik der Netzrückwirkungen ein Stück weit vom niederfrequenten nach einem höherfrequenten Bereich verlagert. Im Regelwerk der EMV-Vorschriften gelangt man damit in den Geltungsbereich anderer Normen. Störungen im Frequenzbereich über 150 kHz (HF-Störungen) müssen auf Grenzwerte gemäß DIN EN 55011 und 55014 eingeschränkt werden. Dazu können besondere Maßnahmen zur Funk-Entstörung notwendig sein (**L** Abschnitt 7.3).

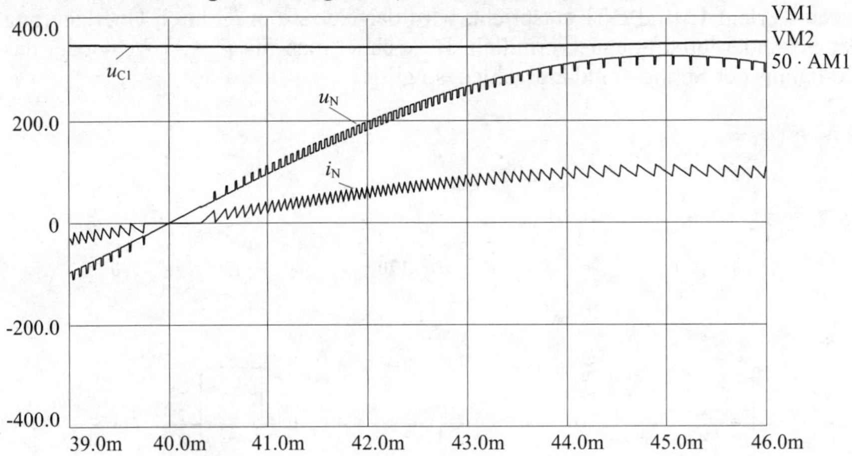

Bild 7.1.17 Zeitlich gestreckte Darstellung der Systemgrößen

Anregung:

- Man verändere den Sollwert des Stroms so, dass die Amplitude des Netzstroms 3 A beträgt.
- Man verändere die Umschaltbedingung für den Schalter S1 so, dass die Schwingungsweite des Stromsollwerts $\Delta i = \pm 0{,}6$ A beträgt und vergleiche die sich jetzt einstellende Schaltfrequenz mit der, die sich für $\Delta i = \pm 0{,}4$ A ergibt.
- Man verändere den Lastwiderstand R_1 bei einem Amplitudensollwert von 2 A so, dass sich eine Gleichspannung von 400 V einstellt.
- Man vergrößere die Netzinduktivität und beobachte die hochfrequenten Netzrückwirkungen.

7.2 Blindleistung

7.2.1 Zu- und Gegenschaltung

Man ermittle den Leistungsfaktor λ_i der Zu- und Gegenschaltung (B6C)S(B6U) nach **L** Bild 6.44 und vergleiche ihn mit demjenigen der Sechspuls-Brückenschaltungen (**L** Bild 6.42). Ideale Stromglättung kann vorausgesetzt, die Verluste von Transformator und Stromrichter können vernachlässigt werden.

Lösung:

Mit den sekundärseitigen Strangströmen i_{S1} und i_{S2} der beiden Teilstromrichter, deren Verlauf **L** Bild 6.31 entspricht, wird der Netzstrom i_N durch Überlagerung der Sekundärdurchflutungen ermittelt. Bezeichnet man mit $ü = N_P/N_S$ wieder das Verhältnis der Strang-Windungszahlen, so gilt:

$$i_P N_P = (i_{S1} + i_{S2}) N_S$$

$$i_P = \frac{i_{S1} + i_{S2}}{ü} = i_N \text{ (Netzstrom).}$$

$0° \le \alpha_2 \le 60°$ $60° \le \alpha_2 \le 120°$ $120° \le \alpha_2 \le 180°$

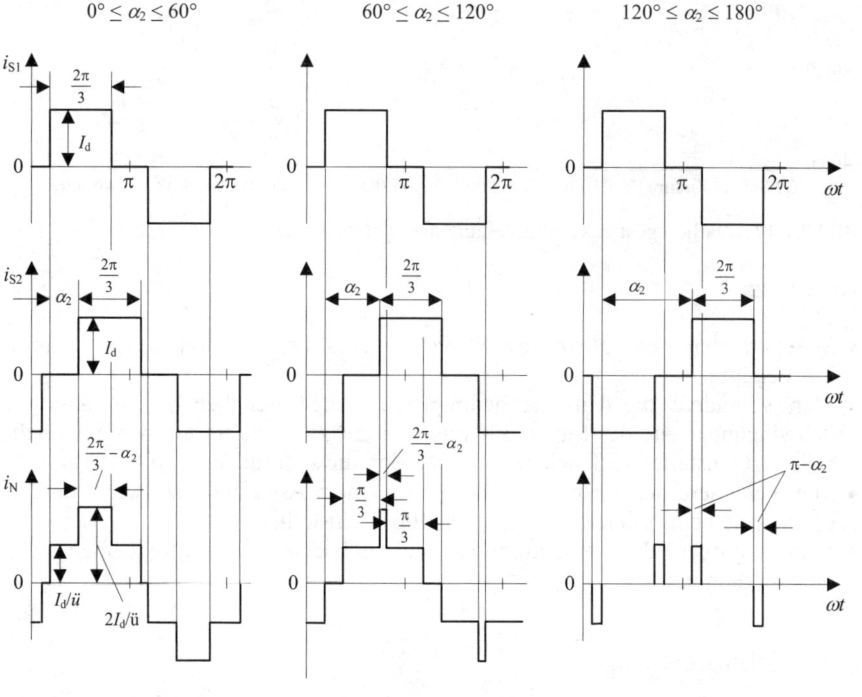

Bild 7.2.1 Stromverläufe für unterschiedliche Steuerwinkel α_2

Nach dem Verlauf der Ströme sind drei Bereiche unterschiedlicher Überlagerung zu unterscheiden, die dadurch entstehen, dass die Phasenlage der Durchflutung des ungesteuerten Stromrichters 1 unveränderlich ist ($\alpha_1 = 0° =$ konst.), während die der gesteuerten Brücke 2 sich mit dem Steuerwinkel α_2 verschiebt.
Man erhält die folgenden Beziehungen für die Netzstrom-Effektivwerte und mit **L** Gln. (6.92) und (6.93):

$$U_{di1} = U_{di2} = \frac{U_{di}}{2} = \frac{3\sqrt{6}}{\pi} U_S$$

bzw.

$$\frac{U_{di\alpha}}{U_{di}} = \frac{1+\cos\alpha_2}{2}$$

die Leistungsfaktoren:

$$I_N = \frac{I_d}{\ddot{u}}\sqrt{\frac{8}{3} - \frac{2\alpha_2}{\pi}}$$

$$\lambda_i = \frac{\sqrt{6}}{\pi}\frac{1+\cos\alpha_2}{\sqrt{8/3 - 2\alpha_2/\pi}}$$

$$I_N = \frac{I_d}{\ddot{u}}\sqrt{\frac{10}{3} - \frac{4\alpha_2}{\pi}}$$

$$\lambda_i = \frac{\sqrt{6}}{\pi}\frac{1+\cos\alpha_2}{\sqrt{10/3 - 4\alpha_2/\pi}}$$

$$I_N = \frac{I_d}{\ddot{u}}\sqrt{2 - \frac{2\alpha_2}{\pi}}$$

$$\lambda_i = \frac{\sqrt{6}}{\pi}\frac{1+\cos\alpha_2}{\sqrt{2 - 2\alpha_2/\pi}}$$

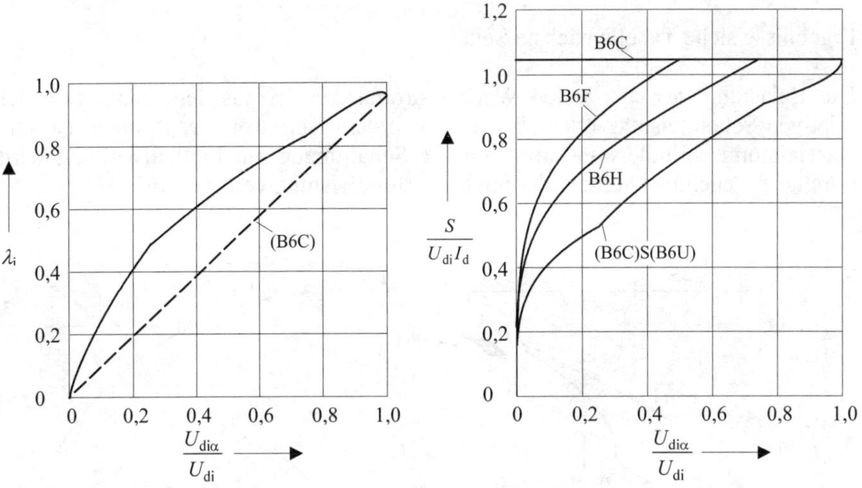

Bild 7.2.2 Leistungsfaktor und bezogene Scheinleistung

Das λ_i-Diagramm enthält zum Vergleich auch den linearen Verlauf der vollgesteuerten B6-Schaltung nach Aufgabe 6.3.3. Neben dem Unterschied der Leistungsfaktoren ist für die Praxis vor allem die Verringerung des *Absolutwerts der Scheinleistung* bzw. des Netzstroms interessant. Diese Gegenüberstellung ermöglicht das Diagramm der relativen Scheinleistung $S/(U_{di}I_d)$.

Allgemein gilt

$$\frac{S}{U_{di}I_d} = \frac{S}{U_{di\alpha}I_d}\cdot\frac{U_{di\alpha}}{U_{di}} = \frac{1}{\lambda_i}\frac{U_{di\alpha}}{U_{di}}.$$

7.2.2 Schein- und Blindleistung zweipulsiger Brückenschaltungen

Zum Vergleich der drei behandelten Zweipuls-Brückenschaltungen (B2, B2H und (B2HZ)2S) berechne man die auf die ideelle Gleichstromleistung $U_{di}\ I_d$ bezogenen Werte der Scheinleistung S und der Blindleistung Q als Funktion des Aussteuerungsgrads.

Lösung:

Der folgenden Rechnung werden die gleichen Voraussetzungen wie bei den Berechnungen der Leistungsfaktoren zu Grunde gelegt. Bei der Folgesteuerung zweier B2H-Schaltungen sind zwei Steuerbereiche zu unterscheiden:

I: $0° \leq \alpha_1 \leq 180°$; $\alpha_2 = 180°$; $U_{di\alpha}/U_{di} \leq 0{,}5$

II: $\alpha_1 = 0°$; $0° \leq \alpha_2 \leq 180°$; $U_{di\alpha}/U_{di} \geq 0{,}5$

Ergebnisse siehe Tabelle nächste Seite!

Die Belastung des speisenden Wechselstromnetzes ist aus dem Diagramm der relativen Scheinleistung erkennbar, die auch dem Netzstrom proportional ist. Die Bezeichnung „blindleistungsarm“ für die Schaltungen mit Freilaufwirkung wird durch die Gegenüberstellung der relativen Blindleistung verdeutlicht.

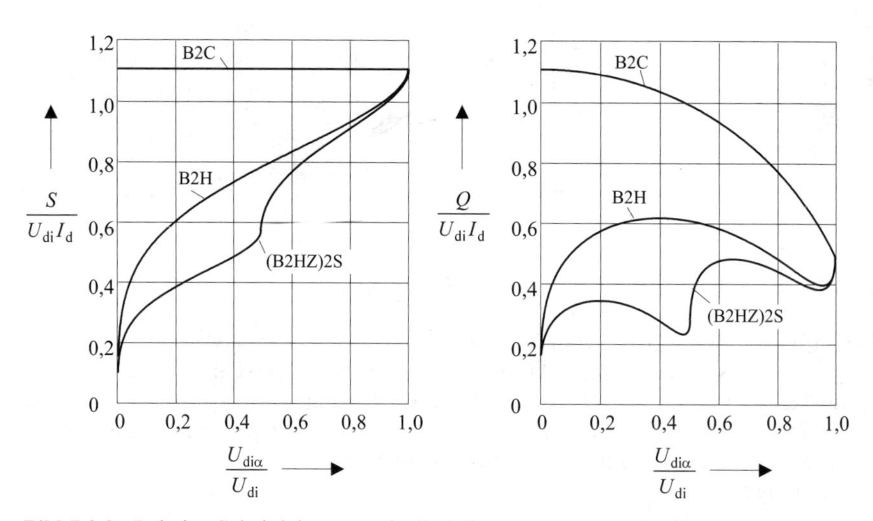

Bild 7.2.3 Relative Scheinleistung und Blindleistung der Zweipuls-Schaltungen

Tabelle 7.2.1 Ergebnisse

Schaltungskennzeichen Systemgrößen siehe	B2C **L** Bild 6.29	B2H **L** Bild 6.43	(B2HZ)2S **L** Bild 6.46
Netzstrom I_N	$\frac{I_d}{ü}$	$\frac{I_d}{ü}\sqrt{1-\frac{\alpha}{\pi}}$	I: $\frac{I_d}{ü}\sqrt{1-\frac{\alpha_1}{\pi}}$ II: $\frac{I_d}{ü}\sqrt{4-\frac{3\alpha_2}{\pi}}$
Netzspannung $U_N = U_S ü$	$\frac{\pi}{2\sqrt{2}}U_{di}ü$	$\frac{\pi}{2\sqrt{2}}U_{di}ü$	$\frac{\pi}{4\sqrt{2}}U_{di}ü$
Relative Scheinleistung $\frac{S}{U_{di}I_d} = \frac{U_N I_N}{U_{di}I_d}$	$\frac{\pi}{2\sqrt{2}}$	$\frac{\pi}{2\sqrt{2}}\sqrt{1-\frac{\alpha}{\pi}}$	I: $\frac{\pi}{4\sqrt{2}}\sqrt{1-\frac{\alpha_1}{\pi}}$ II: $\frac{\pi}{4\sqrt{2}}\sqrt{4-\frac{3\alpha_2}{\pi}}$
Relative Wirkleistung $\frac{P}{U_{di}I_d} = \frac{U_{di\alpha}I_d}{U_{di}I_d} = \frac{U_{di\alpha}}{U_{di}}$	$\cos\alpha$	$\frac{1+\cos\alpha}{2} = \cos^2\frac{\alpha}{2}$	I: $\frac{1}{4}(1+\cos\alpha_1)$ II: $\frac{1}{4}(3+\cos\alpha_2)$
Relative Blindleistung $\frac{Q}{U_{di}I_d} = \frac{\sqrt{S^2-P^2}}{U_{di}I_d}$	$\sqrt{\frac{\pi^2}{8}-\cos^2\alpha}$	$\sqrt{\frac{\pi^2}{8}\left(1-\frac{\alpha}{\pi}\right)-\cos^4\frac{\alpha}{2}}$	I: $\frac{1}{4}\sqrt{\frac{\pi^2}{2}\left(1-\frac{\alpha_1}{\pi}\right)-(1+\cos\alpha_1)^2}$ II: $\frac{1}{4}\sqrt{\frac{\pi^2}{2}\left(4-\frac{3\alpha_2}{\pi}\right)-(3+\cos\alpha_2)^2}$

7.2.3 Kompensations-Stromrichter

Zu bemessen ist ein Stromrichter für statische Blindleistungs-Kompensation nach **L** Bild 7.6 für die Grundschwingungs-Kompensationsleistung Q = 300 kvar bei der Netzspannung U_N = 6 kV (Leiterspannung). Gesucht sind die Strangwerte der Kondensatoren C_K und der Induktivitäten L_K, letztere für die zuvor zu ermittelnde Transformator-Sekundärspannung

U_S. Diese ist auszurichten an der Spitzensperrspannung der für den Drehstromsteller verfügbaren Thyristoren: $U_{(BO)0}$ = 1800 V. Für welchen Dauergrenzstrom I_{TAVM} sind sie zu bemessen? Wie groß ist die erforderliche Transformator-Bauleistung S_{Tr}?

Lösung:

Damit die geforderte Blindleistung zwischen null und dem Höchstwert Q stetig steuerbar ist, sind der kapazitive und induktive Anteil für diesen Wert zu bemessen. Er beträgt je Strang $Q_C = Q_L = Q/3 = 100$ kvar. Mit

$$Q_C = \left(\frac{U_N}{\sqrt{3}}\right)^2 \omega C_K \text{ wird}$$

$$C_K = \frac{3Q_C}{\omega U_N^2} = \frac{3 \cdot 10^5}{2\pi \cdot 50 \cdot 6^2 \cdot 10^6} \frac{\text{VAs}}{\text{V}^2} = 26{,}5\ \mu\text{F}.$$

Die Transformator-Sekundärspannung wird an der Sperrbeanspruchung der Thyristoren ausgerichtet. Wenn dafür der Sicherheitsfaktor 1,5 angesetzt wird, folgt daraus

$$U_S = \frac{U_{(BO)0}}{1{,}5\sqrt{2}} = \frac{1800}{1{,}5\sqrt{2}} \approx 850\ \text{V}.$$

Mit

$$Q_L = \frac{U_S^2}{\omega L_K} \text{ ergibt sich}$$

$$L_K = \frac{U_S^2}{\omega Q_L} = \frac{850^2}{2\pi \cdot 50 \cdot 10^5} \frac{\text{V}^2\text{s}}{\text{VA}} = 23\ \text{mH}.$$

Der Dauergrenzstrom der Thyristoren ergibt sich als Mittelwert einer Halbschwingung des Sekundärstroms. Dessen Effektivwert beträgt

$$I_S = \frac{U_S}{\omega L_K}, \text{ also wird gemäß Aufgabe 2.1.2}$$

$$I_{TAVM} = \frac{\sqrt{2}}{\pi} \cdot \frac{U_S}{\omega L_K} = \frac{\sqrt{2} \cdot 850}{2\pi^2 \cdot 50 \cdot 23 \cdot 10^{-3}} \frac{\text{Vs}}{\text{Vs/A}} = 53\ \text{A}.$$

Als erforderliche Transformator-Bauleistung erhält man

$$S_{\mathrm{Tr}} = 3\,U_{\mathrm{S}} I_{\mathrm{S}} = 3\frac{850^2}{2\pi \cdot 50 \cdot 23 \cdot 10^{-3}}\,\mathrm{VA} = 300\,\mathrm{kVA};$$

sie ist also erwartungsgemäß gleich der geforderten Bindleistung Q!

Anmerkung:

Wenn die Kondensatoren zu einem LC-Filter für die niedrigsten Ordnungszahlen der Strom-Oberschwingungen ergänzt werden sollen (vgl. dazu **L** Abschnitt 7.2), so wird für eine B6-Schaltung die Resonanzfrequenz

$$f_0 = \frac{1}{2\pi\sqrt{L_{\mathrm{F}} C_{\mathrm{K}}}} = 300\,\mathrm{Hz}$$

gewählt, weil sie zwischen den Frequenzen der theoretisch auftretenden Ordnungszahlen $\nu = 5$ und $\nu = 7$ liegt. Dafür wird je Strang die Induktivität benötigt:

$$L_{\mathrm{F}} = \frac{1}{4\pi^2 f_0^2 C_{\mathrm{K}}} = \frac{1}{4\pi^2 \cdot 300^2 \cdot 26{,}5 \cdot 10^{-6}} \frac{\mathrm{s}^2}{\mathrm{As/V}} = 10{,}6\,\mathrm{mH}\,.$$

Die Impedanz eines Filter-Strangs wird dadurch für die Netzfrequenz ω auf

$$Z_{\mathrm{F}} = \omega L_{\mathrm{F}} - \frac{1}{\omega C_{\mathrm{F}}} = 2\pi \cdot 50 \cdot 10{,}6 \cdot 10^{-3} - \frac{10^6}{2\pi \cdot 50 \cdot 26{,}5}\,\Omega = -116{,}8\,\Omega$$

verringert, und die Kompensationsleistung erhöht sich auf

$$Q' = 3\left(\frac{U_{\mathrm{N}}}{\sqrt{3}}\right)^2 \frac{1}{Z_{\mathrm{F}}} = 308{,}2\,\mathrm{kvar}.$$

Das Filter wirkt für die Netzfrequenz also verstärkt kapazitiv (vergleiche Aufgabe 7.1.3).

8 Selbstgeführte Stromrichter

8.1 Thyristor-Löschung

8.1.1 Bemessung der Löschkapazität

Aus der Berechnung des Thyristor-Löschvorgangs mit kapazitivem Speicher (Löschkondensator) ergeben sich auch für rein ohmsche Last (**L** Abschnitt 8.1) allgemein gültige Tendenzen für die Bemessung der Kapazität. Welches sind die maßgebenden Größen, und welche Anforderungen folgen daraus für die Thyristoren?

Antwort:

Die erforderliche Kapazität C ist nach **L** Gl. (8.11)

- proportional zur Freiwerdezeit t_q,
- proportional zu dem zu löschenden Strom sowie
- gegensinnig abhängig von der Ladespannung.

Der Schaltungsaufwand (Kapazität C) wird also unmittelbar durch die Freiwerdezeit bestimmt, lässt sich jedoch bei vorgegebenem Strom durch möglichst hohe Ladespannung verringern. Da meist zur Kondensator-Ladung die festliegende Speisespannung benutzt werden muss, sind möglichst kleine Werte der Freiwerdezeit notwendig. Diese Tendenzen werden bestätigt durch die allgemein gültige Beziehung **L** Gl. (8.52).

8.2 Elektronische Schalter und Steller für Gleichstrom

8.2.1 Bemessung einer Thyristor-Löscheinrichtung

Für einen Gleichstromsteller nach **L** Bild 8.3 ist die Löscheinrichtung zu bemessen. Der Steller dient zur Steuerung eines Fahrzeugantriebs mit den Daten $U_d = 200\ \text{V} \pm 20\ \%$; $I_d \leq 240\ \text{A}$. Der verfügbare Thyristor-Typ hat die Daten $U_{DRM} = 1100\ \text{V}$; $I_{TAVM} = 420\ \text{A}$; $I_{TM} = 2800\ \text{A}$; $t_q = 30\ \mu\text{s}$; $(\text{d}i/\text{d}t)_{cr} = 340\ \text{A}/\mu\text{s}$.

Zu ermitteln ist die erforderliche Kapazität C des Löschkondensators unter Ausnutzung der zulässigen Thyristor-Beanspruchung. Mit welcher größtmöglichen Frequenz f_{max} kann der Steller betrieben werden, wenn der Stellbereich bis $(t_e/T)_{min} = 0{,}05$ reichen soll? Man versuche eine Abschätzung der kritischen Beanspruchungen des Thyristors in Abhängigkeit von der Schaltfrequenz $f = 1/T$.

Lösung:

Für den Löschkondensator sind in **L** Gl.(8.52) der Größtwert des Stroms und die kleinste zu erwartende Spannung maßgebend:

$$C \geq \frac{I_{d\,max} t_q}{U_{d\,min}} = \frac{240 \cdot 30 \cdot 10^{-6}}{200 \cdot 0{,}8} \frac{\mathrm{As}}{\mathrm{V}} = 45\ \mu\mathrm{F}.$$

Bei sicherer Einhaltung der genannten Grenzen für Spannung und Strom ist eine Überbemessung nicht notwendig. Dann wird beim Höchststrom und kleinster Spannung die Schonzeit t_c gleich der Freiwerdezeit t_q.

Nach Festlegung von C bestimmt die Induktivität L den Stromverlauf während des Umschwingvorgangs; sie ist nach folgenden Kriterien zu bemessen:

- *Strom-Höchstwert* $\hat{i}_C$ nach **L** Gl. (8.48); daraus folgt mit $\omega_0 = 1/\sqrt{LC}$:

$$\hat{i}_C = \frac{U_d}{\sqrt{L/C}}$$

und mit der Bedingung $\hat{i}_C + I_{d\,max} < I_{TM}$:

$$L > C\left(\frac{U_d}{I_{TM} - I_{d\,max}}\right)^2 = 45 \cdot 10^{-6}\left(\frac{200 \cdot 1{,}2}{2800 - 240}\right)^2 \frac{\mathrm{AsV}^2}{\mathrm{VA}^2} = 0{,}4\ \mu\mathrm{H}.$$

- *Stromsteilheit* zu Beginn des Umschwingvorgangs; aus **L** Gl.(8.50) folgt:

$$L > \frac{U_d}{(\mathrm{d}i/\mathrm{d}t)_{cr}} = \frac{200 \cdot 1{,}2}{340} \cdot 10^{-6} \frac{\mathrm{Vs}}{\mathrm{A}} = 0{,}7\ \mu\mathrm{H}.$$

Zu wählen ist der *größere* der beiden L-Werte, wodurch der Spitzen-Durchlassstrom I_{TM} des Thyristors hier nur zu knapp 60 % ausgenutzt wird. Induktivitäten dieser geringen Größe werden realisiert, indem man kleine, unbewikkelte Ringkerne aus hochpermeablem Material über Leitungen innerhalb des Stellers schiebt. Die im Umschwingzweig befindliche *Diode* ist für dieselben Beanspruchungen wie der Thyristor zu bemessen.

Die Mindest-Einschaltzeit $t_{\mathrm{e\,min}}$ nach **L** Gl.(8.55) ist ebenfalls durch die Größen des Umschwingzweigs bestimmt. Mit dem oben ermittelten Wert des Löschkondensators C ergibt sich bei Nennspannung

$$t_{\mathrm{e\,min}} = \pi\sqrt{LC} + \frac{2CU_{\mathrm{d}}}{I_{\mathrm{d}}} = \pi\sqrt{0{,}7\cdot 45}\cdot 10^{-6} + \frac{2\cdot 45\cdot 10^{-6}\cdot 200}{240}\ \mathrm{s} = 93\ \mu\mathrm{s}.$$

Aus der geforderten Untergrenze des Steuerbereichs folgt die größtmögliche Pulsfrequenz

$$f_{\max} = \frac{1}{T} = \frac{0{,}05}{t_{\mathrm{e\,min}}} = 540\ \mathrm{Hz}.$$

Wenn die *Schaltfrequenz reduziert* wird, kann bei konstanten Werten der Kapazität C und damit auch der Schonzeit t_{c} die *Umschwingzeit verlängert* werden. Dies führt zu verminderter Beanspruchung des Thyristors, die hier abgeschätzt wird:

Für die Frequenz $f' = 500$ Hz erhält man als Untergrenze des Steuerbereichs

$$t'_{\mathrm{e\,min}} = \frac{0{,}05}{500}\ \mathrm{s} = 100\ \mu\mathrm{s}.$$

Nach Abzug der zweifachen Schonzeit (bei Nennspannung) verbleibt gemäß **L** Gl. (8.55) bzw. **L** Bild 8.3 die Umschwingzeit

$$\frac{\pi}{\omega_0'} = \pi\sqrt{L'C} = (100-75)\ \mu\mathrm{s} = 25\ \mu\mathrm{s}.$$

Daraus folgt die vergrößerte Induktivität

$$L' = \frac{25^2}{\pi^2\cdot 45}\cdot 10^{-6}\ \mathrm{H} = 1{,}4\ \mu\mathrm{H}.$$

Durch diesen – gegenüber der Ausgangsfrequenz verdoppelten – Wert wird wegen

$\left(\frac{\mathrm{d}i}{\mathrm{d}t}\right)_0 \sim \frac{1}{L}$ die größte Stromsteilheit auf 50 % und mit

$\hat{i} \sim \frac{1}{\sqrt{L}}$ der Strom-Spitzenwert auf 70 % der ursprünglichen Beträge reduziert.

Durch geringfügig herabsetzte Pulsfrequenz ist also erhöhte Betriebssicherheit der Thyristoren erreichbar.

8.2.2 Pulsweiten-modulierte Steuersignale für einen Gleichstromsteller

Man erzeuge mit Hilfe eines Zustandsgraphen ein pulsweiten-moduliertes Steuersignal mit den Tastgraden t_e/T = 0,25; 0,5; 0,75 für bei der Frequenz von f = 1 kHz.

Datei: *Projekt*: Kapitel 8.ssc \ *Datei*: PWM-Erzeugung.ssh

Lösung:

Allgemein wird bei einer Pulsweitensteuerung bei konstanter Periodendauer T die Einschaltdauer eines Ventils geändert, wodurch sich ein veränderlicher Tastgrad bei fester Frequenz $f = 1/T$ ergibt. Eine übliche technische Realisierung ist die *Pulsweitenmodulation* (PWM), bei welcher die Pulsweiten eines Steuersignals so moduliert werden, dass der jeweilige Mittelwert der Stromrichterausgangsspannung, gerechnet über eine Periodendauer, dem gewünschten Augenblickswert folgt. Die Schaltzeitpunkte für ein Ventil werden festgelegt, indem man eine *Referenzspannung*, welche die Form der geforderten Ausgangsspannung hat, mit einer *Steuerspannung* höherer Frequenz vergleicht und das Ventil einschaltet, solange die Referenzspannung größer als die Steuerspannung ist. Als Steuerspannung wird meist eine Dreiecksspannung verwendet (**L** Abschnitt 8.3.1.3). Aber auch andere periodische Signale, die zu definierten Schaltzeitpunkten führen, können eingesetzt werden, wie z. B. Sägezahn mit abfallender Flanke oder mit ansteigender Flanke.

Der Zustandsgraph (**Bild 8.2.1**) ist ein ideales Werkzeug zur Modellierung solcher diskontinuierlicher, ereignisorientierter Prozesse, wie das Setzen und Rücksetzen von Steuersignalen für Stromrichter. Dabei wird der Prozessablauf zerlegt in die beiden Zustände „AUS (TR := 0)“ bzw. „EIN (TR := 1)“ sowie in die Ereignisse mit den dazugehörigen Übergangsbedingungen „Konst >= Dreieck“ bzw. „Konst <= Dreieck“. Ein Ereignis tritt ein, wenn der Eingangszustand aktiv ist und die Übergangsbedingung den Wert „Wahr“ besitzt.

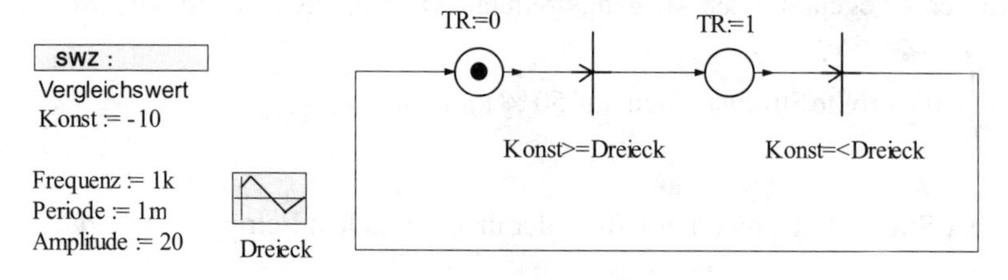

Bild 8.2.1 Zustandsgraph zur Erzeugung der Steuersignale

Das so gewonnene PWM-Signal für die Tastgrade 0,25; 0,5 und 0,75 ist in **Bild 8.2.2** dargestellt. Für die so gewählten Übergangsbedingungen und Zustände nimmt die Pulsweite des Ansteuersignals mit der Referenzspannung zu.

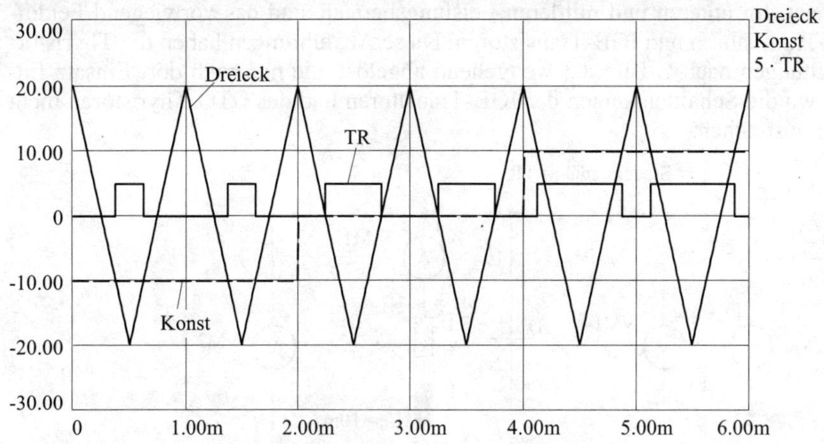

Bild 8.2.2 Steuersignale für die Tastgrade t_e/T = 0,25; 0,5; 0,75

Anregung:

- Man variiere die Frequenz des Dreiecksignals auf 2 kHz und erzeuge das PWM-Signal.
- Man erzeuge ein PWM-Signal mit einen Tastgrad t_e/T = 0,4.
- Man erzeuge PWM-Signale mit t_e/T = 0,25; 0,5; und 0;75 durch Vergleich mit einer Sägezahn-Steuerspannung von 1 kHz.

8.2.3 Tiefsetzsteller mit ohmsch-induktiver Belastung

Man simuliere einen Tiefsetzsteller bei ohmsch-induktiver Belastung mit R = 15 Ω und L = 10 mH. Der Tiefsetzsteller soll für die Tastgrade t_e/T = 0,25; 0,5; 0,75 untersucht werden, wobei die Taktfrequenz f = 500 Hz betragen soll. Wie verteilt sich bei t_e/T = 0,25 der Laststrom auf die Freilaufdiode und den Schalter?

Datei: *Projekt*: Kapitel 8.ssc \ *Datei*: Tiefsetzsteller.ssh

Lösung:

Als Gleichstromsteller werden periodisch arbeitende Gleichstromschalter bezeichnet, die den Mittelwert der Ausgangsspannung durch Pulssteuerung bei konstanter Eingangsspannung verstellen (**L** Abschnitt 8.2.2). Wird ausgehend von dieser

Eingangsspannung der Mittelwert der Ausgangsspannung herabgesetzt, so arbeitet die Schaltung als Tiefsetzsteller. **Bild 8.2.3** zeigt den Grundtyp eines solchen Stromrichters. Der Schalter S1 steht repräsentativ für ein steuerbares Ventilbauelement. Im unteren und mittleren Leistungsbereich sind das vorwiegend Feldeffekt-Transistoren und IGB-Transistoren. Diese Ausführungen haben die Thyristor-Schaltungen nach **L** Bild 8.3 weitgehend abgelöst, die nur noch dort Einsatz finden, wo die Schaltleistungen der IGB-Transitoren und der GTO-Thyristoren nicht mehr ausreichen.

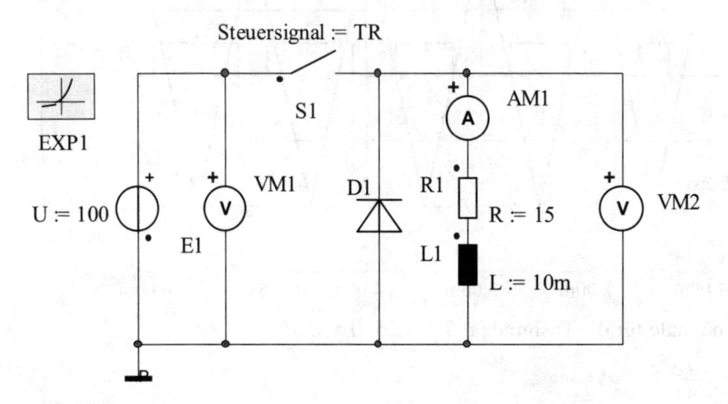

Bild 8.2.3 Gleichstromsteller mit ohmsch-induktiver Belastung

Solange der Schalter geschlossen ist, fließt der Strom von der Gleichspannungsquelle über den Schalter S1 und den RL-Lastkreis. Bei geöffnetem Schalter treibt die Last-Induktivität den Strom weiter über den durch die Diode D1 gebildeten Freilaufzweig. Die Steuerung des Schalters erfolgt gemäß dem in Aufgabe 8.2.2 beschriebenen PWM-Verfahren. Über den Tastgrad t_e/T wird der Mittelwert der Ausgangsspannung und damit auch der Laststrom verstellt.

Das **Bild 8.2.4** zeigt die so gewonnenen Verläufe der Systemgrößen; dabei wurde nach jeweils 20 ms der Tastgrad von 0,25 auf 0,5 und schließlich auf 0,75 geändert. Es sei besonders darauf hingewiesen, dass die Ausgangsspannung u_L (VM2) impulsförmigen Verlauf hat und zwischen der vollen Eingangsspannung u (VM1) und dem Wert null springt. Diese pulsförmige Lastspannung bewirkt einen „welligen" Strom i_L (AM1) im Lastkreis, der als Mischstrom bezeichnet wird. Seine Welligkeit wird durch die Wahl der Pulsfrequenz $f = 1/T$ und der Lastkreis-Zeitkonstanten $T_L = L/R$ bestimmt. Sie ist mit Rücksicht auf die Verbraucher – Gleichstrommaschinen – so zu wählen, dass deren zusätzliche Beanspruchung möglichst gering bleibt. Die Stromwelligkeit wird um so kleiner, je größer das Verhältnis T_L/T ist; man vergleiche hierzu Aufgabe 8.2.4.

Das hier aus Gründen der Anschaulichkeit gewählte Verhältnis $T_L/T = 1/3$ hat eine erhebliche, in der Praxis meist nicht akzeptable Welligkeit zur Folge.

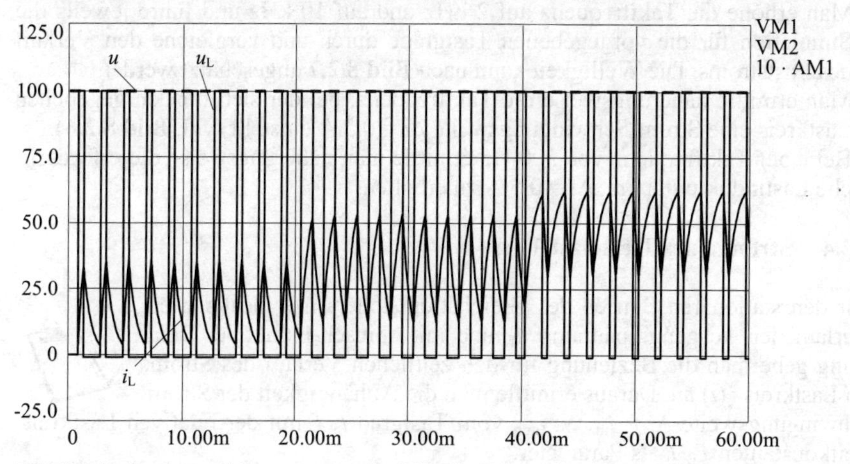

Bild 8.2.4 Strom- und Spannungsverlauf für die Tastgrade t_e/T = 0,25; 0,5; 0,75

Die zeitlich gedehnte Darstellung für den Tastgrad 0,25 in **Bild 8.2.5** zeigt die Zusammensetzung des Laststroms i_L durch die zeitlich aufeinanderfolgenden „Stromblöcke" des Eingangsstroms i_{S1} (I"S1") und des Freilaufstroms i_{D1} (I"D1"). Der Strom durch die Freilaufdiode sinkt annähernd auf null ab. Der Tiefsetzsteller arbeitet in diesem Betriebspunkt nahe an der Lückgrenze.

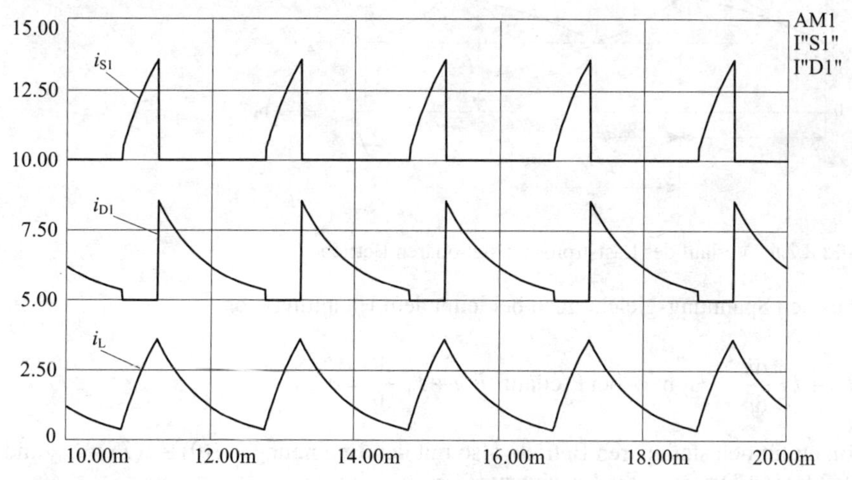

Bild 8.2.5 Netz-, Last- und Diodenstrom für $t_e/T = 0,25$

Anregung:

- Man erhöhe die Taktfrequenz auf 2 kHz und auf 10 kHz und führe jeweils die Simulation für die vorgegebenen Tastgrade durch und vergleiche den Verlauf des Laststroms. Die Welligkeit kann nach **Bild 8.2.7** abgeschätzt werden
- Man ermittle näherungsweise die Taktfrequenz, bei der sich für den gegebenen Lastkreis eine Strom-Schwingungsweite $\Delta i = 0{,}5$ A einstellt (vgl. **Bild 8.2.6**).
- Bei einer Taktfrequenz von 500 Hz ermittle man näherungsweise die erforderliche Lastinduktivität um, $\Delta i = 0{,}5$ A zu erhalten.

8.2.4 Strom eines Tiefsetzstellers

Für den stationären Betrieb des Gleichstromstellers mit idealisiertem Verlauf der Ausgangsspannung u_L und mit ohmsch-induktiver Belastung gebe man die Beziehung für den zeitlichen Verlauf des Stroms im Lastkreis $i(t)$ an. Daraus ermittle man die Abhängigkeit der Stromschwingungsweite $\Delta i = i_{max} - i_{min}$ vom Tastgrad t_e/T mit der relativen Lastkreis-Zeitkonstanten T_L/T als Parameter.

Lösung:

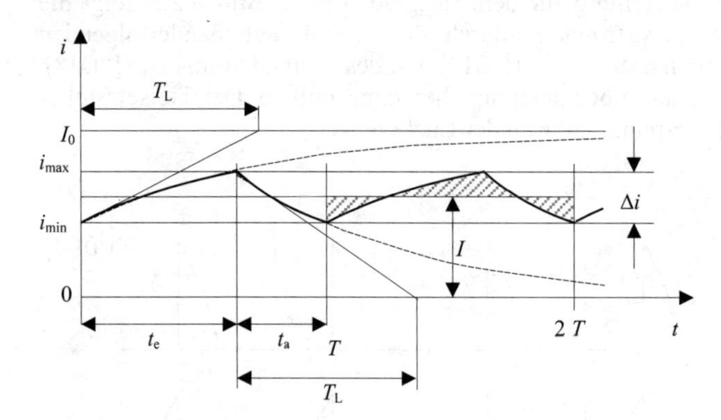

Bild 8.2.6 Verlauf des Laststroms im stationären Betrieb

Aus den Spannungsgleichungen bei leitendem Hauptthyristor:

$$R_L i + L_L \frac{di}{dt} = U_d \quad \text{bzw. bei Freilauf} \quad R_L i + L_L \frac{di}{dt} = 0$$

folgen für den stationären Betrieb, also mit den Bedingungen $i(0) = i(T) = i_{min}$ und $i(t_e) = i(t_e+T) = i_{max}$, die Lösungen:

- Steller „ein" ; $0 \le t \le t_e$:

$$i(t) = \frac{U_d}{R_L}\left(1 - e^{-t/T_L}\right) + i_{min} \cdot e^{-t/T_L} \quad \text{mit } T_L = \frac{L_L}{R_L}.$$

- Steller „aus" (Freilauf); $t_e \le t \le T$:

$$i(t) = i_{max} \cdot e^{-(t-t_e)/T_L}.$$

Als Strommittelwert ergibt sich

$$I = \frac{U_d}{R_L}\frac{t_e}{T} = I_0 \frac{t_e}{T}, \text{ wobei } I_0 = \frac{U_d}{R_L}$$

der stationäre Endwert bei Vollaussteuerung ist.

Daraus erhält man die Extremwerte

$$i_{max} = i(t_e) = I_0 \frac{1 - e^{-t_e/T_L}}{1 - e^{-T/T_L}} \quad \text{und}$$

$$i_{min} = i(0) = I_0 \frac{e^{-t_a/T_L} - e^{-T/T_L}}{1 - e^{-T/T_L}} = i_{max} \cdot e^{-t_a/T_L}$$

sowie die auf den Wert I_0 bezogene Schwingungsweite

$$\frac{\Delta i}{I_0} = \frac{1 + e^{T/T_L} - e^{t_e/T_L} - e^{t_a/T_L}}{e^{T/T_L} - 1} \quad \text{oder}$$

$$\frac{\Delta i}{I_0} = \frac{1 + e^{T/T_L}\left(1 - e^{-t_e/T_L}\right) - e^{t_e/T_L}}{e^{T/T_L} - 1}.$$

Diese Beziehung gilt auch für Betrieb mit Gegenspannung; siehe Aufgabe 8.2.7.

Im nachstehenden Bild 8.2.7 ist die *relative Schwingungsweite* als Funktion des Tastgrads (Aussteuerungsgrads) t_e/T mit der auf die Lastkreis-Zeitkonstante T_L bezogenen Periodendauer T als Parameter aufgetragen. Man erkennt, dass für feste Periodendauer bzw. Frequenz der Größtwert jeweils bei halber Aussteuerung auftritt. Gibt man dagegen einen festen Betrag der Schwingungsweite vor, was bei der Zweipunktregelung gemacht wird, so ändert sich die Frequenz $f = 1/T$ von niedrigen Werten bei kleiner Aussteuerung zunehmend über den Höchstwert bei halber Aussteuerung wieder zu kleinen Werten.
Um einen Anhaltswert für die *Stromwelligkeit* zu erhalten, kann der Strom abschnittsweise durch Geraden angenähert werden. Für den Wechselanteil gilt dann:

$$i_{\sim} = -\frac{\Delta i}{2} + \frac{\Delta i}{t_e} t\,;\ 0 \le t \le t_e \text{ bzw.}$$

$$i_{\sim} = \frac{\Delta i}{2} - \frac{\Delta i}{t_a} t\,;\ t_e \le t \le T.$$

Daraus folgt für den Effektivwert:

$$I_{\sim} = \frac{\Delta i}{\sqrt{12}},\ \text{und mit der Welligkeit nach } w_I = \frac{I_{\sim}}{I_d} \text{ die Näherung:}$$

$$w_I = \frac{I_{\sim}}{I} \approx \frac{1}{\sqrt{12}} \frac{\Delta i}{I_0} \frac{T}{t_e}.$$

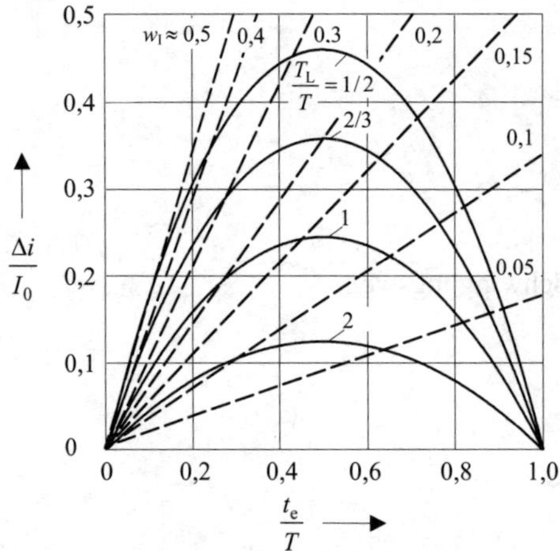

Bild 8.2.7 Relative Strom-Schwingungsweite

Die im Bild 8.2.7 gestrichelt eingetragenen Geraden für konstante Welligkeit können dazu dienen, Periodendauer T bzw. Frequenz f und Zeitkonstante T_L so aufeinander abzustimmen, dass ein vorgegebener Höchstwert der Welligkeit nicht überschritten wird.

8.2.5 Spannungswelligkeit des Tiefsetzstellers

Für den nachfolgend angegebenen idealisierten Verlauf der Ausgangsspannung u_L des Gleichstromstellers berechne man die Welligkeit w_U und die Relativwerte $U_{L\nu}/U_d$ der Oberschwingungen als Funktion des Tastgrads t_e/T bzw. der relativen Spannung U_L/U_d.

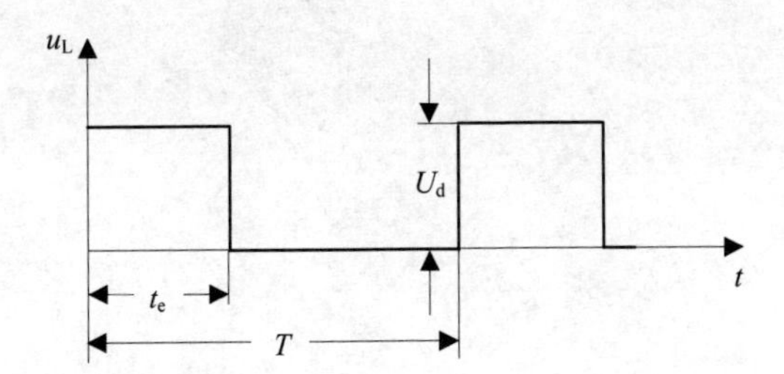

Bild 8.2.8 Idealisierter Verlauf der Ausgangsspannung

Lösung:

Mit dem Mittelwert der Ausgangsspannung nach **L** Gl. (8.54)

$U_L = U_d \frac{t_e}{T}$ und dem Effektivwert $U_{L\,eff} = U_d \sqrt{\frac{t_e}{T}}$

erhält man die Welligkeit

$$w_U = \sqrt{\frac{T}{t_e} - 1} = \sqrt{\frac{U_d}{U_L} - 1}\,.$$

Die Fourier-Analyse mit **L** Gln. (5.3) ergibt

$$a_\nu = \frac{2}{T}\int_0^T i(t)\cos\nu\,\omega t\,dt = \frac{1}{\pi}\int_0^{2\pi} i(\omega t)\cos\nu\,\omega t\,d\omega t$$

$$b_\nu = \frac{2}{T}\int_0^T i(t)\sin\nu\,\omega t\,dt = \frac{1}{\pi}\int_0^{2\pi} i(\omega t)\sin\nu\,\omega t\,d\omega t\text{; mit } \omega t_e = 2\pi\frac{t_e}{T} \text{ wird}$$

$$a_\nu = \frac{U_d}{\pi}\int_0^{\omega t_e}\cos\nu\,\omega t\,d\omega t = \frac{U_d}{\nu\,\pi}\sin\nu\frac{t_e}{T}2\pi$$

$$b_\nu = \frac{U_d}{\pi}\int_0^{\omega t_e}\sin\nu\,\omega t\,d\omega t = \frac{U_d}{\nu\,\pi}\left(1 - \cos\,\nu\frac{t_e}{T}2\pi\right).$$

Mit $\hat{u}_\nu = \sqrt{a_\nu^2 + b_\nu^2}$ folgt

$$\hat{u}_{\mathrm{L}\nu} = \frac{U_\mathrm{d}}{\nu\,\pi}\sqrt{2\left(1-\cos\nu\frac{t_\mathrm{e}}{T}2\pi\right)}$$

sowie mit $\hat{u}_{\mathrm{L}\nu} = \sqrt{2}U_{\mathrm{L}\nu}$:

$$\frac{U_{\mathrm{L}\nu}}{U_\mathrm{d}} = \frac{\sqrt{2}}{\nu\,\pi}\sin\nu\frac{U_\mathrm{L}}{U_\mathrm{d}}\pi.$$

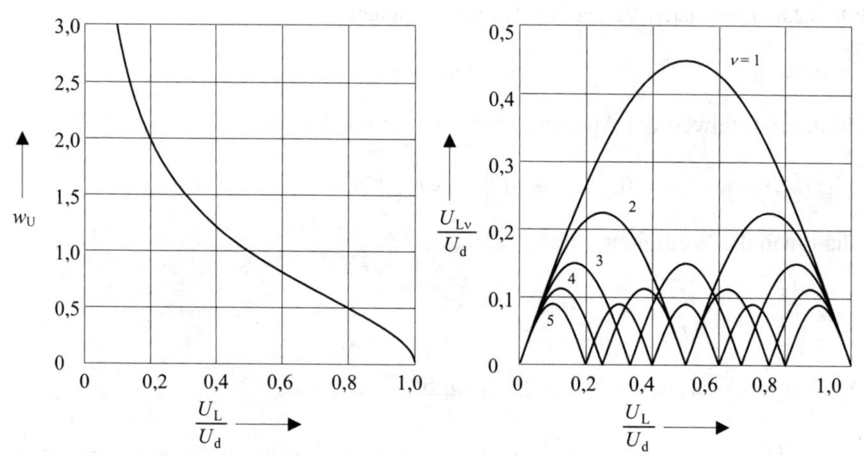

Bild 8.2.9 Welligkeit und Oberschwingungen der Pulsspannung u_L

8.2.6 Strom-Mittelwerte des Tiefsetzstellers

Unter der Voraussetzung idealer Stromglättung und vernachlässigbarer Dauer der Kommutierungsvorgänge berechne man für den Gleichstromsteller die Strommittelwerte des Lastkreises (I_L), des Hauptthyristors T1 (I_T) sowie des Freilaufzweigs (I_F) als Funktion des Tastgrads t_e/T und stelle die auf den Bezugswert $I_{\mathrm{L\,max}}$ bei Vollaussteuerung bezogenen Werte als Diagramm dar.

Lösung:

Bei Vernachlässigung des nur bei kleinem Tastgrad merklichen Kondensator-Umschwingstroms ergeben sich die dargestellten vereinfachten Stromverläufe (siehe auch **L** Bild 8.3).

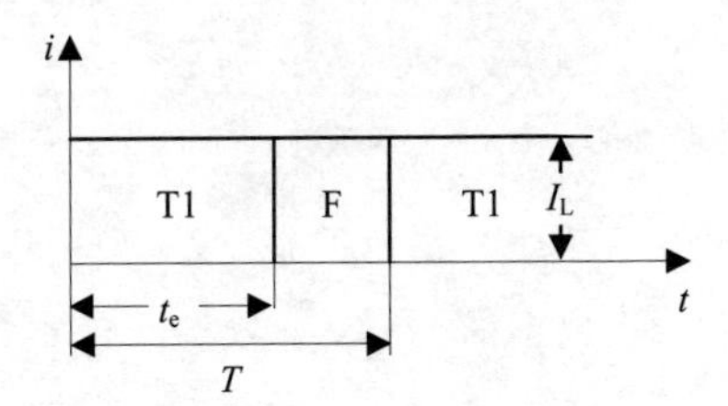

Bild 8.2.10 Vereinfachter Stromverlauf

Für den *Laststrom* gilt:

$$I_{\mathrm{L}} = \frac{U_{\mathrm{L}}}{R} = \frac{U_{\mathrm{d}}}{R} \cdot \frac{t_{\mathrm{e}}}{T} \text{ mit } \frac{U_{\mathrm{L}}}{U_{\mathrm{d}}} = \frac{t_{\mathrm{e}}}{T} = t_{\mathrm{e}} \cdot f \quad (\textbf{L} \text{ Gl. } (8.54)).$$

Mit dem Höchstwert bei Vollaussteuerung

$$I_{\mathrm{L\,max}} = \frac{U_{\mathrm{d}}}{R} \text{ wird}$$

$$\frac{I_{\mathrm{L}}}{I_{\mathrm{L\,max}}} = \frac{t_{\mathrm{e}}}{T}.$$

Der *Hauptthyristor* und die Quelle führen den Strom:

$$I_{\mathrm{T}} = I_{\mathrm{L}} \frac{t_{\mathrm{e}}}{T}, \text{ also wird}$$

$$\frac{I_{\mathrm{T}}}{I_{\mathrm{L\,max}}} = \left(\frac{t_{\mathrm{e}}}{T}\right)^2.$$

Der Strom des *Freilaufzweigs* beträgt:

$$I_{\mathrm{F}} = I_{\mathrm{L}} \frac{T - t_{\mathrm{e}}}{T} = I_{\mathrm{L}} - I_{\mathrm{T}}, \text{ also}$$

$$\frac{I_{\mathrm{F}}}{I_{\mathrm{L\,max}}} = \frac{t_{\mathrm{e}}}{T} - \left(\frac{t_{\mathrm{e}}}{T}\right)^2.$$

Dem **Bild 8.2.11** entnimmt man, dass der Freilaufzweig für den Höchstwert $I_{\mathrm{F\,max}} = 0{,}25\ I_{\mathrm{L\,max}}$ zu bemessen ist, der bei halber Aussteuerung auftritt.
Die gleichen Verhältnisse ergeben sich auch bei Betrieb mit aktivem Lastkreis, also Speisung einer Gleichstrommaschine im Motor- oder Generatorbetrieb.

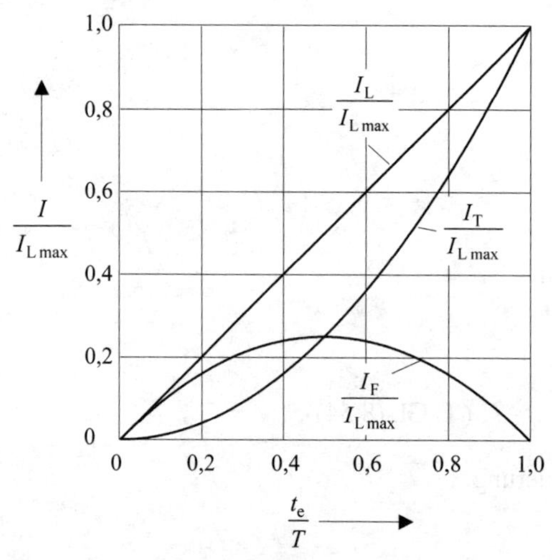

Bild 8.2.11 Bezogene Stromverläufe

8.2.7 Gleichstromsteller beim Betrieb an der Lückgrenze

Man bestimme für den Gleichstromsteller mit ohmsch-induktiver Belastung und konstanter Gegenspannung U_q den Grenzwert $(t_e/T)_L$ des Tastgrads, bei dem der Betrieb mit lückendem Strom beginnt.

Lösung:

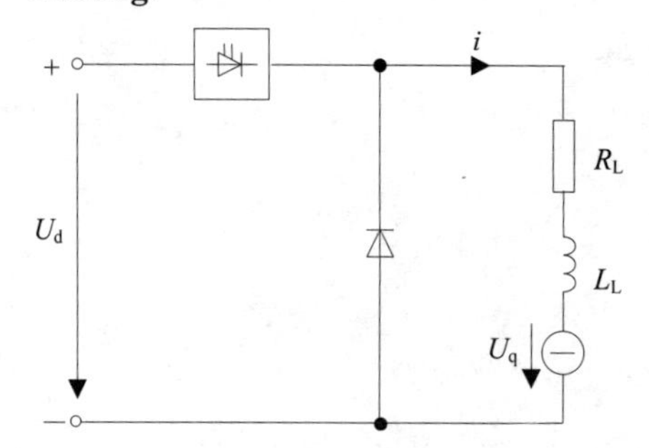

Bild 8.2.12 Schaltbild

Entsprechend Aufgabe 8.2.4 lauten die Spannungsgleichungen hier für leitenden Hauptthyristor

$$R_L i + L_L \frac{di}{dt} = U_d - U_q \quad \text{bzw. für den Freilauf}$$

$$R_L i + L_L \frac{di}{dt} = -U_q$$

mit den Lösungen:

- Steller „ein“ ; $0 \le t \le t_e$:

$$i(t) = \frac{U_d - U_q}{R_L}\left(1 - e^{-t/T_L}\right) + i(0) \cdot e^{-t/T_L};$$

- Steller „aus“ (Freilauf); $t_e \le t \le T$:

$$i(t) = i(t_e) \cdot e^{-(t-t_e)/T_L} - \frac{U_q}{R_L}\left(1 - e^{-(t-t_e)/T_L}\right).$$

Führt man wieder $I_0 = \frac{U_d}{R_L}$ ein, so erhält man die Extremwerte

$$i_{max} = i(t_e) = I_0 \frac{1 - e^{-t_e/T_L}}{1 - e^{-T/T_L}} - \frac{U_q}{R_L} \text{ und}$$

$$i_{min} = i(0) = I_0 \frac{e^{t_e/T_L} - 1}{e^{T/T_L} - 1} - \frac{U_q}{R_L}.$$

Bei Vollaussteuerung, $t_e = T$, wird

$$i_{max} = i_{min} = \frac{U_d - U_q}{R_L} = I_0 - \frac{U_q}{R_L}.$$

Die auf I_0 bezogene Schwingungsweite $\Delta i = i_{max} - i_{min}$ wird hier wie im Fall ohne Gegenspannung (Aufgabe 8.2.4):

$$\frac{\Delta i}{I_0} = \frac{1 + e^{T/T_L} - e^{t_e/T_L} - e^{t_a/T_L}}{e^{T/T_L} - 1}, \text{ ist also von } U_q \text{ unabhängig.}$$

Die Lückgrenze wird erreicht, wenn $i_{min} = 0$ ist. Hierfür wird

$$\frac{e^{(t_e/T_L)_L} - 1}{e^{T/T_L} - 1} = \frac{U_q}{U_d} \text{ und der Aussteuerungsgrad an der Lückgrenze:}$$

$$\left(\frac{t_e}{T}\right)_L = \frac{T_L}{T} \cdot \ln\left[\frac{U_q}{U_d}\left(e^{T/T_L} - 1\right) + 1\right].$$

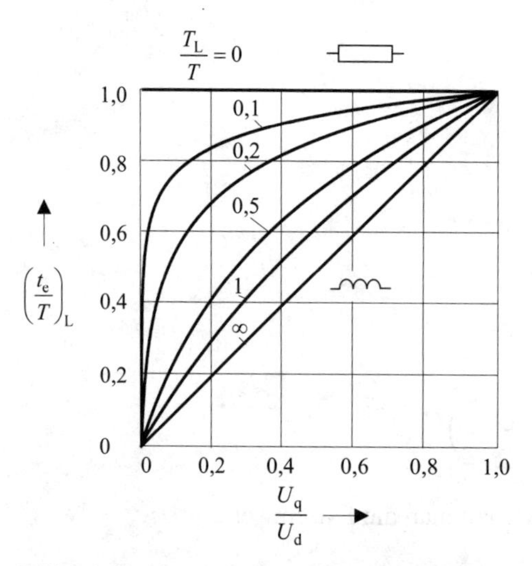

Bild 8.2.13 Aussteuerungsgrad an der Lückgrenze

Im **Bild 8.2.13**, das die Werte des Aussteuerungsgrads $(t_e/T)_L$ an der Lückgrenze als Funktion der relativen Gegenspannung U_q/U_d mit dem Verhältnis T/T_L als Parameter zeigt, liegt jeweils *oberhalb* der Kurven der Bereich für *nicht lückenden* Betrieb. Für Aussteuerungsgrade *unterhalb* der Kurven ergibt sich *lückender* Strom.
Die Grenzgerade für $T/T_L = 0$ entspricht $T_L \rightarrow \infty$, also rein *induktiver* Belastung. In diesem praktisch nicht vorkommenden Sonderfall ist nur Betrieb an der Lückgrenze möglich: $t_e/T = U_q/U_d$. Für größeren Aussteuerungsgrad würde die Induktivität in Sättigung geraten.
Bei rein *ohmscher* Last ($T_L = 0$, also $T/T_L \rightarrow \infty$) ist dagegen, Vollaussteuerung $t_e/T = 1$ ausgenommen, *immer* lückender Strom zu erwarten.

8.2.8 Hochsetzsteller

Man simuliere das Systemverhalten eines Hochsetzstellers, der bei einer konstanten Eingangsspannung U_d = 326 V eine Ausgangsspannung $U_L \approx$ 500V liefert. Die Ausgangsleistung soll ca. 16 kW betragen.

Dimensionierung:
Eingangsinduktivität L_1 = 0,5 mH; Ausgangskapazität C_1 = 470 µF.

Datei: *Projekt*: Kapitel 8.ssc \ *Datei*: Hochsetzsteller.ssh

Lösung:

Als Hochsetzsteller werden Gleichstromsteller bezeichnet, bei denen die Ausgangsspannung auf größere Werte als die Eingangspannung gestellt werden kann. Ein aktuelles Anwendungsgebiet ist die Energierückspeisung von Antrieben bei Nutzbremsung. Dabei wird von einer aktiven Quelle im Lastkreis die Energie in das Netz eingespeist. Dazu ist eine Hochsetzung der Lastkreisspannung erforderlich. Die Arbeitsweise der Grundschaltung, deren Simulationsmodell das **Bild 8.2.14** wiedergibt, ist in **L** Abschnitt 8.2.2.2 ausführlich beschrieben. Aus der vorgegebenen Ausgangsleistung von ca. 16 kW ergibt sich für den Belastungswiderstand $R_1 = 15\ \Omega$. Die Dimensionierung der Bauelemente ist so gewählt, dass für die angewandte Taktfrequenz von 1 kHz die Schwingungsweite Δu_L im zeitlichen Verlauf der Ausgangspannung sichtbar wird.

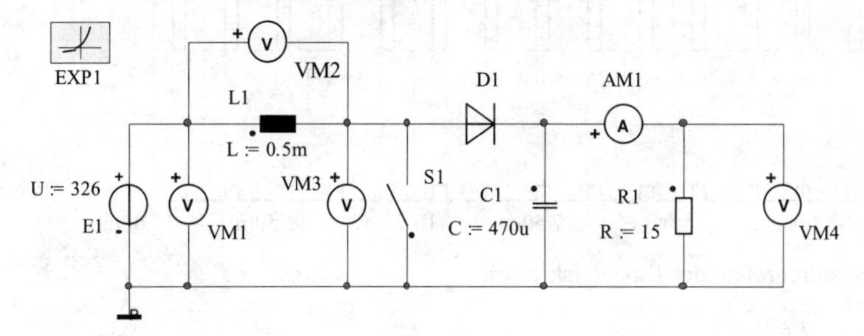

Bild 8.2.14 Hochsetzsteller

Die Schaltung enthält die zwei Energiespeicher, Eingangsinduktivität L_1 und Ausgangskapazität C_1, die zunächst beide ungeladen sind. Durch Anlegen der konstanten Eingangsspannung bei geöffnetem Schalter S1 wird der durch diese Elemente gebildete Schwingkreis angestoßen. Die starke Dämpfung durch den Lastwiderstand bewirkt ein einmaliges Überschwingen der Kondensatorspannung. Dieses Verhalten ist den Systemgrößen im Taktbetrieb überlagert. Eine gedachte Hüllkurve über die Schalterspannung u_{S1} (VM1) in **Bild 8.2.15** und über die Ausgangsspannung u_L (VM4) in **Bild 8.2.16** macht dies deutlich.

Die Steuerung des Schalters S1 erfolgt mittels PWM. Bei geschlossenem Schalter steigt der Strom durch die Induktivität an. Sie nimmt Energie auf und gibt diese im geöffneten Schalterzustand an den Kondensator ab, wodurch die Kondensatorspannung ansteigt und der Strom durch die Induktivität abnimmt. Solange der Mittelwert des Eingangsstroms konstant ist, fällt auch im Mittel keine Spannung an der Induktivität ab.

In dieser Schaltungstopologie glättet die Kapazität am Ausgang zugleich den Spannungsverlauf. Anders als beim Tiefsetzsteller folgt die Ausgangsspannung (Bild 8.2.16) mit einer geringen Schwingungsweite dem über eine Taktperiode gemittelt Wert. Im stationären Zustand ist die Ausgangsspannung höher als die Eingangspannung.

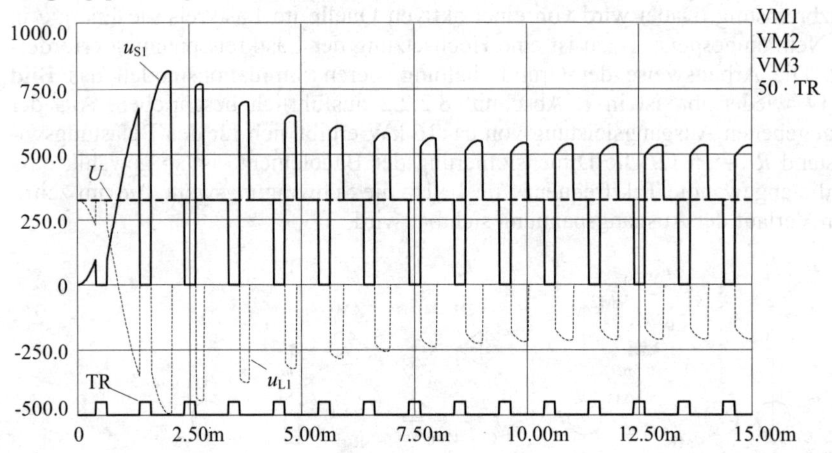

Bild 8.2.15 Systemgrößen des Eingangskreises

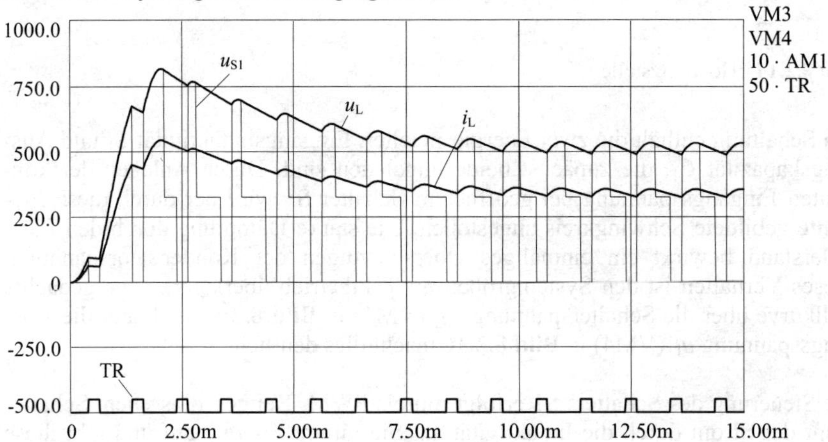

Bild 8.2.16 Systemgrößen auf der Lastseite

Anregung:

- Man variiere den Tastgrad t_e/T und beobachte alle Systemgrößen und insbesondere den Verlauf der Ausgangsspannung.

- Man variiere die Induktivität L_1 und beobachte alle Systemgrößen.
- Man ermittle näherungsweise den Tastgrad, für den sich eine Ausgangsspannung von 400 V einstellt.
- Man ermittle näherungsweise die maximale Ausgangsspannung, die sich bei dieser Dimensionierung einstellen lässt.

8.2.9 Vierquadrantensteller

Man simuliere eine Vollbrückenschaltung bei ohmsch-induktiver Belastung mit R = 15 Ω und L = 100 mH. Die Brückenschaltung soll für die Tastgrade t_e/T = 0,75; 0,5; 0,25 untersucht werden, wobei die Taktfrequenz f = 500 Hz betragen soll. Man betrachte weiterhin den Laststrom für verschiedene Taktfrequenzen mit f = 250 Hz; 500 Hz; 750 Hz beim Tastgrad 0,75.

Datei: *Projekt*: Kapitel 8.ssc \ *Datei*: Vierquadrantensteller-PWM.ssh

Lösung:

Der Tiefsetzsteller liefert positive Spannung und positiven Strom am Ausgang. Dagegen arbeitet der Hochsetzsteller mit positiver Spannung und negativem Strom im Lastkreis. Im Spannungs-Strom-Diagramm sind beide Schaltungen auf

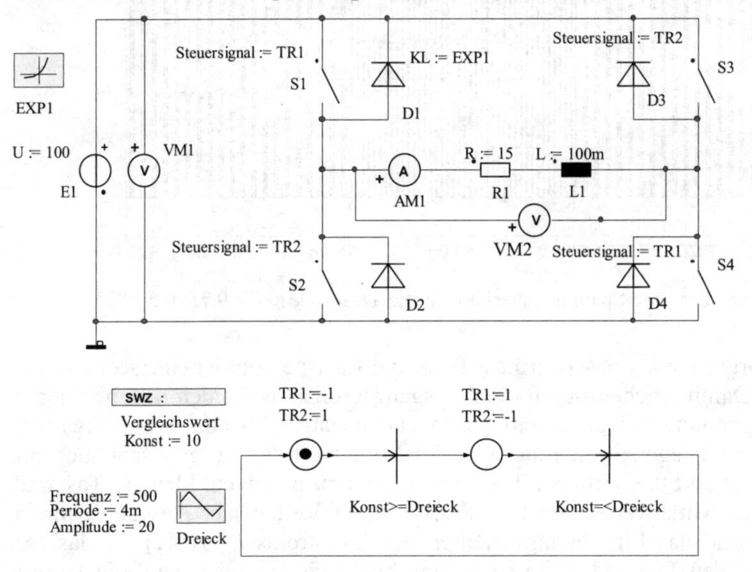

Bild 8.2.17 Vollbrückenschaltung bei Pulsweiten-Modulation

den Betrieb in einem Quadranten beschränkt (**L** Abschnitt 8.2.2). Viele Anwendungsfälle – insbesondere in der Antriebstechnik – erfordern aber Betrieb in allen vier Quadranten. Schaltungen, die dies leisten, heißen Vierquadrantensteller. Praktisch verzögerungsfreie Übergänge zwischen den Betriebsquadranten ermöglicht die Brückenschaltung nach **Bild 8.2.17**. Für diese Schaltung sind verschiedene Steuerverfahren möglich, von denen eines in **L** Abschnitt 8.2.2.4 vorgestellt wird. Hier soll ergänzend die Diagonalsteuerung oder synchrone Steuerung mit PWM-Signalen zur Anwendung kommen.

Dabei werden die diagonal liegenden Ventilbauelemente S1 und S4 bzw. S2 und S3 immer gleichzeitig umgeschaltet. In der praktischen Umsetzung ist darauf zu achten, dass beispielsweise das Ventilbauelement S2 erst eingeschaltet werden darf, wenn S1 sicher sperrt. Dazu werden in den Ansteuerschaltungen sogenannte Totzeiten generiert, um so ein überlappendes Schalten gegenüberliegender Ventilbauelemente zu verhindern.

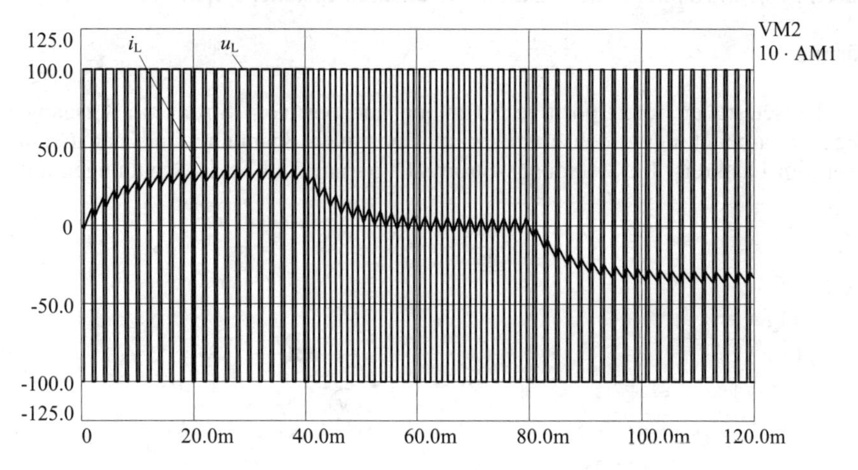

Bild 8.2.18 Strom- und Spannungsverlauf für die Tastgrade t_e/T = 0,75; 0,5; 0,25

Bei der vorgegebenen passiven Last fließt die Energie von der Speisequelle zum Lastkreis. Damit ergeben sich für die Ausgangsgrößen die beiden Kombinationen: positive Spannung mit positivem Strom und negative Spannung mit negativem Strom. In der Diagonalsteuerung wird der Mittelwert der Ausgangspannung null bei dem Tastgrad 0,5. Größere Tastgrade führen zu positiven, kleinere Tastgrade zu negativen Mittelwerten. Im **Bild 8.2.18** ist der Verlauf der Ausgangspannung u_L (VM2) und das Einschwingverhalten des Laststroms i_L (AM1) für das Einschalten auf den Tastgrad 0,75 und die anschließende Übergänge auf die Tastgrade 0,5 und 0,25 dargestellt.

Das Simulationsbeispiel in **Bild 8.2.19** mit festem Tastgrad 0,75 und den Pulsfrequenzen 250 Hz, 500 Hz und 750 Hz demonstriert den für alle Steller geltenden Einfluss der Frequenz bzw. Periodendauer auf die Stromwelligkeit.

Eine Umkehrung der Energieflussrichtung wird nur durch die Wirkung einer aktiven Quelle im Lastkreis möglich.

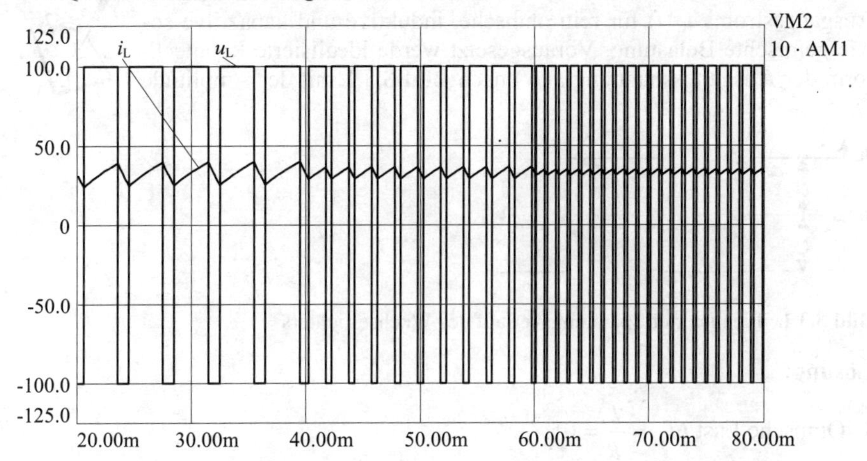

Bild 8.2.19 Strom- und Spannungsverlauf für f = 250 Hz; 500 Hz; 750 Hz

Anregung:

- Man ergänze den Lastkreis durch eine Gleichspannungsquelle und simuliere für folgende Parameter die Brückenschaltung:
  - Man wähle für einen Tastgrad t_e/T = 0,75 die Polarität und die Größe dieser Spannung so, dass die Energie von der Speisequelle zur Spannungsquelle im Lastkreis fließt.
  - Man wähle für t_e/T = 0,75 die Polarität und die Größe dieser Spannung so, dass die Energie von der Spannungsquelle im Lastkreis zur Speisequelle fließt.
  - Man wähle für t_e/T = 0,25 die Polarität und die Größe dieser Spannung so, dass die Energie von der Speisequelle zur Spannungsquelle im Lastkreis fließt.
  - Man wähle für t_e/T = 0,25 die Polarität und die Größe dieser Spannung so, dass die Energie von der Spannungsquelle im Lastkreis zur Speisequelle fließt.
- Die Gegenspannung im Lastkreis betrage 25 V. Man ermittle den Tastgrad, für den sich ein Laststrom von 2,5 A einstellt und simuliere die Systemgrößen.

8.3 Selbstgeführte Wechselrichter

8.3.1 Wechselrichter-Ausgangsstrom bei verschiedenen Belastungsarten

Man berechne und skizziere den zeitlichen Verlauf des Wechelrichter-Ausgangsstroms $i_L(t)$ für rein ohmsche, induktive und kapazitive sowie gemischte Belastung. Vorausgesetzt werde idealisierte Rechteckform der Ausgangsspannung $u_L(t)$ nach **Bild 8.3.1** mit der Amplitude U.

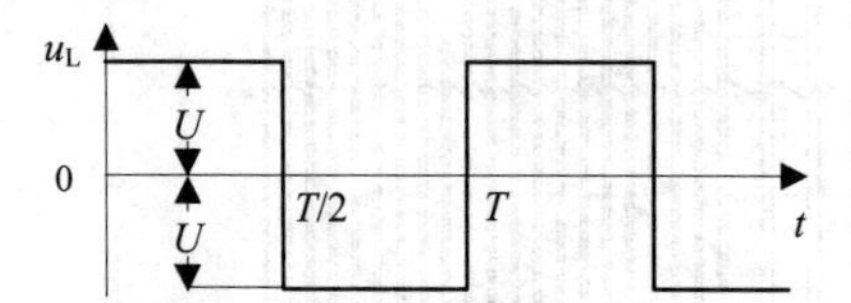

Bild 8.3.1 Idealisierter Spannungsverlauf des Wechselrichters

Lösung:

1. Ohmsche Last ($T_L = \frac{L}{R} = 0$):

$$i_L(t) = \frac{u_L(t)}{R}$$

2. Induktive Last ($T_L \to \infty$):

$$u_L(t) = L\frac{di_L(t)}{dt}$$

$$i_L(t) = \frac{1}{L}\int_0^t u_L(t)dt.$$

Mit der Bedingung für den stationären Zustand

$$i_L(0) = -i_L\left(\frac{T}{2}\right) = i_L(T)$$

erhält man

$$i_L(t) = \frac{U}{L}\left(t - \frac{T}{4}\right); \quad 0 \le t \le \frac{T}{2}$$

und

$$i_L(t) = -\frac{U}{L}\left(t - \frac{3T}{4}\right); \quad \frac{T}{2} \le t \le T.$$

Bei ungesättigter Induktivität verläuft gemäß $\Psi = L \cdot i$ der Spulenfluss Ψ ebenso wie der Strom. Der Eisenkern von Transformatoren oder Drosselspulen muss also bei Rechteckspannung für den Scheitelwert $\hat{\Psi} = L \cdot i(T/2) = U\,T/4 = U/(4f)$ bemessen werden. Da er umgekehrt proportional der Frequenz ist, wird die Baugröße durch die *kleinste* vorkommende Frequenz bestimmt. Die hier unberücksichtigte Sättigung würde erhöhte Scheitelwerte des dann nicht mehr dreieckförmigen Stroms ergeben.

3. Ohmsch-induktive Last

$$u_{\mathrm{L}}(t) = R i_{\mathrm{L}}(t) + L \frac{\mathrm{d}i_{\mathrm{L}}(t)}{\mathrm{d}t}.$$

Die gleichen Anfangsbedingungen wie unter Punkt 2 ergeben

$$i_{\mathrm{L}}(t) = \frac{U}{R}\left(1 - \frac{2\mathrm{e}^{-t/T_{\mathrm{L}}}}{1+\mathrm{e}^{-T/(2T_{\mathrm{L}})}}\right); \quad 0 \le t \le \frac{T}{2}$$

und

$$i_{\mathrm{L}}(t) = \frac{U}{R}\left(\frac{2\mathrm{e}^{-(t-T/2)/T_{\mathrm{L}}}}{1+\mathrm{e}^{-T/(2T_{\mathrm{L}})}} - 1\right); \quad \frac{T}{2} \le t \le T.$$

4. Kapazitive Last

$$i_{\mathrm{L}}(t) = C \frac{\mathrm{d}u_{\mathrm{L}}(t)}{\mathrm{d}t}.$$

Bei rein kapazitiver Last treten bei den Spannungs-Nulldurchgängen unbegrenzt hohe Stromspitzen auf, weshalb dieser Fall stets zu vermeiden ist. Auch bei einer RC-Parallelschaltung bleiben die Stromspitzen erhalten (gestrichelter Verlauf).

5. Ohmsch-kapazitve Last (Reihenschaltung)

$$u_{\mathrm{L}}(t) = R\, i_{\mathrm{L}}(t) + \frac{1}{C}\int_0^t i_{\mathrm{L}}(t)\,\mathrm{d}t + u_{\mathrm{C}}(0)$$

Mit $u_{\mathrm{C}}(0) = -u_{\mathrm{C}}\left(\frac{T}{2}\right) = u_{\mathrm{C}}(T)$ wird

$$i_{\mathrm{L}}(t) = \frac{U}{R}\frac{2\mathrm{e}^{-t/T_{\mathrm{L}}}}{1+\mathrm{e}^{-T/(2T_{L})}}; \quad 0 \le t \le \frac{T}{2}$$

und

$$i_{\mathrm{L}}(t) = -\frac{U}{R}\frac{2\mathrm{e}^{-(t-T/2)/T_{\mathrm{L}}}}{1+\mathrm{e}^{-T/(2T_{\mathrm{L}})}}; \quad \frac{T}{2} \le t \le T.$$

Auch hier treten unzulässig hohe Stromsteilheiten auf, die zum Schutz der Ventile durch Induktivitäten begrenzt werden müssen.

Die im **Bild 8.3.2** dargestellten Ströme bei gemischter Last gelten für ein Verhältnis T/T_{L}=3.

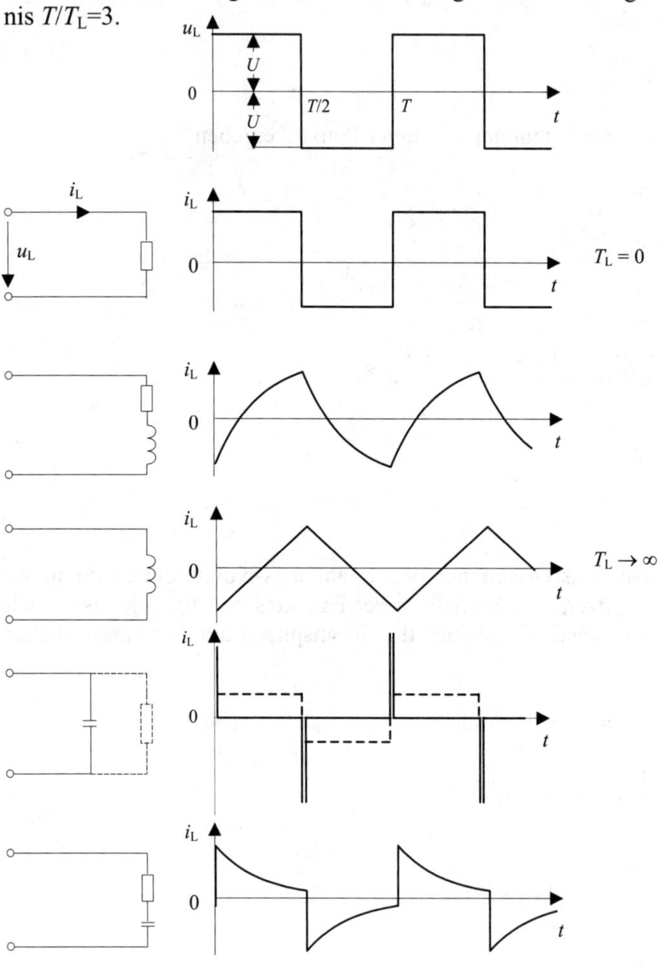

Bild 8.3.2 Stromverläufe für die Fälle 1 bis 5

8.3.2 Ventil-Strombelastung einer Wechselrichter-Mittelpunktschaltung

Für den Wechselrichter in Mittelpunktschaltung – **Bild 8.3.3** – mit Rechteck-Ausgangsspannung u_L und ohmsch-induktiver Belastung bestimme man die Strombelastung der Ventile in Abhängigkeit von der Lastkreis-Zeitkonstante T_L. Man ermittle die Strom-Mittelwerte der Hauptthyristoren (I_T) und der Rücklaufdioden (I_D), bezogen auf den Gleichrichtwert $|I_d|$ des Quellenstroms. Die Umladung des Kondensators während der Kommutierung werde vernachlässigt.

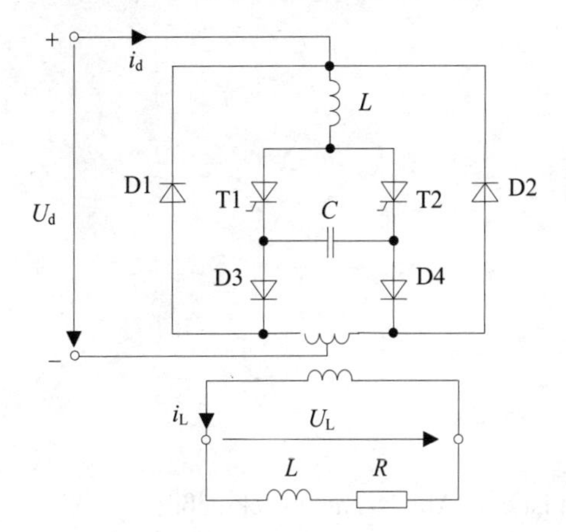

Bild 8.3.3 Selbstgeführter Wechselrichter in einphasiger Mittelpunktschaltung

Lösung:

Für die positive Spannungshalbschwingung, auf deren Betrachtung man sich wegen der Periodizität beschränken kann, gilt nach Aufgabe 8.3.1 die folgende Stromgleichung :

$$i_L(t) = \frac{U}{R}\left(1 - \frac{2e^{-t/T_L}}{1 + e^{-T/(2T_L)}}\right); \; T_L = \frac{L}{R}.$$

Bei Vernachlässigung der Kondensator-Umladung ergibt sich aus **L** Bild 8.15 der nachstehende idealisierte Verlauf der Ströme (**Bild 8.3.4**). Danach sind die Rücklaufdioden stromführend im Zeitintervall vom Strom-Minimum bis zum Nulldurchgang, $0 \le t \le t_0$, die Hauptthyristoren daran anschließend im Abschnitt $t_0 \le t \le T/2$. Der als Integrationsgrenze benötigte Wert t_0 folgt mit der Bedingung $i_L(t_0) = 0$ aus obiger Beziehung.

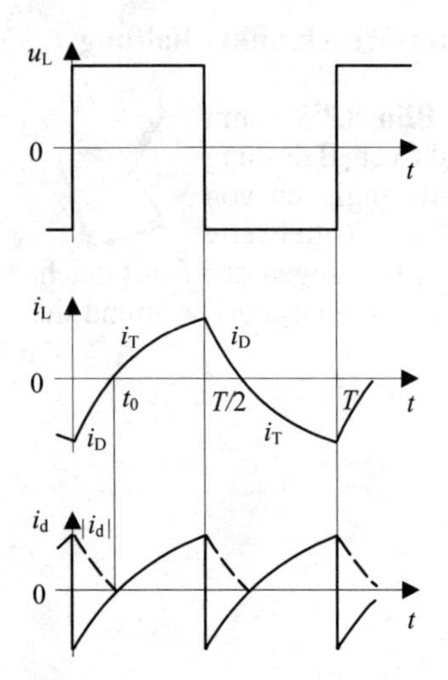

Bild 8.3.4 Idealisierte Stromverläufe

Es gilt

$$t_0 = T_L \cdot \ln \frac{2}{1 + e^{-T/(2T_L)}}.$$

Für den häufig wiederkehrenden Bruch ist eine Abkürzung zweckmäßig:

$$a = \frac{2}{1 + e^{-T/(2T_L)}}.$$

Damit vereinfacht sich auch die Stromgleichung zu

$$i_L(t) = \frac{U}{R}\left(1 - a \cdot e^{-t/T_L}\right).$$

Den Mittelwert des Diodenstroms I_D erhält man damit nach

$$I_D = \frac{1}{T}\int_0^{t_0} i_L(t)\,dt$$

zu

$$I_D = \frac{U}{R}\frac{T_L}{T}\left(1 - a + \ln a\right).$$

und den Thyristorstrom I_T entsprechend:

$$I_T = \frac{U}{R}\left(\frac{1}{2} + \frac{T_L}{T}\left(1 - a - \ln a\right)\right).$$

Der als Bezugswert geeignete Gleichrichtwert $|I_\mathrm{d}|$ des Quellenstroms folgt aus

$$|I_\mathrm{d}| = \frac{2}{T}\int\limits_0^{T/2} |\,i_\mathrm{d}(t)\,|\,\mathrm{d}t \;\text{ zu}$$

$$|I_\mathrm{d}| = 2\,(I_\mathrm{T} - I_\mathrm{D}) = \frac{U}{R}\left(1 - 4\frac{T_\mathrm{L}}{T}\ln a\right).$$

Daraus folgen die Relativwerte

$$\frac{I_\mathrm{T}}{|I_\mathrm{d}|} = \frac{1/2 + (T_\mathrm{L}/T)(1 - a - \ln a)}{1 - 4(T_\mathrm{L}/T)\ln a} \quad \text{und}$$

$$\frac{I_\mathrm{D}}{|I_\mathrm{d}|} = \frac{(T_\mathrm{L}/T)(1 - a + \ln a)}{1 - 4(T_\mathrm{L}/T)\ln a}.$$

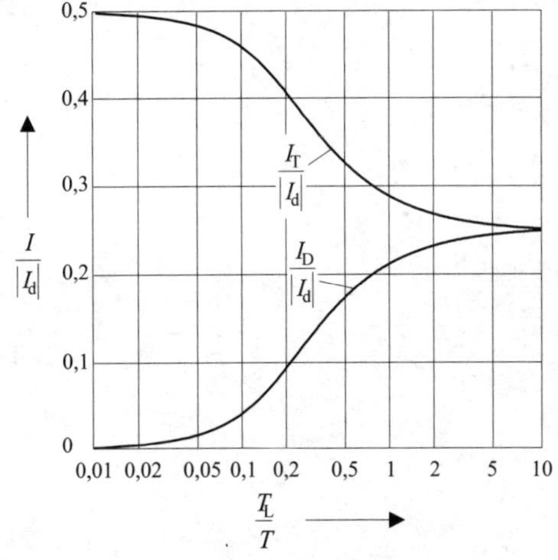

Bild 8.3.5 Bezogene Strom-Mittelwerte

Dem **Bild 8.3.5** entnimmt man neben den Werten der beiden Größen bei gemischter Belastung auch die Grenzfälle: Bei rein *ohmscher* Last ($T_\mathrm{L}/T \to 0$) führen nur die *Thyristoren* den Strom, der hierbei rechteckförmig und mit der Spannung u_L phasengleich ist. Dagegen teilt sich bei $T_\mathrm{L}/T \to \infty$, also rein *induktiver* Last, der hier dreieckförmige Quellenstrom zu gleichen Teilen auf die *Thyristoren* und die *Rücklaufdioden*. Daher sind die *Thyristoren* für die Hälfte, die *Rücklaufdioden* für ein Viertel des Gleichstrom-Höchstwerts zu bemessen.

8.3.3 Energiebilanz des freien Wechselrichters

Anhand einer Energiebilanz des Wechselrichters nach Bild 8.3.3 mit ohmsch-induktiver Belastung weise man nach, dass die über die Rücklaufdioden zur Quelle zurückgelieferte Energie aus dem zuvor in der Lastkreis-Induktivität L gespeicherten Betrag gedeckt wird und folglich die der Quelle effektiv entnommene Energie im Lastkreis-Widerstand R umgesetzt wird. Die Kommutierung sowie die Ventil- und Transformatorverluste seien vernachlässigt.

Lösung:

Die in der Aufgabenstellung genannten Vernachlässigungen führen zu den bereits in der Lösung zur Aufgabe 8.3.1 ermittelten Systemgrößen. Hier kann man die Betrachtung auf *eine Periodendauer T* beschränken und von der Halbschwingungssymmetrie der Größen Gebrauch machen. Die Stromgleichung lautet für die positive Spannungs-Halbschwingung auch hier:

$$i_\mathrm{L}(t) = \frac{U}{R}\left(1 - a \cdot \mathrm{e}^{-t/T_\mathrm{L}}\right); \qquad 0 \le t \le \frac{T}{2}$$

mit der Nullstelle bei

$$t_0 = T_\mathrm{L} \ln a.$$

Darin ist wiederum in Aufgabe 8.3.2

$$a = \frac{2}{1 + \mathrm{e}^{-T/(2T_\mathrm{L})}};$$

außerdem werden die Ausdrücke

$$\mathrm{e}^{-t_0/T_\mathrm{L}} = \frac{1}{a}$$

und

$$\mathrm{e}^{-T/(2T_\mathrm{L})} = \frac{2}{a} - 1$$

gebraucht.

Für die in einem Zeitintervall t_1 bis t_2 übertragene Energie gilt allgemein

$$W = \int_{t_1}^{t_2} u_\mathrm{L} i_\mathrm{L} \, \mathrm{d}t.$$

1. Während der Leitdauer der beiden *Hauptthyristoren* liefert die Quelle die Energie :

$$W_T = 2U \int_{t_0}^{T/2} i_L \, dt$$

$$= 2\frac{U^2}{R} \int_{t_0}^{T/2} \left(1 - a e^{-t/T_L}\right) dt.$$

Mit den obigen Abkürzungen wird

$$W_T = 2\frac{U^2}{R} T_L \left(\frac{T}{2T_L} - \ln a + 1 - a \right).$$

Bezieht man diesen und die folgenden Energiebeträge auf den Höchstwert $W = (U^2/R)\,T$, der bei rein ohmscher Belastung während einer Periode übertragen wird, so erhält man den Relativwert

$$w_T = 1 + \frac{2T_L}{T}\left(1 - a - \ln a\right).$$

2. Die über die *Rücklaufdioden* übertragene Energie beträgt

$$W_D = 2U \int_0^{t_0} i_L \, dt$$

$$= 2\frac{U^2}{R} T_L \left(1 - a + \ln a\right)$$

Relativwert:

$$w_D = \frac{2T_L}{T}\left(1 - a + \ln a\right)$$

Wegen $1 \le a \le 2$ ist $w_D \le 0$; während der Leitdauer der Rücklaufdioden wird also Energie vom Lastkreis zur Gleichspannungsquelle zurückgeliefert.

3. In der *Induktivität L* ist im Strom-Minimum bzw. -Maximum, also $t = 0$ und $t = T/2$ jeweils die Energie

$$W_L = \frac{1}{2} L i_{min}^2 = \frac{1}{2} L i_{max}^2$$

$$= \frac{1}{2} L \frac{U^2}{R^2} (1 - a)^2$$

oder

$$w_{\mathrm{L}} = \frac{T_{\mathrm{L}}}{2T}(1-a)^2$$

gespeichert.

4. Die Energie W_{L} wird von der Induktivität jeweils bis zum Stromnulldurchgang wieder *abgegeben*, wobei die Dioden stromführend sind. Da aber auch der Widerstand R den Laststrom führt, wird – bezogen auf eine Periode, also zweimalige Entladung von L – vom Lastkreis der folgende Betrag zur Quelle zurückgeliefert:

$$2W_{\mathrm{L}} - 2R\int_0^{t_0} i_{\mathrm{L}}^2\,\mathrm{d}t = \frac{U^2}{R}T_{\mathrm{L}}(1-a)^2 - 2\frac{U^2}{R}\int_0^{t_0}\left(1-a\mathrm{e}^{-t/T_{\mathrm{L}}}\right)^2\mathrm{d}t$$

$$= -2\frac{U^2}{R}T_{\mathrm{L}}(1-a+\ln a) = -W_{\mathrm{D}}.$$

Damit ist gezeigt, dass über die Rücklaufdioden derjenige Teil der in der Induktivität L gespeicherten Energie W_{L} zurückgeliefert wird, der während der Dioden-Leitdauer nicht im Widerstand R umgesetzt wird.

5. Die im Widerstand R insgesamt während einer Periode umgesetzte Energie beträgt:

$$W_{\mathrm{R}} = 2R\int_0^{T/2} i_{\mathrm{L}}^2\,\mathrm{d}t$$

$$= 2\frac{U^2}{R}\int_0^{T/2}\left(1-a\mathrm{e}^{-t/T_{\mathrm{L}}}\right)^2\mathrm{d}t$$

$$W_{\mathrm{R}} = 2\frac{U^2}{R}T_{\mathrm{L}}\left(\frac{T}{2T_{\mathrm{L}}} + 2(1-a)\right)$$

oder

$$w_{\mathrm{R}} = 1 + \frac{4T_{\mathrm{L}}}{T}(1-a).$$

Man kann nachprüfen, dass $W_{\mathrm{R}} = W_{\mathrm{T}} + W_{\mathrm{D}}$ bzw. $w_{\mathrm{R}} = w_{\mathrm{T}} + w_{\mathrm{D}}$ ist, dass also die der Quelle effektiv entnommene Energie im Lastkreis-Widerstand umgesetzt wird.

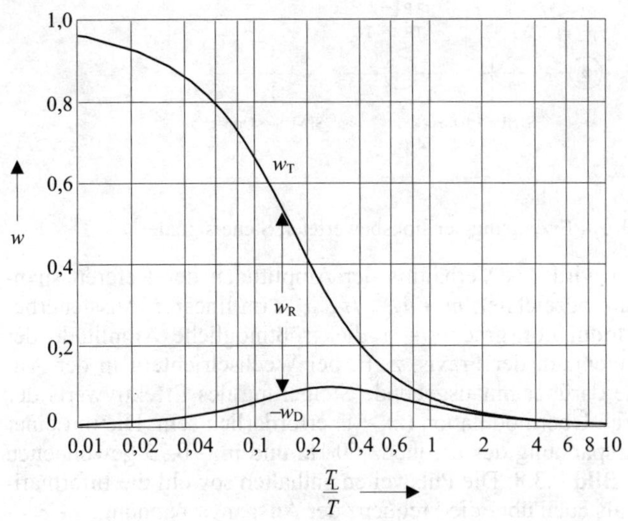

Bild 8.3.6 Relativwerte der Energie als Funktion des Verhältnisses T_L/T

8.3.4 Sinusbewertete Pulsweiten-Modulation

Man erzeuge mit Hilfe eines Zustandsgraphen ein sinusbewertetes pulsweiten-moduliertes Signal. Der Modulationsgrad m soll mit $m = \hat{u}_{\text{Sinus}} \,/\, \hat{u}_{\text{Dreieck}} = 0{,}75$ betragen. Die Frequenz des Dreiecksignals beträgt $f_{\text{Dreieck}} = 500$ Hz die Frequenz des Sinussignals $f_{\text{Sinus}} = 50$ Hz.

Datei: *Projekt*: Kapitel 8.ssc \ *Datei*: Sinus-PWM-Erzeugung.ssh

Lösung:

Ein häufig eingesetztes Verfahren zur Generierung von pulsweiten-modulierten Steuersignalen wurde in der Aufgabe 8.2.2 vorgestellt. Zur Anwendung in Gleichstromsteller diente dort ein konstantes Referenzsignal als Eingangsgröße. Da die Pulsweiten des Steuersignals dem jeweilige Mittelwert der Stromrichterausgangsspannung, gerechnet über eine Periodendauer, folgen, ist dieses Verfahren in gleicher Weise auch für die Erzeugung sinusförmiger Ausgangsgrößen geeignet. Sollen Spannung und Strom beliebige Phasenlagen zueinander annehmen können, so bietet sich die Brückenschaltung des Vierquadrantenstellers an. Dementsprechend ist der Zustandsgraph in **Bild 8.3.7** angepasst.

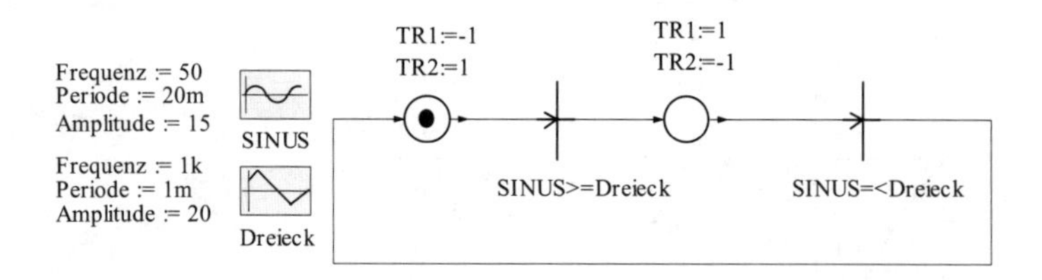

Bild 8.3.7 Zustandsgraph zur Erzeugung der sinusbewerteten Steuersignale

Als Modulationsgrad m wird das Verhältnis der Amplituden der Referenzspannung zur Steuerspannung bezeichnet: $m = \hat{u}_{\text{Sinus}} / \hat{u}_{\text{Dreieck}}$. Im linearen Aussteuerbereich wird mit dem Modulationsgrad $m = 1$ die größtmögliche Amplitude der Ausgangsspannung erreicht. In der Praxis, z. B. bei Wechselrichtern in der Antriebstechnik, kann eine darüber hinausgehende Steigerung des Effektivwerts der Ausgangsspannung durch Übermodulation ($m > 1$) erforderlich sein. Die mit einer sinusförmigen Referenzspannung der Frequenz 50 Hz und $m = 0{,}75$ gewonnenen Steuersignale zeigt das **Bild 8.3.8**: Die Pulsweiten enthalten sowohl die Information über die Amplitude als auch über die Frequenz der Ausgangsspannung.

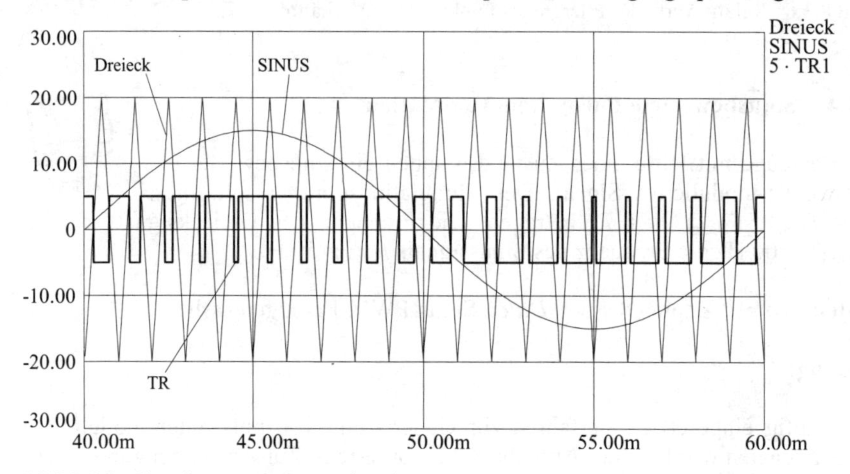

Bild 8.3.8 Sinusbewertete Steuersignale

Anregung:

- Man erzeuge ein sinusförmig bewertetes PWM-Signal mit einen Modulationsgrad $m = 0{,}25$ für 50 Hz.
- Man erzeuge ein sinusförmig bewertetes PWM-Signal mit $m = 0{,}75$ für 25 Hz.
- Man erzeuge ein sinusförmig bewertetes PWM-Signal mit $m = 0{,}25$ für 25 Hz.

- Man variiere die Frequenz des Drecksignals auf 2 kHz und erzeuge die PWM-Signale.

8.3.5 Wechselrichter in einphasiger Brückenschaltung

Die Brückenschaltung aus Aufgabe 8.2.9 mit RL-Belastung soll mit sinusbewerteten pulsweiten-modulierten Ansteuersignalen betrieben werden. Man simuliere für $R = 15\ \Omega$ und $L = 100$ mH die Lastspannung und den Laststrom. Die Ansteuerung erfolgt mit den Werten aus Aufgabe 8.3.4.

Datei: *Projekt*: Kapitel 8.ssc \ *Datei*: Brueckenschaltung-Sinus-PWM.ssh

Lösung:

Wechselrichter erzeugen aus einer Gleichspannung eine Wechselspannung mit einer in den Auslegungsgrenzen frei wählbaren Frequenz und Amplitude. Sie werden in einem weiten Anwendungsfeld überall dort eingesetzt, wo Wechselstromverbraucher aus einem festen Gleichspannungsnetz versorgt werden. Neben den in **L** Abschnitt 8.3 beschriebenen Schaltungsvarianten wird die Brückenschaltung mit steuerbaren Ventilbauelementen häufig angewandt. Das „Leistungsteil" entspricht so dem zuvor eingesetzten Simulationsmodell in Bild 8.2.17. Zur Steuerung der Ventilbauelemente dient der Zustandsgraph in Bild 8.3.7.

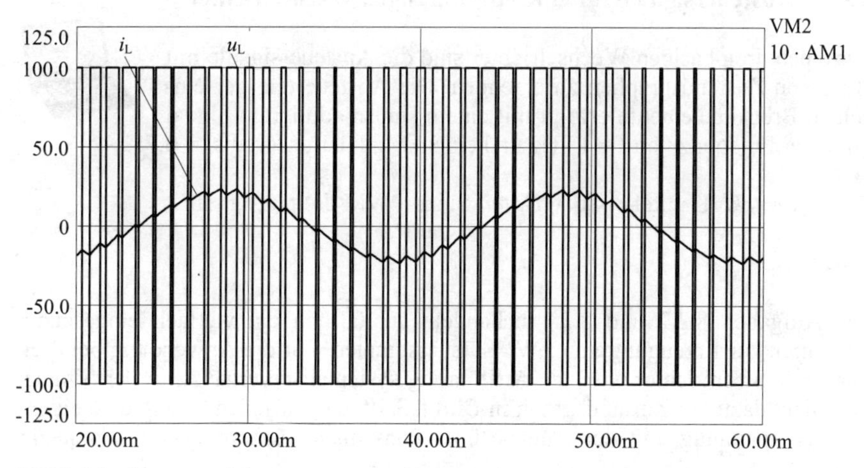

Bild 8.3.9 Strom- und Spannungsverlauf bei sinusbewerter Ansteuerung

Die simulierten Verläufe der Ausgangsgrößen des Wechselrichters zeigt das **Bild 8.3.9**. Auch hier gilt: Die Ausgangsspannung u_L (VM2) springt zwischen dem positiven und negativen Wert der Eingangs-Gleichspannung. Nur der über eine Taktperiode gemittelte Wert folgt der sinusförmigen Referenzspannung. Auf Grund der Tiefpasswirkung der RL-Last auf den Strom i_L (AM1) nähert sich jedoch dessen Verlauf der Sinusform an. Hier ist die Erfordernis der sogenannten Freilauf- oder Rückspeise-Dioden zu erkennen. Die konkreten steuerbaren Ventilbauelemente können den Strom nur in Durchlassrichtung führen. Greift man beispielsweise ein Zeitintervall mit negativer Lastspannung und positivem Laststrom heraus, so sind dort die Schalter S2 und S3 angesteuert. Auf Grund der Ventilwirkung dieser Schalter fließt der Strom aber über die parallel liegenden Dioden D2 und D3. Im eingeschwungenen Zustand ist die Grundschwingung des Stroms nacheilend zur Grundschwingung der Spannung.

Anregung:

- Man steuere die Brücke mit einem sinusförmig bewerteten PWM-Signal an, wobei der Modulationsgrad $m = 0{,}25$ bei einer Frequenz von 50 Hz beträgt.
- Man steuere die Brücke mit einem sinusförmig bewerteten PWM-Signal an, wobei $m = 0{,}75$ bei einer Frequenz von 25 Hz beträgt.
- Man steuere die Brücke mit einem sinusförmig bewerteten PWM-Signal an, wobei $m = 0{,}25$ bei einer Frequenz von 25 Hz beträgt.
- Man verkleinere die Induktivität und beobachte den Stromverlauf.

8.3.6 Ansteuersignale für einen dreiphasigen Wechselrichter

Für einen dreiphasigen Wechselrichter sind die Ansteuersignale mit Hilfe von Zustandsgraphen zu erzeugen. Die Ansteuerung der einzelnen Brückenelemente erfolgt mit einem sinusmodulierten Signal mit einer Frequenz von $f = 1$ kHz und einem Modulationsgrad $m = 0{,}75$.

Datei: *Projekt*: Kapitel 8.ssc \ *Datei*: Sinus-PWM dreiphasig.ssh

Lösung:

Die Aufgaben 8.2.2 und 8.3.4 behandeln ausführlich ein vielfach eingesetztes Verfahren zur Erzeugung von PWM-Steuersignalen. Für die Anwendung bei dreiphasigem Stromrichter wird die Ausführung systematisch ergänzt. In der Simulation dient dazu der Zustandsgraph in **Bild 8.3.10**, der für jeden Strang eine eigene Referenzspannung, mit der Angabe über Phasenlage, Amplitude und Frequenz, erhält.

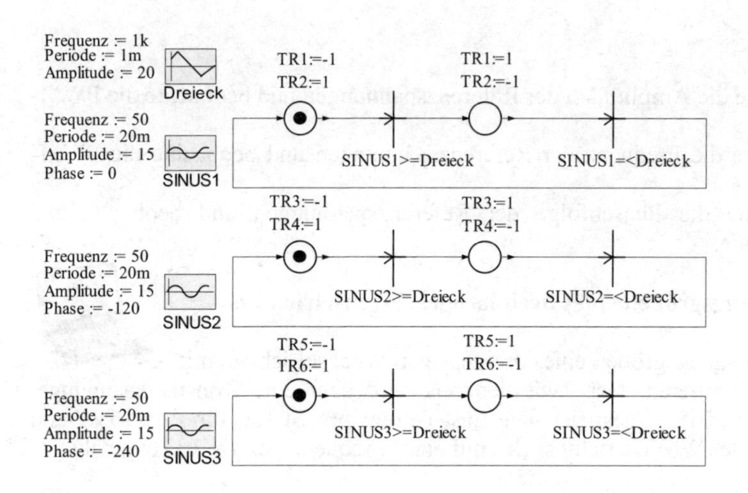

Bild 8.3.10 Zustandsgraph zur Erzeugung der Ansteuersignale

In **Bild 8.3.11** sind die Systemgrößen des Zustandsgraphs angegeben. Man gewinnt so drei um 120° elektrisch versetzte, sinusbewertete Signalketten für die Ansteuerung von dreiphasigen Wechselrichtern.

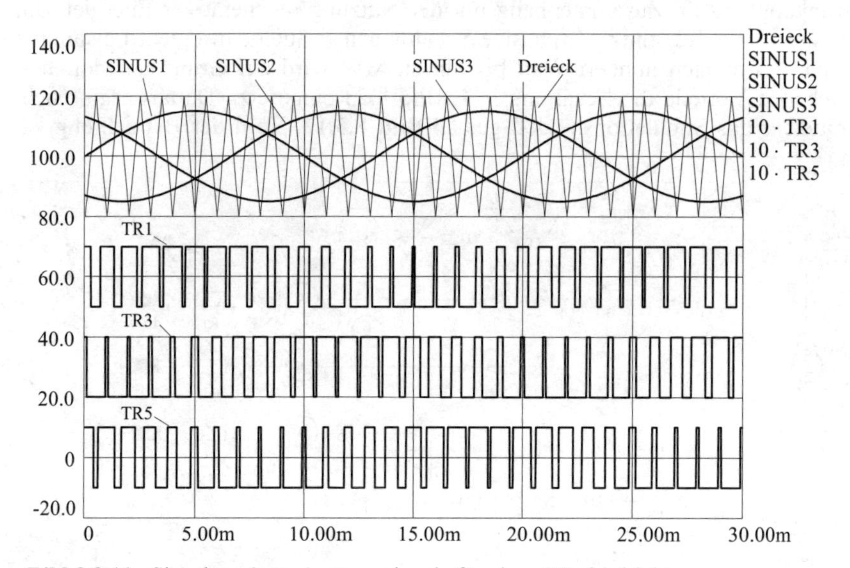

Bild 8.3.11 Sinusbewertete Ansteuersignale für einen Wechselrichter

Anregung:

- Man variiere die Amplituden der Referenzspannungen und beobachte die PWM-Signale.
- Man variiere die Frequenz der Referenzspannungen und beobachte die PWM-Signale.
- Man tausche die Phasenfolge der Referenzspannungen und beobachte die PWM-Signale.

8.3.7 Ausgangsgrößen eines dreiphasigen Wechselrichters

Es sind die Ausgangsgrößen eines dreiphasigen Wechselrichters mit RL-Last zu simulieren. Der Zwischenkreis wird über eine Konstantspannungsquelle mit U = 565 V gespeist. Die Last beträgt pro Strang für R = 15 Ω und L = 100 mH. Der Wechselrichter wird mit einer *F*requenz von f = 1 kHz getaktet.

Datei: *Projekt*: Kapitel 8.ssc \ *Datei*: Wechselrichter-Gleichspg-Zk.ssh

Lösung:

Das Hauptanwendungsgebiet der dreiphasigen Wechselrichter ist die Speisung drehzahlveränderlicher Drehstromantriebe. Ein weiterer aktueller Einsatz ist die Netzankopplung im Zusammenhang mit der Nutzung regenerativer Energien. In **L** Abschnitt 8.3.1.2 sind mehrphasige Schaltungen erläutert. In einem Leistungsbereich von einigen hundert Watt bis hin zu MW wird auf Grund der dort beschriebenen Vorteile die Schaltung in **L** Bild 8.23 eingesetzt. Daraus ergibt sich unmittelbar das Simulationsmodell gemäß **Bild 8.3.12**. Kern der Betrachtung ist

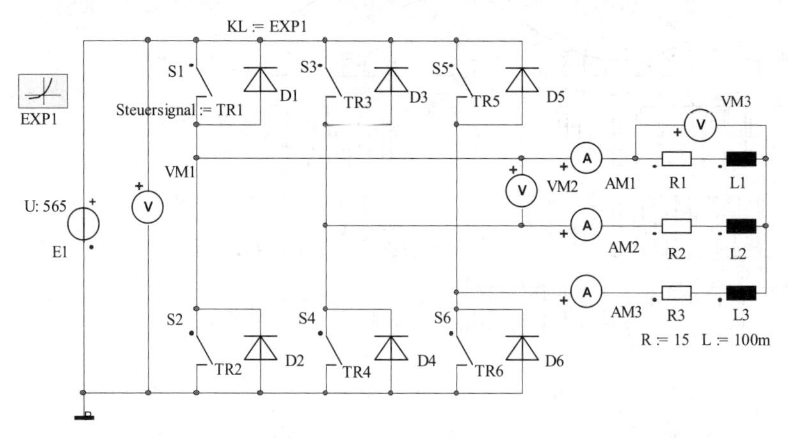

Bild 8.3.12 Dreiphasiger Wechselrichter mit Gleichspannungs-Zwischenkreis

hier die Untersuchung des Betriebsverhaltens des Wechselrichters. Das Hinzufügen des Modells einer Drehstrommaschine würde die Simulationszeit stark erhöhen. Damit sich abschnittsweise aber alle Vorzeichenkombinationen von Spannung und Strom einstellen, muss jedoch der zumindest induktive Charakter der Last im Modell berücksichtigt werden.

Mit den aus Aufgabe 8.3.6 abgeleiteten PWM-Steuersignalen ergeben sich die Ausgangsspannungen nach **Bild 8.3.13**. Im zeitlichen Verlauf der Leiterspannung u_{12} (VM2) fällt auf, dass diese in der positiven Halbperiode zwischen dem positiven Wert der Gleichspannung und null springt. Entsprechendes gilt für die negative Halbperiode. Es findet also kein fortdauerndes Umschalten zwischen positiver und negativer Gleichspannung statt, wie man das ggf. zunächst angenommen hätte. Jede der drei Halbbrücken (Zweigpaare) wird mit sinusbewerteten, um 120° elektrisch verschobenen PWM-Signalen angesteuert. Durch den Vergleich der drei Referenzspannungen mit einer gemeinsamen dreieckförmigen Steuerspannung ergibt sich die Leiterspannung u_{12} (VM2) in dieser Form. Die Nulllinie der Leiterspannung liegt in der Abbildung auf der Ordinate 500. Hinsichtlich des Betrags der Strangspannung u_1 (VM3) gilt es drei Fälle zu unterscheiden:

- Alle drei Halbbrücken sind auf das selbe Gleichspannungspotential durchgeschaltet. Die Ausgangsspannung ist dann null.
- Die Mittelpunkte der beiden Halbbrücken in den Strängen 2 und 3 liegen auf Gleichspannungspotential mit umgekehrtem Vorzeichen. Die Ausgangsspannung beträgt 2/3 der Gleichspannung.
- Eine der beiden anderen Halbbrücken liegt auf dem selben Gleichspannungspotential, wodurch sich eine Ausgangsspannung von 1/3 der Gleichspannung einstellt.

Näher erläutert ist dies in **L** Abschnitt 8.1.2, Bild 8.18.

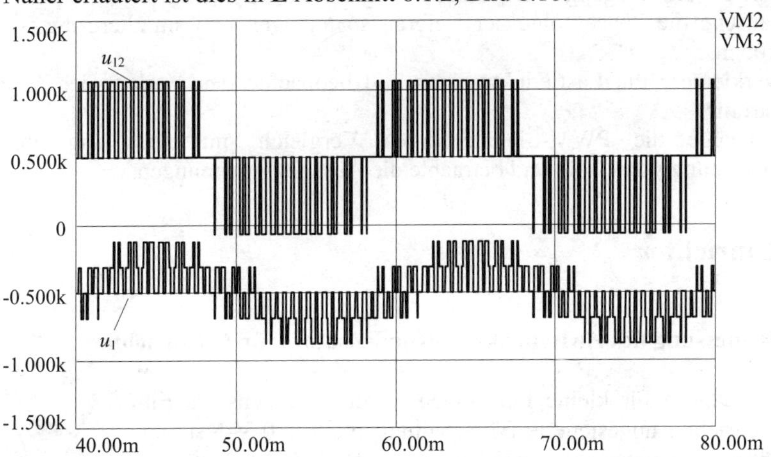

Bild 8.3.13 Strang- und Leiterspannung des Wechselrichters

Im stationären Zustand ergeben sich die Strangströme entsprechend **Bild 8.3.14**. Bedingt durch die Glättungswirkung der Lastinduktivität nähern sich deren Verläufe für die berechneten pulsförmigen Ausgangsspannungen sehr gut der Sinusform an.

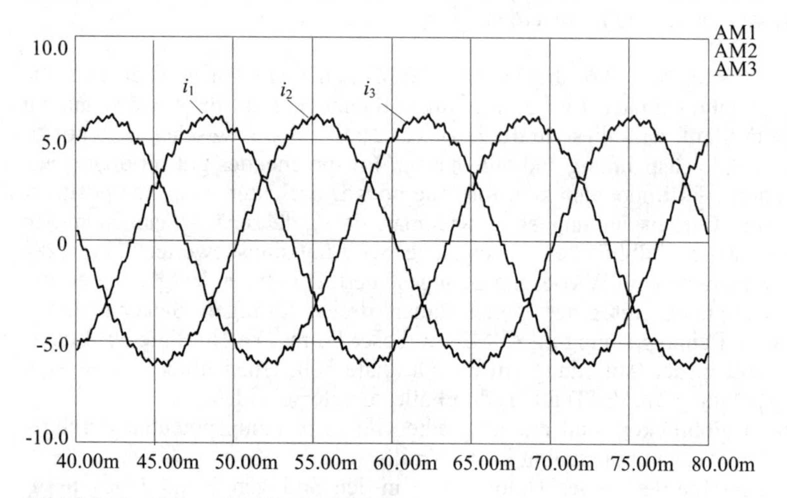

Bild 8.3.14 Ströme des Wechselrichters

Anregung:

- Man variiere den Modulationsgrad *m* und simuliere die Systemgrößen.
- Man variiere die Ausgangs-Frequenz und simuliere die Systemgrößen.
- Man tausche die Phasenfolge der Referenzspannungen und simuliere die Systemgrößen.
- Man verkleinere die Lastinduktivitäten und beobachte den Verlauf der Ausgangsströme.
- Man erzeuge die PWM-Signale durch Vergleich mit einer Sägezahn-Steuerspannung von 1 kHz und betrachte die Ausgangsspannungen.

8.4 Umrichter

8.4.1 Bemessung des Zwischenkreis-Kondensators für *U*-Umrichter

Bei *U*-Umrichtern für kleine Leistungen werden meistens als Eingangsgleichrichter ungesteuerte B2-Schaltungen am 230-V-Netz und für größere Leistungen ungesteuerte B6-Schaltungen am

400-V-Netz eingesetzt. Anhand einer groben Abschätzung der Systemgrößen sollen Faustregeln für die Auslegung des Zwischenkreis-Kondensators in beiden Schaltungsvarianten hergeleitet werden. Für die Schwingungsweite der Zwischenkreis-Spannung Δu_{ZK} wird bei einphasigem Netzanschluss 15 % zugelassen, bei dreiphasiger Einspeisung 7,5 % .

Lösung:

Für die Überschlägige Berechnung wird angenommen, dass der angeschlossene Wechselrichter einen konstanten Strom I_{ZK} aufnimmt. Somit gilt vereinfachend für die Kapazität:

$$C_{ZK} = I_{ZK} \cdot \frac{\Delta t_E}{\Delta u_{ZK}}$$

Darin ist

I_{ZK} Eingangsstrom des Wechselrichters,
Δu_{ZK} Schwingungsweite der Zwischenkreis-Spannung,
Δt_E Entladezeit des Kondensators.

Die Entladezeit Δt_E des Kondensators kann aus den Systemgrößen der Brückenschaltungen nach **Bild 8.4.1** und **Bild 8.4.2** abgeschätzt werden.

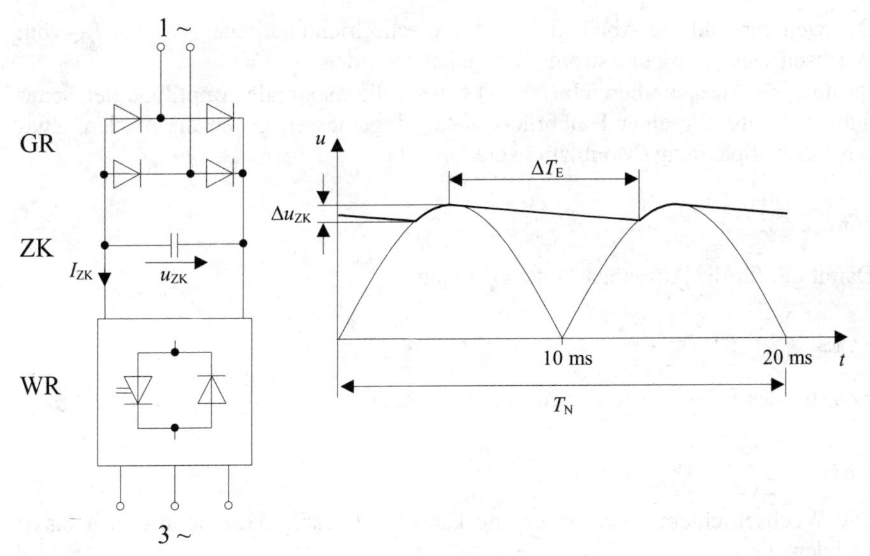

Bild 8.4.1 Zwischenkreisgrößen der B2-Schaltung

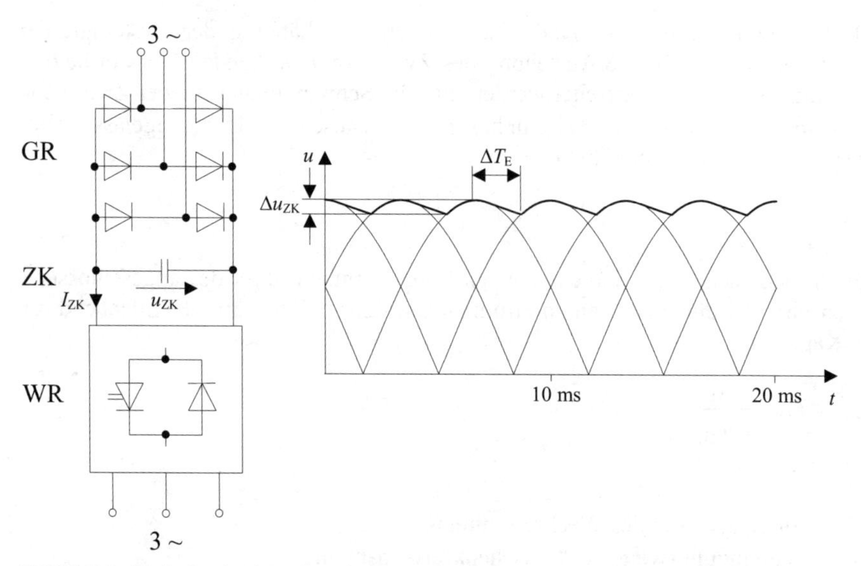

Bild 8.4.2 Zwischenkreisgrößen der B6-Schaltung

Von den ziemlich maßstäblichen Bildern kann man ablesen: für die B2-Schaltung ($p = 2$) $\Delta t_E \approx 8$ ms und für die B6-Schaltung ($p = 6$) $\Delta t_E \approx 2$ ms.

Des weiteren soll die Abhängigkeit des Wechselrichter-Eingangsstroms I_{ZK} vom Wechselrichter-Ausgangsstroms I_A abgeleitet werden.
Im linearen Aussteuerbereich ($m \leq 1$) beträgt die maximale Amplitude der Spannung am Ausgang einer Halbbrücke $\hat{u}_{HB\,max}$, gemessen gegen die mittlere Zwischenkreis-Spannung (Modulationsgrad $m = 1$):

$$\hat{u}_{HB\,max} = \frac{1}{2} U_{ZK}.$$

Damit gilt für die Ausgangs-Leiterspannung

$$\hat{u}_{A\,max} = \sqrt{3} \cdot \frac{1}{2} U_{ZK}$$

bzw. für den Effektivwert der Grundschwingung

$$U_{A\,max} = \frac{\sqrt{3}}{2\sqrt{2}} U_{ZK}.$$

Die Wechselrichterausgangsspannung kann bei linearer Ansteuerung also maximal den Wert

$$U_{\mathrm{A\,max}} = \frac{\sqrt{3}}{2} U_{\mathrm{N}}$$

annehmen.

Für die Ausgangsleistung gilt bei sinusförmigen Systemgrößen:

$$P_{\mathrm{A}} = \sqrt{3}\, U_{\mathrm{A}} I_{\mathrm{A}} \cdot \cos\varphi$$

Die im Zwischenkreis übertragene Wirkleistung ist:

$$P_{\mathrm{ZK}} = U_{\mathrm{ZK}} \cdot I_{\mathrm{ZK}}$$

Für $P_{\mathrm{A}} = P_{\mathrm{ZK}}$ erhält man

$$I_{\mathrm{ZK}} = \frac{3}{2\sqrt{2}} I_{\mathrm{A}} \cdot \cos\varphi$$

Mit der Annahme $\cos\varphi = 1$ ergibt sich in guter Näherung

$$I_{\mathrm{ZK}} = I_{\mathrm{A}}.$$

Die vorgegebenen Schwingungsweiten der Zwischenkreis-Spannung betragen

$$15\,\% \quad \text{von} \quad 230\sqrt{2}\ \mathrm{V} \rightarrow 48\ \mathrm{V} \ \ \text{bzw.}\ 7{,}5\,\% \quad \text{von} \quad 400\sqrt{2}\ \mathrm{V} \rightarrow 42\ \mathrm{V}.$$

Für beide Schaltungsvarianten wird der dazwischen liegende Wert von 45 V angenommen.

Somit ergeben sich schließlich für die Dimensionierung des Zwischenkreis-Kondensators mit der eingangs erwähnten Gleichung folgende Faustregeln:

B2-Schaltung:

$$C_{\mathrm{ZK}} = I_{\mathrm{A}} \frac{8 \cdot 10^{-3}\ \mathrm{s}}{45\ \mathrm{V}} \approx 180 \cdot 10^{-6}\ \frac{\mathrm{s}}{\mathrm{V}} \cdot I_{\mathrm{A}} \ \ \text{bzw. als bezogene Größe} \ \ \frac{C_{\mathrm{ZK}}}{I_{\mathrm{A}}} = 180\ \frac{\mu\mathrm{F}}{\mathrm{A}};$$

B6-Schaltung:

$$C_{\mathrm{ZK}} = I_{\mathrm{A}} \frac{2 \cdot 10^{-3}\ \mathrm{s}}{45\ \mathrm{V}} \approx 44 \cdot 10^{-6}\ \frac{\mathrm{s}}{\mathrm{V}} \cdot I_{\mathrm{A}} \ \ \text{bzw. als bezogene Größe} \ \ \frac{C_{\mathrm{ZK}}}{I_{\mathrm{A}}} = 44\ \frac{\mu\mathrm{F}}{\mathrm{A}}.$$

8.4.2 *U*-Umrichter mit einphasigem Eingang

Man simuliere einen *U*-Umrichter mit RL-Last, der über eine ungesteuerte B2-Schaltung vom 230-V-Netz gespeist wird. Der Zwischenkreis enthält einen Kondensator C_{ZK} = 470 µF. Es wird eine dreiphasige Belastung mit R = 30 Ω und L = 100 mH angenommen. Die Taktfrequenz des Wechselrichters beträgt f = 1 kHz. Man untersuche die Systemgrößen des Eingangsteils, des Zwischenkreises und die Ausgangsgrößen.

Datei: *Projekt*: Kapitel 8.ssc \ *Datei*: Umrichter-Einphasig.ssh

Lösung:

Wechselstrom-Umrichter mit Gleichspannungs-Zwischenkreis (kurz: *U*-Umrichter) bestehen aus einem netzgeführten Gleichrichter und einem lastseitigen Wechselrichter. Über den Spannungs-Zwischenkreis sind beide Schaltungsteile entkoppelt, so dass diese im Prinzip unabhängig voneinander arbeiten. Das Simulationsmodell in **Bild 8.4.3** entsteht daher durch Zusammenfügen des Modells einer kapazitiv belasteten, ungesteuerten B2-Schaltung mit dem Modell des Wechselrichters aus Bild 8.3.12. Funktion und Systemgrößen beider Schaltungskomponenten werden in vorherigen Aufgaben untersucht.

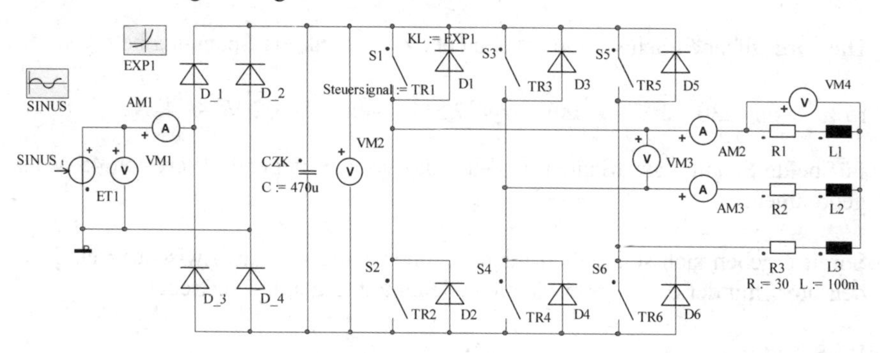

Bild 8.4.3 *U*-Umrichter mit einphasigem Eingang

In dem angelegten Simulationsmodell wird ein starres Netz zu Grunde gelegt, dessen Impedanz also null ist. Sobald die Netzspannung u_N (VM1) größer wird als die Zwischenkreis-Spannung u_{ZK} (VM2), steigt der Netzstrom i_N (AM1) aus null heraus sprunghaft an (**Bild 8.4.4**). Der Nachladestromimpuls liegt im Wesentlichen vor dem Maximum der ungestört sinusförmig verlaufenden Netzspannung. Gegenüber dieser ist der Grundschwingungsstrom gering kapazitiv voreilend. Ausgangslast und Größe des Zwischenkreis-Kondensators bestimmen die

Schwingungsweite der Zwischenkreis-Spannung Δu_{ZK} , welche nach Aufgabe 8.4.1 abgeschätzt werden kann.

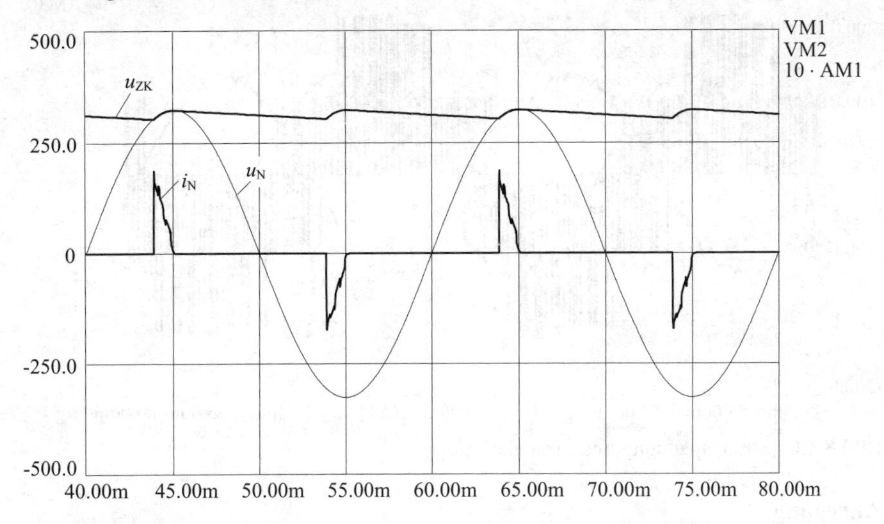

Bild 8.4.4 Netzstrom und Zwischenkreis-Spannung

Der Verlauf der Ausgangs-Leiterspannung u_{12} (VM3) in **Bild 8.4.5** ist grundsätzlich mit dem in Aufgabe 8.3.7 gewonnenen Ergebnis identisch. Gleiches gilt hinsichtlich der Strangspannungen und -ströme entsprechend **Bild 8.4.6**.

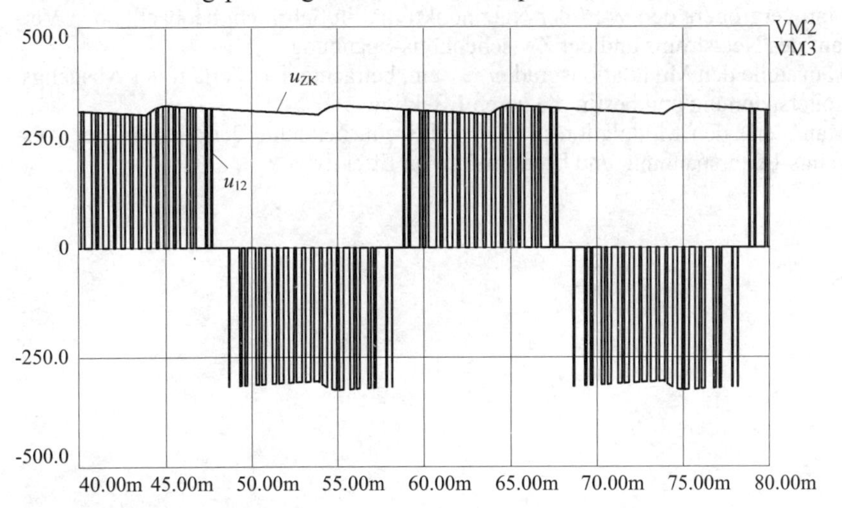

Bild 8.4.5 Leiterspannung

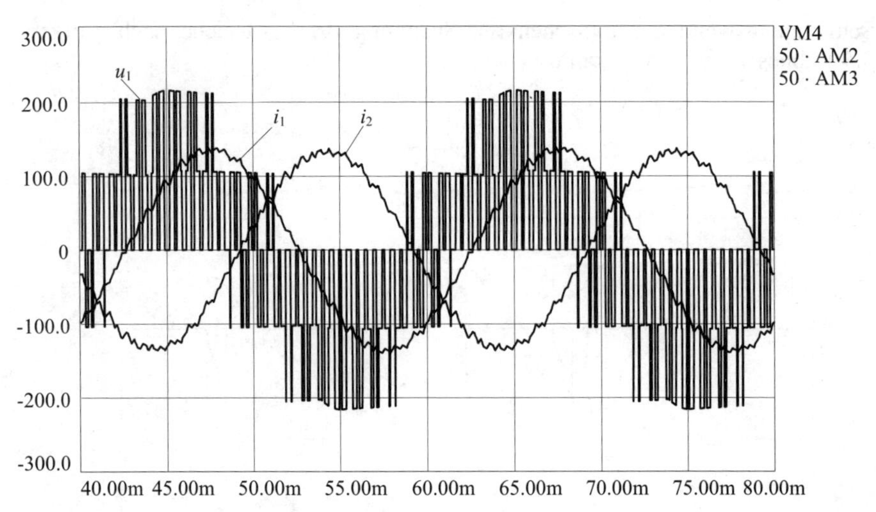

Bild 8.4.6 Strangspannung und Strangströme

Anregung:

- Man variiere die Größe des Zwischenkreis-Kondensators und beobachte die Zwischenkreis-Spannung.
- Man füge eine Netzinduktivität von 3 mH ein und beobachte den Verlauf des Netzstroms und der Netzspannung (nach der Induktivität).
- Man vergrößere den Wert der Netzinduktivität in Schritten, beobachte den Verlauf des Netzstroms und der Zwischenkreis-Spannung.
- Man stelle den Modulationsgrad $m = 1$ ein, betrachte den Verlauf der Ausgangs-Leiterspannung und bestimme deren Effektivwert.
- Man stelle den Modulationsgrad $m = 1{,}3$ ein, betrachte den Verlauf der Ausgangs-Leiterspannung und bestimme deren Effektivwert.

9 Stromrichter-Antriebe

9.1 Stromrichter in Regelkreisen

9.1.1 Digitale Systeme

Welche Vorteile bieten digitale Mess- und Regeleinrichtungen gegenüber analogen Systemen?

Antwort:

Digitale *Messeinrichtungen* können mit vergleichbarem Aufwand für höhere Genauigkeit und auch größere Störfestigkeit ausgeführt werden als analoge Einrichtungen. Außerdem sind sie einfacher erweiterungsfähig für zusätzliche Aufgaben, wie Vergleiche, Begrenzung und Umwandlung von Messgrößen. Falls sie busfähig sind, ist die Kommunikation mit anderen Komponenten innerhalb von Prozessleitsystemen möglich.

Bei digitalen *Regeleinrichtungen* kommt noch hinzu, dass ihr dynamisches Verhalten an veränderliche Anforderungen durch Programmierung, also ohne schaltungstechnische Änderungen, angepasst werden kann. Auch die Selbst-Inbetriebnahme von Regelungen ist nur mittels digitaler Systeme möglich. Sie sind außerdem bei entsprechender Rechenleistung in der Lage, komplexe Aufgaben, wie etwa Koordinatentransformationen in Echtzeit, durchzuführen. Dadurch werden aufwändige Regelverfahren, wie die feldorientierte Regelung und die direkte Selbstregelung von Drehstrommaschinen erst ermöglicht (**L** Abschnitt 9.3).

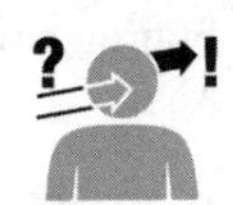

9.1.2 Kaskadenregelung

Welches sind die typischen Merkmale einer Kaskadenreglung?

Antwort:

Eine Kaskadenregelung besteht aus zwei Regelkreisen, wobei einem „äußeren“ Kreis ist ein zweiter, „innerer“ Regelkreis unterlagert ist. Beide Kreise sind so angeordnet, dass die Zeitkonstanten von innen nach außen zunehmen. Bei deutlich unterschiedlichen Zeitkonstanten ermöglicht dies eine relativ einfache Optimierung, beginnend mit der inneren Schleife. Der optimierte innere Kreis kann dann bezüglich des äußeren Kreises als einfaches Proportionalglied betrachtet werden. Die Kaskade erlaubt ohne Zusatzaufwand auch eine *Begrenzung* der unterlagerten Regelgröße.

Verwendet wird die Kaskadenregelung für Systeme mit mehreren, deutlich unterschiedlichen Zeitkonstanten, etwa für Antriebe, bei denen sich die elektrische und die mechanische Zeitkonstante meist um mindestens eine Zehnerpotenz unterscheiden. Für Lageregelungen ist es vorteilhaft, einen dritten Regelkreis zu überlagern. Wegen ihrer Übersichtlichkeit und guten Eigenschaften wird die Kaskadenregelung auch bei digitalen Systemen eingesetzt.

In **L** Bild 9.2 ist die Kaskaden-Struktur für die Drehzahlregelung eines Gleichstromantriebs mit unterlagerter Stromregelung dargestellt.

9.1.3 Tiefsetzsteller mit Drehzahlreglung

Eine permanent erregte Gleichstrommaschine wird mit einem Tiefsetzsteller am 48-V-Batterie-Netz betrieben. Die Führung des Antriebs erfolgt über eine Drehzahlregelung in PI-Struktur mit unterlagerter Zweipunkt-Stromregelung.
Die Gleichstrommaschine hat folgende Bemessungsdaten: P_N = 3 kW; n_N = 1600 min^{-1}; U_N = 48 V; I_{AN} = 70 A. Die Daten des Ankerkreises lauten: R_A = 0,07 Ω; L_A = 5 mH.
Ferner ist zur Beschreibung der Maschine die Erregerkonstante $k_e = U_q/\Omega$ erforderlich; sie beträgt hier k_e = 0,256 Vs. Die Drehmomentkonstante $k_m = M/I_A$ ergibt sich aus den Bemessungsdaten: $M_N = P_N/\Omega_N$ = 17,9 Nm und I_{AN} zu k_m = 0,256 Vs = k_e ; diese Identität gilt allgemein!
Das Trägheitsmoment des gesamten Antriebsstrangs beträgt J = 0,02 kgm^2.
Die Maschine ist kurzzeitig zweifach überlastbar.

Man simuliere das Einschwingverhalten des Antriebs für einen Drehzahl-Führungswert n^* = 1000 min^{-1} bei Belastung mit halbem Bemessungsmoment $M_N/2$.

Datei: *Projekt*: Kapitel 9.ssc \ *Datei*: Tiefsetzsteller-n-Regelung.ssh

Lösung:

Das Simulationsmodell in **Bild 9.1.1** demonstriert anschaulich die vorteilhafte Verknüpfung der verschiedenen Simulationsverfahren. Es ist naheliegend, den Steller mit der Maschine in der Form des elektrischen Netzwerks einzugeben. Für den linearen PI-Drehzahlregler bietet sich die gebräuchliche Beschreibung als

Signalflussgraph an. Dagegen ist der diskontinuierliche Ablauf der Zweipunkt-Stromregelung und die damit unmittelbar verbundene Erzeugung der Ansteuersignale dem Charakter nach prägnant durch den Zustandsgraph darstellbar. Das Zeitverhalten des Reglers wird durch die Wahl der Werte KP und KI für das Proportional- bzw. Integralglied bestimmt. Sie erfolgt nach den Kriterien der Regelungstheorie („Symmetrisches Optimum") und sei hier ohne weitere Erläuterung angegeben.

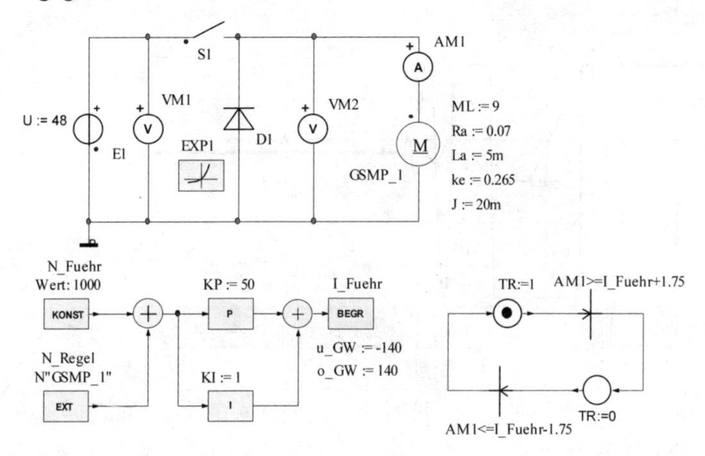

Bild 9.1.1 Drehzahlregelung mit unterlagerter Zweipunkt-Stromregelung eines Gleichstromantriebs

Der gemessene Drehzahlwert (N_Regel) wird mit der vorgegebenen Führungsgröße (N_Fuehr) verglichen und die Differenz dem PI-Drehzahlregler zugeführt. Die Ausgangsgröße dieses Reglers ist zugleich die Führungsgröße des Zweipunkt-Stromreglers. Hier zeigt sich eine vorteilhafte Eigenschaft der Kaskadenreglung. Durch die Vorgabe einer maximalen Größe des Drehzahlreglerausgangs wird zugleich der Ausgangsstrom des Tiefsetzstellers begrenzt und damit der Stromrichter und die elektrische Maschine geschützt. Im vorliegenden Fall wird die Begrenzung auf ± 140 A eingestellt, so dass die Beschleunigung höchstens mit dem zweifachen Bemessungsmoment bzw. Bemessungsstrom erfolgt. Die Schwingungsweite des Stroms wird mit 5 % des Bemessungsstroms entsprechend $\Delta i_N = \pm 1{,}75$ A gewählt.

Die in den **Bildern 9.1.2** und **9.1.3** dargestellten elektrischen und mechanischen Systemgrößen verdeutlichen die „innere" Funktion des Antriebs. Anfangs besteht eine erhebliche Regeldifferenz zwischen Führungsgröße und Regelgröße. Der Drehzahlreglerausgang – und damit die Strom-Führungsgröße i^* (I_Fuehr) – geht in die positive Begrenzung und schaltet das Ventil S1 ein. Der Strom i (AM1) steigt bis zum Erreichen der oberen Schaltschwelle ($i^* + 0{,}025\, I_N$) an, wo dann der

Schalter erstmals geöffnet wird. Während der Beschleunigung arbeitet der Tiefsetzsteller an der Stromgrenze. Die Zweipunkt-Regelung prägt dem Maschinenstrom einen auf- und absteigenden Verlauf in den Grenzen $(2 \pm 0{,}025)I_N$ ein, indem das Ventil S1 abhängig von den Lastparametern in kurzen Zeitintervallen schließt und öffnet.

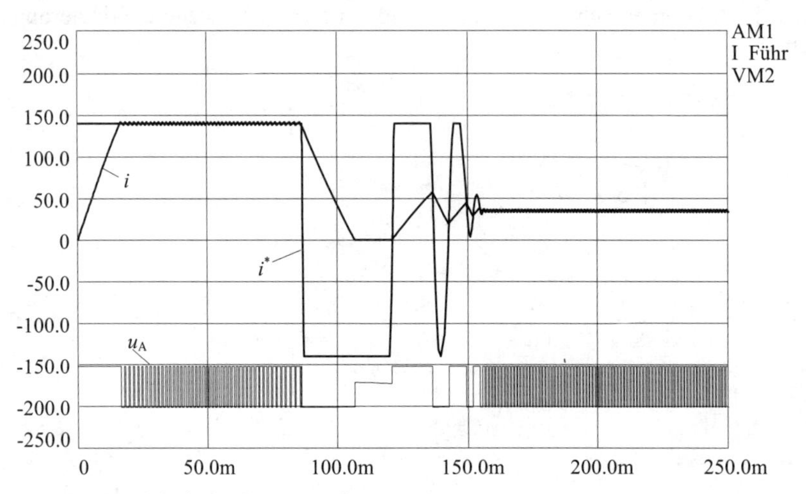

Bild 9.1.2 Elektrische Systemgrößen

Übersteigt die Drehzahl n (N"GSMP_1") die Führungsgröße n^* (N_Fuehr), so geht der Drehzahlreglerausgang an den negativen Anschlag, und das Ventil wird abgeschaltet. Der Strom klingt über den Freilaufkreis ab. Während dieser Zeit ist die Ausgangsspannung u_A (VM2) null. Da der Tiefsetzsteller keinen negativen

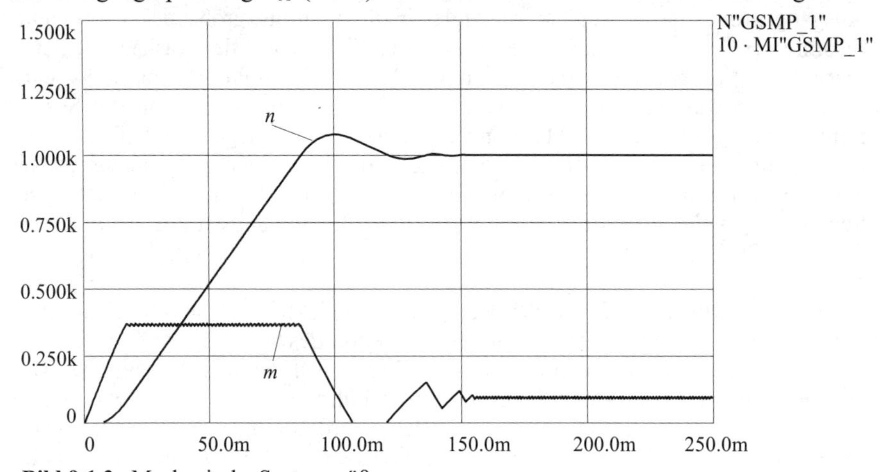

Bild 9.1.3 Mechanische Systemgrößen

Strom zulässt, entwickelt die Gleichstrommaschine kein Bremsmoment m (MI“GSMP1“). Allein die Last verzögert den Antrieb. In der sich daraufhin einstellenden Stromlücke liegt an den Maschinenklemmen die innere – von der Drehzahl abhängige – induzierte Spannung U_q an. Nach kurzer Einschwingzeit mit geringem Überschwingen nimmt die Drehzahl den stationären Wert $n = 1000\ \text{min}^{-1}$ an. Eine bessere Dynamik ist mit einem Vierquadrantensteller zu erzielen, der auch negative Drehmomente ermöglicht.

Anregung:

- Man variiere die Schwingungsweite des Stromreglers auf 0,1 I_N.
- Man variiere die Schwingungsweite des Stromreglers auf 0,01 I_N.
- Man simuliere einen Belastungssprung von 0,5 M_N auf M_N.
- Man simuliere einen Entlastungssprung von M_N auf 0,5 M_N.
- Man simuliere einen Drehzahlsprung von 500 min^{-1} auf 1000 min^{-1}.
- Man simuliere einen Drehzahlsprung von 1000 min^{-1} auf 500 min^{-1}.

9.1.4 Vierquadrantensteller mit Lageregelung

Man simuliere einen positionsgeregelten Gleichstromantrieb mit Vierquadrantensteller, der vom Gleichspannungs-Zwischenkreis einer ungesteuerten B2-Schaltung am 230-V-Netz versorgt wird.
Die Kapazität des Zwischenkreis-Kondensators beträgt $C_{ZK} = 4700\ \mu\text{F}$.
Die Umsetzung von Rotation auf Translation erfolgt über eine reibungslose Gewindespindel mit der Steigung $h = 6$ mm pro Umdrehung. Als Drehzahlerfassung dient ein Inkrementalgeber mit 256 Strichen.
Die Motordaten lauten: $P_N = 0{,}64$ kW; $n_N = 3000\ \text{min}^{-1}$; $U_N = 310$ V; $I_N = 2{,}19$ A; $k_e = 0{,}932$ Vs; $R_A = 7{,}8\ \Omega$; $L_A = 25$ mH.
Das Lastmoment an der Motorwelle beträgt $M_L = 0{,}2$ Nm.
Der gesamte Antriebsstrang hat das Trägheitsmoment $J = 0{,}575 \cdot 10^{-3}\ \text{kgm}^2$.

Ausgehend von einer Anfangsposition A soll eine Zielposition B in 0,1 m Entfernung angefahren werden. Nach einer kurzen Stillstandszeit wird dann wieder in die Ausgangsposition zurückgefahren (siehe **Bild 9.1.4**).

Position	
A	0 m
B	0,1 m
A	0 m

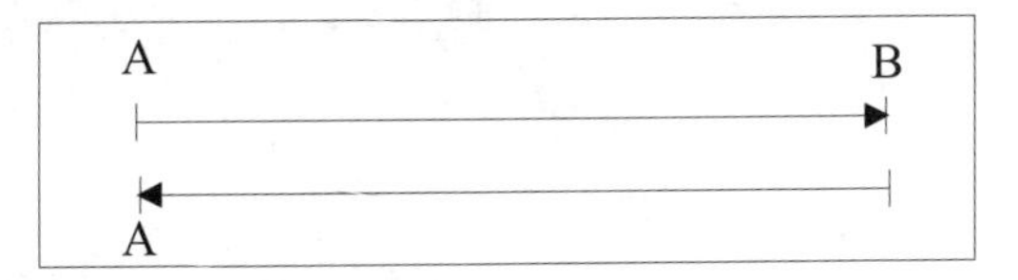

Bild 9.1.4 Positionierungsvorgabe

Datei: *Projekt*: Kapitel 9.ssc \ *Datei*: Vierquadranten-Lageregelung.ssh

Lösung:

Positioniersysteme werden zweckmäßig auf der Basis hochdynamischer Vierquadranten-Antriebe realisiert, da sowohl Beschleunigungen als auch Verzögerungen auftreten, die sich häufig in kurzer Folge ablösen. Zum Beispiel werden speziell konstruierte Gleichstrommaschinen mit kleinen Trägheitsmomenten von Vierquadrantenstellern gespeist, die vom netzseitigen Stromrichter über einen Spannungs-Zwischenkreis versorgt werden. Auf der Grundlage der Kaskadenregelung wird die Lageregelung als äußerer Regelkreis überlagert (**Bild 9.1.5**). Im Unterschied zur Aufgabe 9.1.3 ist hier eine lineare Stromregelung eingesetzt, die auf einen Pulsweitenmodulator wirkt. Die Regler-Konstanten KP und KI sind wie in der Aufgabe 9.1.3 nach regelungstechnischen Gesichtspunkten gewählt, die hier nicht weiter ausgeführt seien.

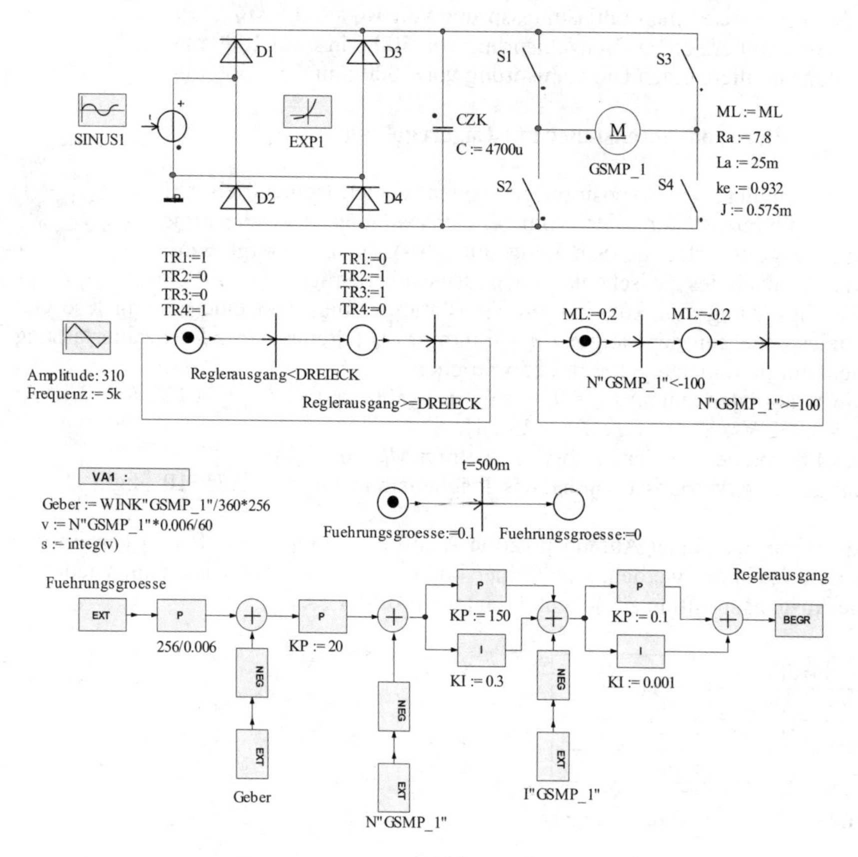

Bild 9.1.5 Vierquadrantensteller mit Lageregelung in Kaskadenstruktur

In dem vorgegebenen Positioniersystem sind die aufzubringenden Beschleunigungs- und Verzögerungsmomente dominant gegenüber dem Lastmoment. Die für diese Belastung ausgelegte Gleichstrommaschine erreicht in kurzer Zeit die Enddrehzahl (**Bild 9.1.6**), so dass der zurückgelegte Weg im Wesentlichen linear zunimmt. Beim Anfahren der Position B verringert der Lageregler den Drehzahlsollwert, und das System fährt ohne Überschwingen stationär genau in die Endposition. Die inneren Regelkreisgrößen zeigt das **Bild 9.1.7**.

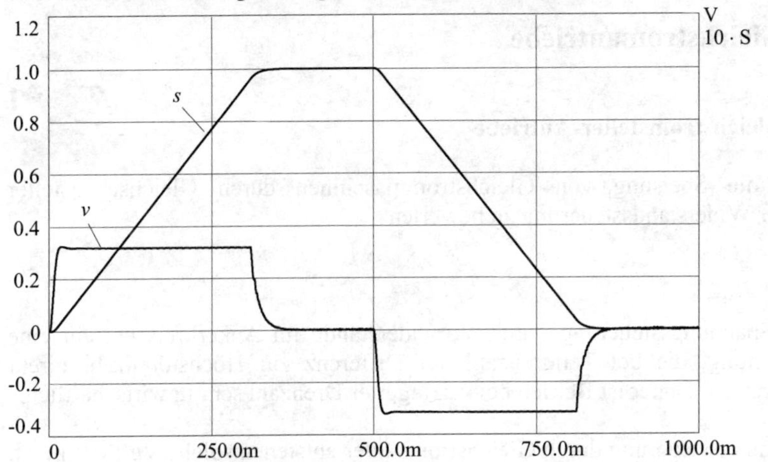

Bild 9.1.6 Zeitliche Verläufe des Wegs und der Geschwindigkeit

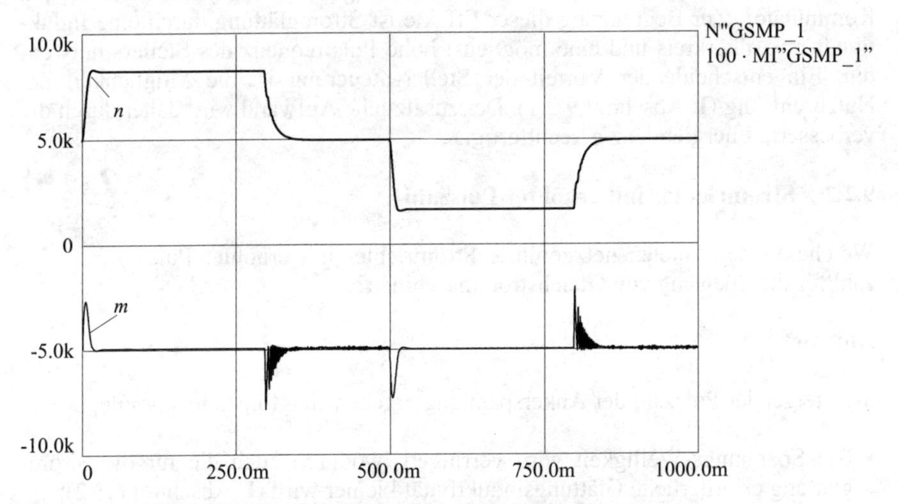

Bild 9.1.7 Zeitliche Verläufe der Drehzahl und des Drehmoments

Anregung:

- Man verändere die Zielposition auf 0,2 m und simuliere die Systemgrößen.
- Man verändere die Zielposition auf 0,05 m und simuliere die Systemgrößen.
- Man verkleinere die Steigung der Gewindespindel auf h = 3 mm pro Umdrehung und simuliere die Systemgrößen.

9.2 Gleichstromantriebe

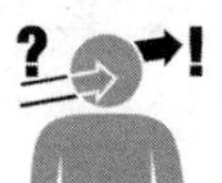

9.2.1 Gleichstromsteller-Antriebe

Wie ist die Speisung von Gleichstrommaschinen durch Gleichstromsteller gegenüber Widerstandssteuerung zu bewerten?

Antwort:

Bei der Spannungssteuerung durch Vorwiderstände im Ankerkreis ensteht eine Verlustleistung, die bei Teildrehzahl der Differenz zur Höchstdrehzahl direkt proportional ist. Daher ist Betrieb bei verringerter Drehzahl sehr unwirtschaftlich.

Bei Spannungssteuerung durch Gleichstromsteller entstehen solche Verluste nicht. Die Maschine wird jedoch durch den welligen Mischstrom gegenüber reinem Gleichstrom zusätzlich beansprucht. Er führt zu Drehmoment-Wechselanteilen, erhöht die Stromwärmeverluste und beeinträchtigt auch die Stromwendung am Kommutator. Zur Begrenzung dieser Effekte ist Stromglättung durch eine Induktivität im Ankerkreis und eine möglichst hohe Pulsfrequenz des Stellers notwendig. Ein entscheidender Vorteil der Steller-Steuerung ist die Möglichkeit der Nutzbremsung (**L** Abschnitt 9.2.1). Der zusätzliche Aufwand wird daher durch die verbesserte Energiebilanz gerechtfertigt.

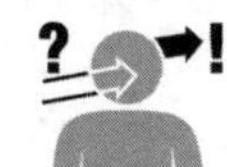

9.2.2 Stromrichter mit erhöhter Pulszahl

Welche Vorteile bieten netzgeführte Stromrichter mit erhöhter Pulszahl für die Speisung von Gleichstrommaschinen?

Antwort:

Mit steigender Pulszahl der Ankerspannung ergeben sich folgende Vorteile:

- Die Spannungs-Welligkeit wird verringert, wodurch auch die für die Stromglättung erforderliche Glättungsinduktivität kleiner wird (**L** Abschnitt 6.1.2);

- Durch eine kleinere Ankerkreis-Induktivität wird die Zeitkonstante herabgesetzt, also das dynamische Verhalten des Antriebs verbessert;
- Verringerte Stromwelligkeit reduziert den Drehmoment-Wechselanteil und damit auch die Schwingungsneigung des Wellenstrangs;
- Die Transformator-Ausnutzung wird mit wachsender Pulszahl verbessert (**L** Tabellen 6.1 und 6.2);
- Das Strom-Oberschwingungsspektrum und die dadurch bewirkten Netzrückwirkungen eines Stromrichters sind um so günstiger, je höher die Pulszahl ist (**L** Abschnitt 7.1 sowie Aufgabe 7.1.1).

Erhöhter Stromrichteraufwand verbessert also sowohl die dynamischen als auch die energetischen und die EMV-Eigenschaften eines Gleichstromantriebs.

9.2.3 Steuerverfahren bei Vierquadrantenstellern

Welche Vorteile sprechen für das in **L** Abschnitt 8.2.2.4, Bild 8.12 sowie **L** Abschnitt 9.2.2.2, Bild 9.12 angegebene Steuerverfahren für Vierquadranten-Gleichstromantriebe?

Antwort:

Das Steuerverfahren ist dadurch gekennzeichnet, dass die löschbaren, paarweise stromführenden Ventilzweige (Schalter S) mit *gegeneinander verschobenen Pausenzeiten* t_a getaktet werden. Als wesentlicher Vorteil ergibt sich eine Schaltfrequenz, die nur halb so groß ist wie die Frequenz der Ausgangsgrößen des Stellers. Dies bewirkt einerseits verminderte Schaltverluste gegenüber einer Steuerung mit synchroner Taktung der Schalter. Andererseits wird bei gleicher Ventilzweig-Schaltfrequenz eine verdoppelte Frequenz der Ausgangsgrößen erreicht. Dadurch ist gegenüber synchroner Taktung eine wesentlich kleinere Glättungsinduktivität ausreichend, woraus sich eine reduzierte Ankerkreis-Zeitkonstante und damit verbesserte dynamische Eigenschaften des Antriebs ergeben. Häufig ist die Glättungsinduktivität völlig entbehrlich.

Das gleiche Steuerverfahren ist auch bei Zweiquadrantenstellern für zwei Spannungsrichtungen einsetzbar (**L** Abschnitt 8.2.2.3, Bild 8.10).

9.2.4 Bemessung der Glättungsinduktivität eines Antriebs

Eine B2-Brückenschaltung speist mit $U_S = 230$ V eine fremderregte Gleichstrommaschine. Man dimensioniere für den Ankerkreis näherungsweise rechnerisch die Glättungsinduktivität, so dass für Vollaussteuerung des Stromrichters gerade Lückbetrieb einsetzt, wenn der Motorstrom dem halben Bemessungsstrom $I_d = I_N/2 = 4{,}8$ A entspricht. Der Ankerwiderstand des Motors beträgt $R_A = 6{,}3\ \Omega$.

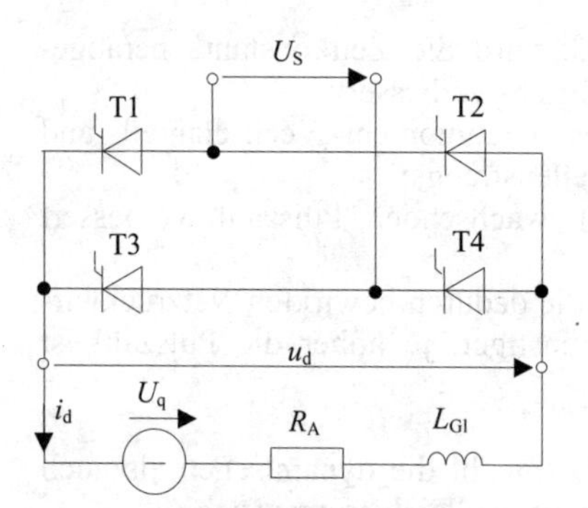

Bild 9.2.1 Ersatzschaltung eines Gleichstrommotors

Lösung:

Die Spannung u_d ist eine Mischspannung. Sie besteht aus dem Gleichanteil U_{di} und dem Wechselanteil $U_\sim$. Es gilt für den Effektivwert der Spannung u:

$$U_{deff} = \sqrt{U_{di}^2 + U_\sim^2} \ .$$

Für Vollaussteuerung bei einer zweipulsigen Schaltung ist U_{di} nach **L** Gl. (6.4):

$$U_{di} = \frac{2\sqrt{2}}{\pi} \cdot U_S$$

und

$$U_{d\,eff} = \hat{u}_S / \sqrt{2} = U_S.$$

Für den Wechelanteil $U_\sim$ gilt

$$U_\sim = \sqrt{U_{d\,eff}^2 - U_{di}^2} = U_S \sqrt{1 - \frac{8}{\pi^2}} = 100{,}1\,\text{V}.$$

Nimmt man vereinfachend an, dass der Wechselanteil u sinusförmig ist, also aus nur einer Schwingung mit zweifacher Netzfrequenz besteht, so ist

$$u_\sim(t) = \sqrt{2} U_\sim \sin 2\omega t.$$

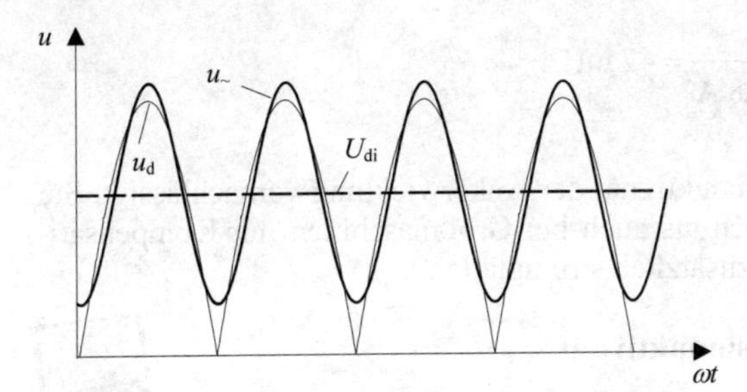

Bild 9.2.2 Idealisierter Spannungsverlauf

Der Strom i_d mit ebenfalls sinusförmigem Wechselanteil gleicher Frequenz erzeugt an der Glättungsinduktivität L den Spannungsfall

$$u_L = L \cdot \frac{di_\sim}{dt} = u_\sim,$$

weil der Strom-Mittelwert I_d zu u_L keinen Beitrag leistet. An der Lückgrenze, für die L bemessen werden soll, hat der Strom den idealisierten Verlauf nach **Bild 9.2.3**, also gilt

$$i_d\,(t) = \hat{i}_d \sin 2\omega t = I_d \sin 2\omega t.$$

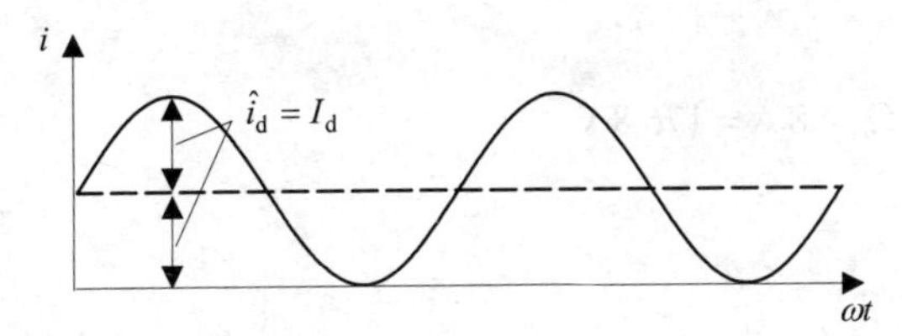

Bild 9.2.3 Idealisierter Stromverlauf

Damit wird

$$L\frac{di_\sim}{dt} = 2\omega\, LI_d \cos 2\omega t,$$

und für die Effektivwerte gilt

$$U_\sim = \sqrt{2}\omega\, LI_d.$$

Damit erhält man für die Glättungsinduktivität den Anhaltswert

$$L = \frac{U_{\sim}}{\sqrt{2}\omega\, I_{\text{d}}} = \frac{101{,}1\,\text{V}}{\sqrt{2}\cdot 2\pi \cdot 50\,\text{Hz}\cdot 4{,}8\,\text{A}} = 47\,\text{mH}.$$

Bei dieser Abschätzung ist die Induktivität der Ankerwicklung vernachlässigt. Sie ist sowohl bei kleinen Maschinen als auch bei Großmaschinen mit Kompensationswicklung gering, wirkt aber zusätzlich stromglättend.

9.2.5 Wirkung der Glättungsinduktivität

Man überprüfe durch Simulation das ermittelte Ergebnis aus Aufgabe 9.2.4. Die Daten des Gleichstrommotors sind zu übernehmen.

Datei: *Projekt*: Kapitel 9.ssc \ *Datei*: GM-Glaettungsdrossel.ssh

Lösung:

Zur simulativen Überprüfung des Ergebnisses aus Aufgabe 9.2.4 dient das Modell in **Bild 9.2.4**. Es zeigt die B2-Brückenschaltung mit der nachgeschalteten Ersatzschaltschaltung für die Gleichstrommaschine, bestehend aus einem aktiven Lastkreis mit Konstant-Spannungsquelle, Ankerwiderstand und Glättungsdrosselspule. Die Ankerinduktivität wird in der Glättungsinduktivität berücksichtigt.

Berechnung der induzierten Quellenspannung aus den Daten aus der Aufgabe 9.2.4:

$$U_{\text{q}} = U_{\text{di}} - R_{\text{A}} \cdot I_{\text{A}} = 207\,\text{V} - 6{,}3\,\Omega \cdot 4{,}8\,\text{A} = 176{,}8\,\text{V}$$

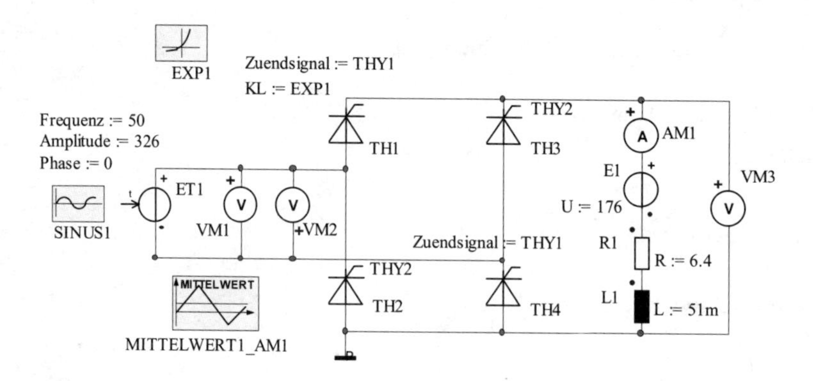

Bild 9.2.4 Simulationsschaltung zur Bestimmung der Glättungsinduktivität

Die Simulationsergebnisse gemäß **Bild 9.2.5** bestätigen die Zweckmäßigkeit der in Aufgabe 9.2.4 vorgenommenen Abschätzung. Der Antrieb arbeitet bei Vollaussteuerung und halben Bemessungsstrom an der Lückgrenze.

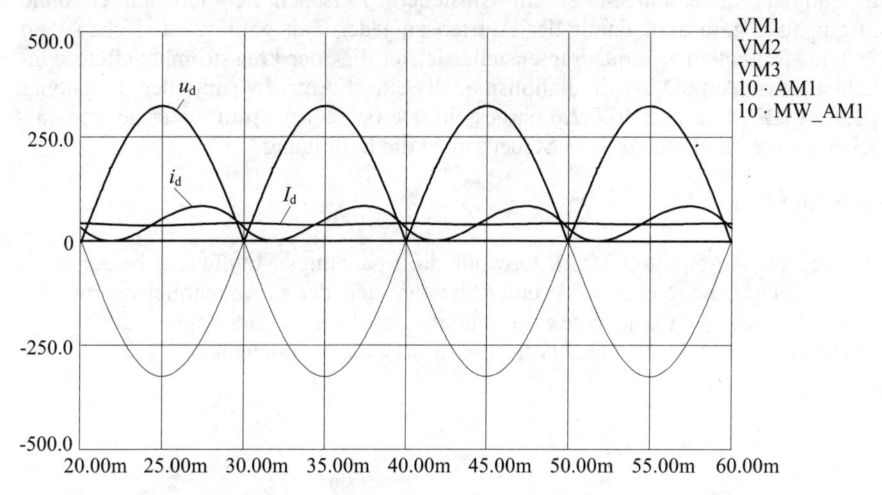

Bild 9.2.5 Ausgangsgrößen des Stromrichters

Anregung:

- Man variiere den Wert der Glättungsinduktivität und beobachte den Verlauf des Ankerstroms.
- Man bestimme näherungsweise für den Steuerwinkel $\alpha = 30°$ den Wert der Glättungsinduktivität, so dass gerade Lückbetrieb einsetzt.

9.2.6 Kreisstrombehafteter Umkehrstromrichter

Man simuliere den Umsteuervorgang eines kreisstrombehafteten Umkehrstromrichters in der Schaltung (B2C) I (B2C). Die Speisung erfolgt direkt vom 230-V-Netz.
Als Last dient eine Gleichstrommaschine mit den Daten: $U_N = 190$ V; $k_e = 1$ Vs; $R_A = 2\ \Omega$; $L_A = 10$ mH, $L_{gl} = 40$ mH; $J = 0{,}0075$ kgm^2.

Der Antrieb wird bei einem Steuerwinkel $\alpha_1 = 30°$ ans Netz geschaltet. Nach 200 ms erfolgt die sprunghafte Änderung des Steuerwinkels von $\alpha_1 = 30°$ auf $\alpha_1 = 150°$.

Datei: *Projekt*: Kapitel 9.ssc \ *Datei*: Umkehrstromrichter.ssh

Lösung:

Vierquadrantenantriebe können in beiden Drehrichtungen Treiben und Bremsen. In einigen Anwendungen ist ein Umsteuern zwischen den Quadranten ohne Strompause gefordert, damit der Antrieb zu jeder Zeit geführt ist. Neben dem reaktionsschnellen Vierquadrantensteller leistet dies der kreisstrombehaftete Umkehrstromrichter. Das Simulationsmodell eines Antriebs mit der Schaltung (B2C) I (B2C) ist in **Bild 9.2.6** dargestellt. Da beide Teilstromrichter gegenparallel geschaltet sind, müssen die Steuerwinkel die Bedingung

$$\alpha_2 = 180° - \alpha_1$$

erfüllen (**L** Abschnitt 9.2.2.2). Obwohl die Spannungs-Mittelwerte beider Teilstromrichter dann gleich sind, unterscheiden sich deren Augenblickswerte. Als Differenz stellt sich eine Wechselspannung ein, die eine Entkopplung beider Systeme mittels Induktivität (Kreisstrom-Drosselspule) ermöglicht.

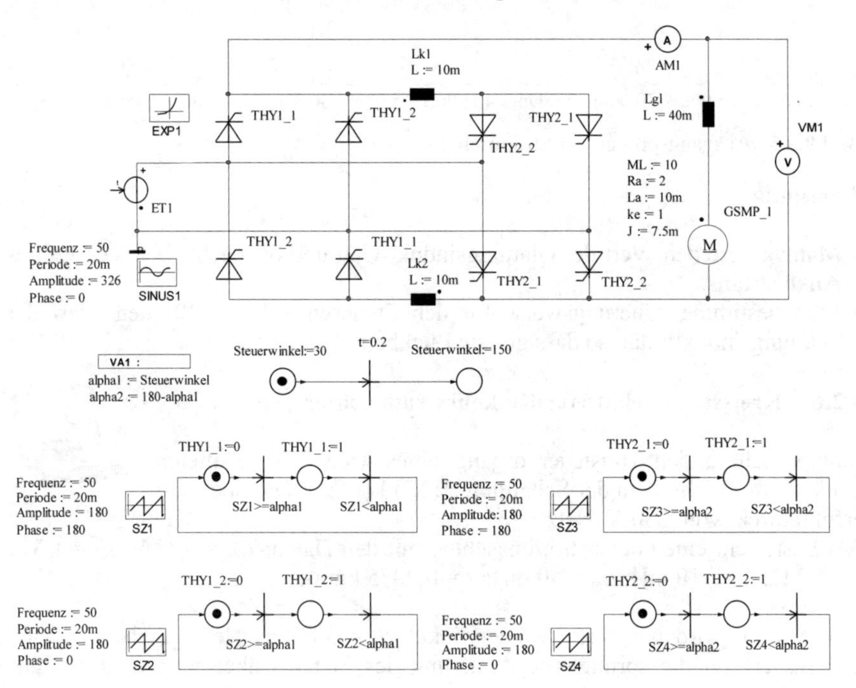

Bild 9.2.6 Umkehrstromrichter in (B2C) I (B2C)-Schaltung

Die unbelastete Gleichstrommaschine ist ein schwingungsfähiges System. Der Dämpfungsgrad ist abhängig von den Maschinenparametern und der im Ankerkreis liegenden Glättungsinduktivität. Die hier gewählten Werte ergeben eine hinreichend gedämpfte Schwingung. Beim Einschalten des Stromrichters mit dem Steuerwinkel α_1 = 30° stellt sich eine positive mittlere Ausgangsspannung u_A (VM1) ein, die den Antrieb beschleunigt (**Bild 9.2.7**). Neben dem Einfluss auf die Stromänderungsgeschwindigkeit vermindert die Kreisstrom-Induktivität stromab-

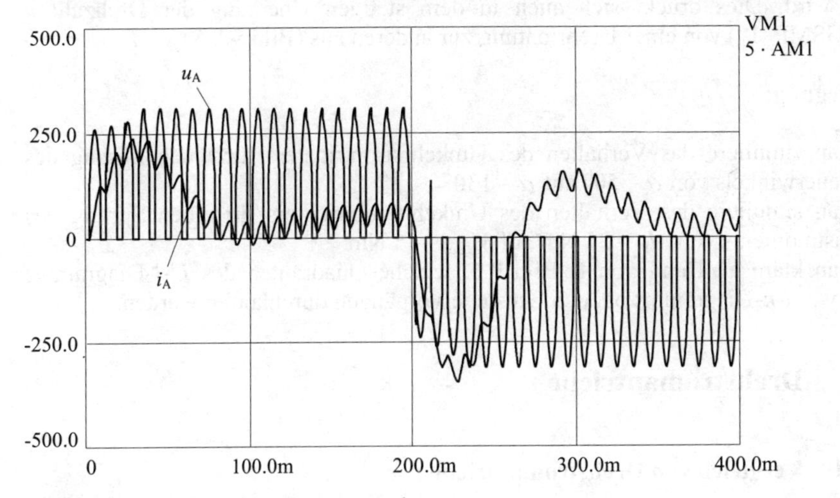

Bild 9.2.7 Verlauf von Ankerstrom und -spannung

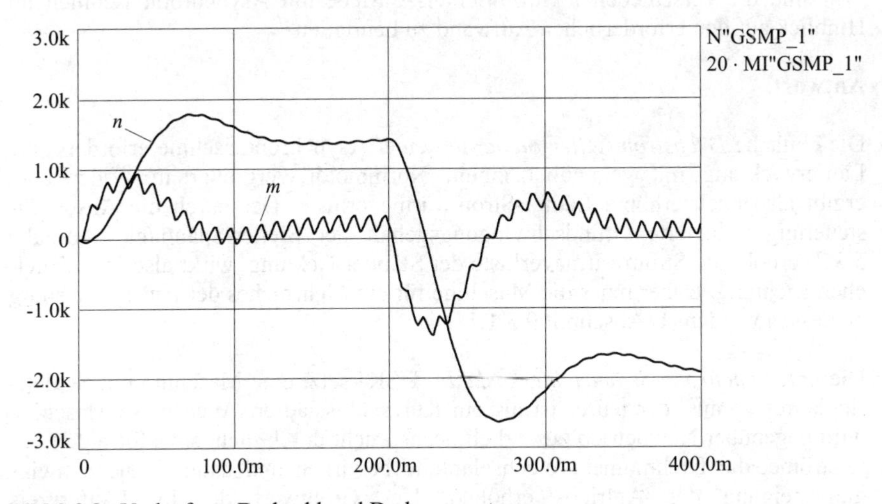

Bild 9.2.8 Verlauf von Drehzahl und Drehmoment

hängig die Ankerspannung. Die Gleichstrommaschine schwingt auf die stationäre Leerlauf-Drehzahl ein, wobei der Strom i_A (AM1) kurzzeitig negativ wird. Nach 200 ms erfolgt der sprunghafte Wechsel des Steuerwinkels auf $\alpha_I = 150°$, womit der Reversiervorgang eingeleitet wird. Auf Grund dieser Anregung entsteht ein Einschwingvorgang mit größerer Amplitude. Nachdem der Strom bereits negativ war, wechselt er nochmals das Vorzeichen. Hier ist sehr eindrucksvoll zu sehen, wie der Strom kontinuierlich von einem Teilstromrichter an den anderen übergeben wird. Dies drückt sich auch in dem stetigen Übergang der Drehzahl n (N"GSMP_1") von einer Drehrichtung zur anderen aus (**Bild 9.2.8**).

Anregung:

- Man simuliere das Verhalten des Umkehrstromrichters für einen Sprung des Steuerwinkels von $\alpha = 50°$ auf $\alpha = 130°$.
- Man simuliere das Verhalten des Umkehrstromrichters für einen Sprung des Lastmoments von $M_L = 25$ Nm auf $M_L = -25$ Nm.
- Man kläre an Hand von **L** Bild 9.6, welche Quadranten des *U-I*-Diagramms bzw. *M-n*-Diagramms bei den Umsteuervorgängen durchlaufen werden.

9.3 Drehstromantriebe

9.3.1 Vergleich von Drehstromantrieben

Wie sind die verschiedenen Stromrichter-Antriebe mit Asynchronmaschinen im Hinblick auf den erforderlichen Aufwand zu beurteilen?

Antwort:

Die einfache *Drehstromsteller-Steuerung* einer Asynchronmaschine erfordert eine Läuferwicklung mit gegenüber einem Normmotor vergrößertem Widerstand, ergibt also auch erhöhte Läufer-Stromwärmeverluste. Der durch die Anschnittsteuerung reduzierte Grundschwingungsgehalt der Steller-Spannung (Aufgabe 5.3.2) erhöht die Stromwärmeverluste der Ständerwicklung, wirkt also in der gleichen Richtung. Daher muss die Maschine für ein Mehrfaches der Antriebsleistung bemessen werden (**L** Abschnitt 9.3.1.1).

Die *untersynchrone Stromrichterkaskade* (USK) setzt eine Maschine mit Schleifringläufer voraus, der teurer ist als ein Kurzschlussläufer. Auch diese Maschine wird gegenüber Netzbetrieb zusätzlich beansprucht durch nicht sinusförmige Läuferströme, die Drehmoment-Wechselanteile bewirken und dadurch die Schwingungsneigung des Antriebs erhöhen. Der Größtwert der im Läuferkreis auftretenden „Schlupfleistung“ P_{el} , der bei der kleinsten Drehzahl auftritt, muss nahezu zweifach als Stromrichterleistung installiert werden. Die Energiebilanz bei Teildrehzahl ist jedoch gegenüber Steller-Steuerung wesentlich verbessert, weil die Läuferkreisleistung großenteils zurückgewonnen wird (**L** Abschnitt 9.3.1.2).

Die durch *Frequenz-Umrichter* gespeiste Asynchronmaschine kann mit Käfigläufer, also preisgünstig, ausgeführt werden. Beim Zwischenkreis-Umrichter ist zwar die volle Antriebsleistung zweifach als Stromrichterleistung erforderlich, die Maschine wird jedoch gegenüber Netzbetrieb kaum zusätzlich beansprucht, weil durch Pulsweitenmodulation mit hoher Pulsfrequenz weitgehend sinusförmige Maschinengrößen erreicht werden (**L** Abschnitt 8.3.1.3). Eine Anregung von Schwingungen entfällt dadurch ebenfalls. Der für die Drehzahlregelung nötige Aufwand ist stark von den gestellten Anforderungen an die Regeldynamik abhängig. Beste dynamische Eigenschaften werden durch die feldorientierte Regelung und die direkte Selbstregelung erreicht.

Auch bei Drehstromantrieben ist also eine vergleichbare Tendenz zu den Gleichstromantrieben (Aufgabe 9.2.2) festzustellen: Steigender Stromrichteraufwand wird sowohl durch verringerte Beanspruchung der Maschine als auch durch verbesserte Dynamik und günstigere Energiebilanz des Antriebs gerechtfertigt.

Wenn man die *EMV-Eigenschaften* der genannten Antriebe mit berücksichtigt, ist in der obigen Reihenfolge ein steigender Aufwand zur Erreichung befriedigender Störsicherheit notwendig. Gemeinsam sind den drei Verfahren die Rückwirkungen der Drehstromsteller bzw. der netzgeführten Stromrichter (Wechselrichter der USK bzw. Eingangsstromrichter des Umrichters). Pulsgesteuerte Umrichter erfordern meist Funk-Entstörung als zusätzliche Maßnahme. Höchste Anforderungen sind mit „Active Front End“-Umrichtern durch einen, allerdings gegenüber der Standardlösung stark erhöhten, Stromrichteraufwand zu erfüllen.

9.3.2 Sanftanlaufschaltung für Asynchronmaschinen

Es soll das Hochlaufverhalten einer Drehstrom-Asynchronmaschine bei Steuerung durch einen Drehstromsteller untersucht werden. Für den Steller soll der Steuerwinkel α in einer Zeit von $t = 5$ s linear von 180° auf 0° verlaufen. Es ist der Verlauf der Drehzahl und des Drehmoments, sowie des Motorstrom-Effektivwerts in einem Strang und der Spannung am Motor zu simulieren.
Für die Asynchronmaschine gelten folgende Daten: $R_1 = 2{,}5\ \Omega$; $R_2' = 2{,}5\ \Omega$; $L_{\sigma 1} = 24{,}8$ mH; $L_{\sigma 2}' = 26{,}8$ mH; $L_h = 311$ mH; $J_{ASM} = 22{,}5 \cdot 10^{-3}$ kgm^2; $n_D = 1500$ min^{-1}; $M_L = 4$ Nm.

Datei: *Projekt*: Kapitel 9.ssc \ *Datei*: ASM-Sanftanlauf.ssh

Lösung:

Direktes Einschalten von Asynchronmaschinen führt in vielen Anwendungen zu unzulässig hohen Stoßmomenten und damit zu Überlast- oder Ermüdungsbrüchen der mechanischen Komponenten des Antriebsstrangs. Im harmloseren Fall kommt es zu unerwünschten Drehschwingungen mit langen Einschwingzeiten, die den Hochlauf nachteilig beeinträchtigen. Die Einschaltstromstöße können andererseits die elektrischen Komponenten auf der Netzseite zusätzlich beanspruchen. Eine derartige Netzbelastung führt schließlich zu Spannungseinbrüchen und Spannungsverzerrungen. Es sind deshalb in vielen Anwendungen Einschalthilfen erforderlich oder gegebenenfalls vorgeschrieben. Die Palette der Lösungen reichen vom simplen und preiswerten Stern-Dreieck-Anlauf bis hin zum frequenzgeführten Hochlauf mittels Frequenzumrichter, welcher sicherlich die technisch beste, aber auch die teuerste Lösung darstellt.

Eine im Hinblick auf den Aufwand günstige Lösung für diese Aufgabenstellung bietet das Sanftanlaufgerät, welches im Kern aus einem Drehstromsteller gemäß **Bild 9.3.1** besteht.

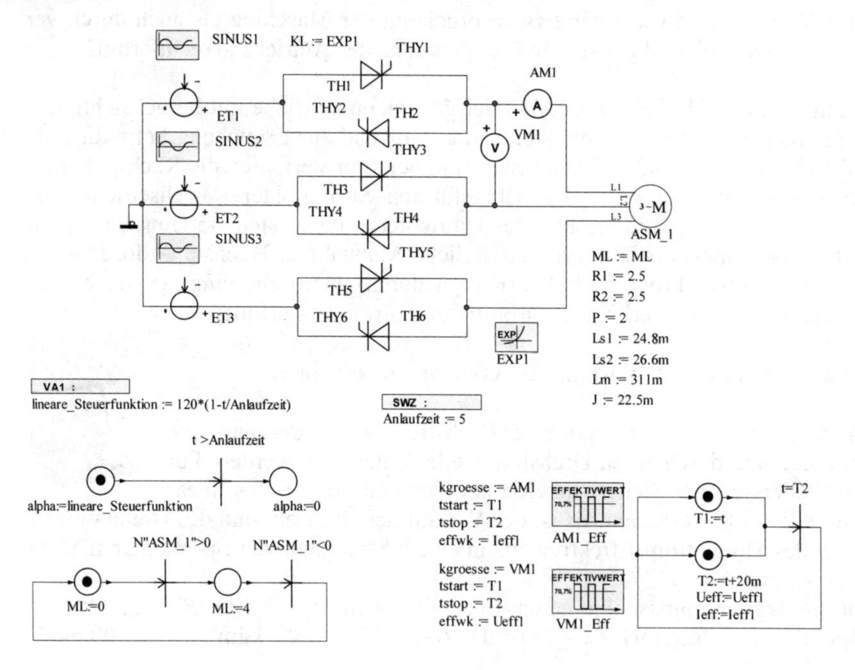

Bild 9.3.1 Sanftanlaufschaltung mit Asynchron-Maschine

Das Wirkungsprinzip der W3-Schaltung und die Erzeugung der Zündimpulse wird in Aufgabe 5.4.1 behandelt. Die Steuerkennlinien des Drehstromstellers in **L** Bild 5.18 demonstrieren die typische Eigenschaft der W3-Stromrichterschaltung, bei der die Ausgangsspannung nicht nur vom Steuerwinkel, sondern auch von der Lastcharakteristik abhängig ist. Je nach Belastungsart ergibt sich eine Ausgangsspannung zwischen den Grenzkurven für ohmsche und induktive Last.

Asynchronmaschinen stellen nach **L** Abschnitt 9.3.1 eine drehzahlabhängige Impedanz dar. Beim Hochlauf ändert sich der $\cos\varphi$ von zunächst kleinem Wert auf seinen maximalen Wert bei etwa Bemessungsdrehzahl, und nimmt dann in Richtung Leerlaufdrehzahl wieder stark ab. Mit zunehmend induktivem Charakter der Asynchronmaschine steigt nun aber die Klemmenspannung stark an. Damit ergibt sich für den Leerhochlauf ein Mitkoppeleffekt. In der Beschleunigungsphase der Asynchronmaschine nimmt daher der Einfluss des Steuerwinkels auf die Ausgangsspannung ab. Die Beschleunigung wird während des Hochlaufs zunehmen.

Die berechneten Verläufe von Drehzahl n (N"ASM_1") und Drehmoment m (MI"ASM_1") sind in **Bild 9.3.2** dargestellt. Dabei wird eine Zeitsteuerung eingesetzt, die den Steuerwinkel α (alpha) in 5 s linear von 120° nach 0° verfährt. Die Simulation der Zeitsteuerung und das Einsetzten der konstanten Last von 4 Nm bei positiver Drehzahl, nachdem der Motor das nötige Anlaufmoment aufgebracht hat, erfolgt über den Zustandsgraph.

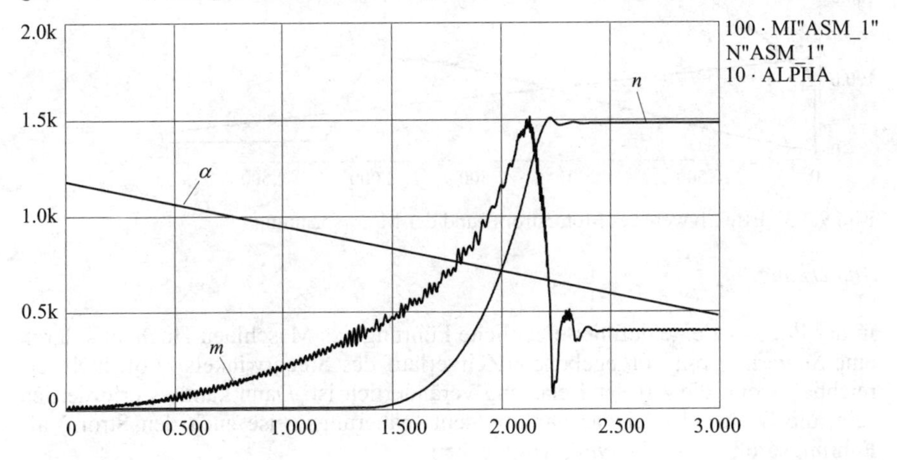

Bild 9.3.2 Zeitlicher Verlauf der Drehzahl und des Drehmoments bei linearem Verlauf des Steuerwinkels

Der Hochlaufvorgang kann in zwei Abschnitte eingeteilt werden. Der Bereich bis zum Anlaufen des Motors und der Bereich des eigentlichen Hochlaufs.. Bis zum Anlaufen des Motors besteht ein wirkungsvoller Eingriff auf das Drehmoment über den Zündwinkel. Auf Grund des Mitkoppeleffekts beschleunigt der Antrieb danach recht schnell. Das hier eingesetzte dynamische Modell der Asynchronmaschine berücksichtigt nicht den Stromverdrängungseffekt. Er bewirkt eine Erhöhung des ohmschen Widerstands der Läuferwicklung und eine Reduzierung ihrer Streuinduktivität. Dieser Einfluss ist aber gerade beim Anlauf groß. Damit sind vom Ansatz her quantitative Abweichungen zu experimentell gewonnen Ergebnissen zu erwarten.

Die im **Bild 9.3.3** dargestellten Effektivwerte des Stroms I_{eff} (IEFF) und der Spannung U_{eff} (UEFF) sind aus dem Zeitverlauf der Systemgrößen durch abschnittsweise Integration in einem Effektivwert-Modul des Simulationsprogramms gewonnen. Sie ermöglichen eine bessere Beurteilung des Verlaufs als die in Form eines breiten Bands erscheinenden Augenblickswerte.

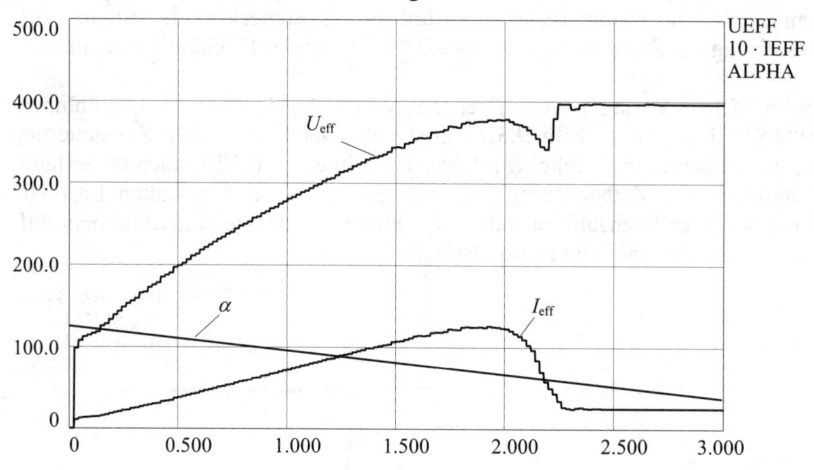

Bild 9.3.3 Effektivwert des Motorstroms und der Motorspannung

Anmerkung:

In der Praxis ist eine definierte zeitliche Führung des Maschinen-Hochlaufs durch eine *Steuerung* mit vorgegebenem Zeitverlauf des Steuerwinkels α oft nicht erreichbar, wenn die Art der Belastung veränderlich ist. Dann kann es erforderlich sein, die Drehzahl oder das Drehmoment (näherungsweise auch den Strom) als Führungsgröße einer *Regelung* vorzugeben.

Anregung:

- Man simuliere den Hochlaufvorgang der Asynchronmaschine, wenn der Steuerwinkel α zeitlich linear in 10 s von 120° auf 0° durchgesteuert wird.

- Man simuliere den Hochlaufvorgang der Asynchronmaschine, wenn der Steuerwinkel zeitlich linear in 5 s von 120° auf 0° durchgesteuert wird und die Last mit der Drehzahl proportional von null bis 5 Nm bei 1500 min^{-1} ansteigt.

9.3.3 Geführter Hochlauf eines Umrichter-Antriebs

Es ist der Hochlaufvorgang einer Drehstrom-Asynchronmaschine an einem Frequenzumrichter (FU-Antrieb) zu simulieren. Dabei wird die Frequenz zeitlich linear in 1 s von 0 Hz auf 50 Hz durchgesteuert. Als Belastung dient die Maschine mit den Daten aus Aufgabe 9.3.2.

Datei: *Projekt*: Kapitel 9.ssc \ *Datei*: ASM-Frequenzumrichter.ssh

Lösung:

Zur Drehzahlsteuerung von Drehstrom-Asynchronmaschinen stehen nach **L** Abschnitt 9.3.1 mehrere Verfahren zur Verfügung. Nach **L** Gln. (9.10) und (9.17) ist die Drehzahl n gegeben durch

$$n = \frac{f}{p} \cdot (1 - s),$$

worin f die Frequenz der Ständerspannung, p die Polpaarzahl und s der nach **L** Gl. (9.9.2) definierte Schlupf ist. Unter den verschiedenen, danach möglichen Steuerungsverfahren bietet die Spannungs-Frequenz-Steuerung durch Umrichter wesentliche Vorteile, denn nur sie ermöglicht eine kontinuierliche Drehzahländerung mit geringen Verlusten, hoher Dynamik und großem Stellbereich. Um den Hauptfluss der Maschine konstant zu halten, muss deren induzierte Spannung U_i proportional zur Ständerfrequenz eingestellt werden:

$$U_\mathrm{i} \sim f.$$

Die Umsetzung dieses grundlegenden Steuergesetzes erfolgt mit verschiedenen Strategien, da diese innere Größe nicht direkt zugänglich ist. Vielfach angewandt wird die Spannungs-Frequenz-Kennliniensteuerung (kurz: U/f-Steuerung); siehe **L** Abschnitt 9.3.1.3. Bei großen Maschinen ist der Spannungsfall am Ständerwiderstand vernachlässigbar. In erster Näherung gilt dies auch hinsichtlich der Spannung an der Ständerstreureaktanz. Dann ist es ausreichend, die Ständerspannung proportional zur Frequenz zu verstellen. Für kleinere Maschinen ist eine Anhebung der Steuerkennlinie für niedrige Frequenzen erforderlich (**Bild 9.3.4** und **L** Bild 9.23).

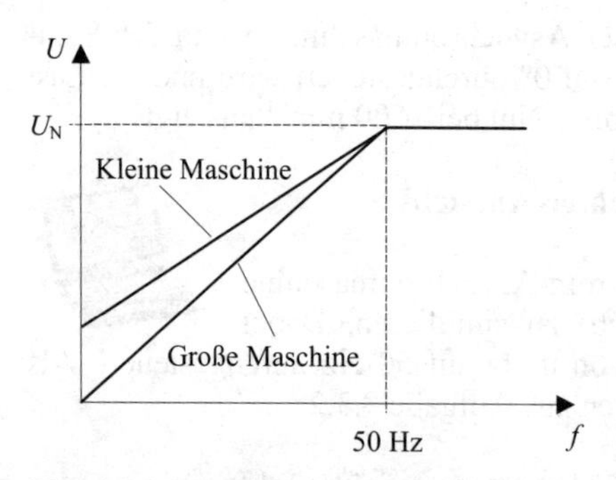

Bild 9.3.4 Steuerkennlinie für Frequenz-Umrichter

Das Modell des Frequenz-Umrichters ist im **Bild 9.3.5** dargestellt. Die Steuerung des ausgangsseitigen Wechselrichters erfolgt nach dem PWM-Verfahren (**Bild 9.3.6**). Die Vorgabe der drei um 120° verschobenen, sinusförmigen Referenzspannungen geschieht mittels Oszillatoren, die getrennte Eingänge für Frequenz, Amplitude der Spannung und Phasenlage besitzen. Angeschlossen ist eine belastete Maschine mit den Daten aus Aufgabe 9.3.2, so dass die Eigenschaften beider Systeme direkt verglichen werden können.

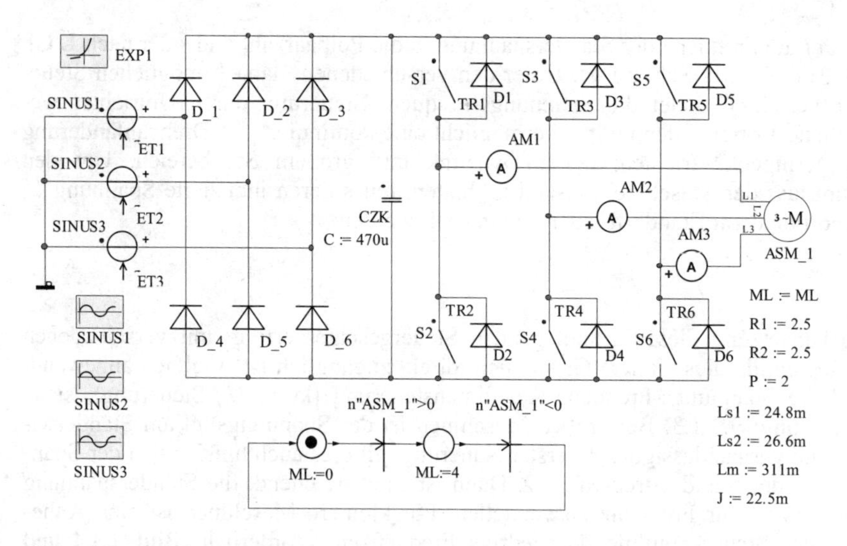

Bild 9.3.5 Simulationsmodell des FU-Antriebs

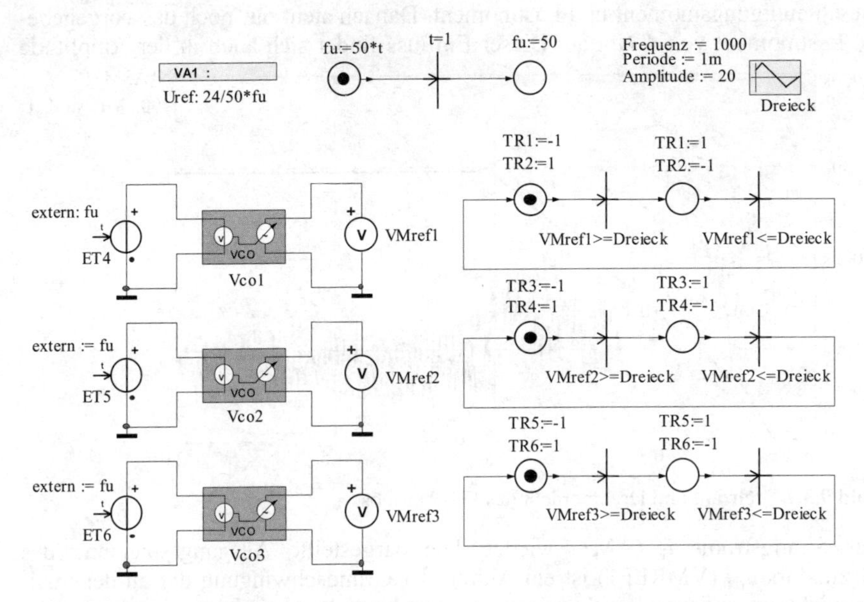

Bild 9.3.6 Steuerteil des Frequenz-Umrichters

In Aufgabe 8.4.1 wird gezeigt, dass der maximale Effektivwert der Ausgangsspannung eines PWM-gesteuerten *U*-Umrichters bei linearer Modulation ($0 \leq m \leq 1$) den Wert

$$U_{\mathrm{A\,max}} = \frac{\sqrt{3}}{2} U_{\mathrm{N}}$$

annehmen kann. Bei Einspeisung vom 400-V-Netz sind dies 346 V. Ist die Wicklung der Asynchronmaschine für den Betrieb an 400V/50Hz ausgelegt, so erzielt man den gleichen magnetischen Hauptfluss im Arbeitspunkt 346V/43Hz. Dementsprechend ist die *U*/*f*-Kennlinie einzustellen. Dies wird letztlich durch die Wahl des Modulationsgrads $m = 1{,}2$ erreicht. Für Frequenzen über 43 Hz arbeitet das System in der Übermodulation, wodurch die dritte Oberschwingung im Spannungsverlauf verstärkt wird.

Die berechneten Systemgrößen in den **Bildern 9.3.7** und **9.3.8** zeigen den deutlichen Unterschied zur Steuerung mit zeitlich ansteigender Amplitude der Ständerspannung bei konstanter Frequenz (Aufgabe 9.3.2). Solange das aufzubringende Drehmoment *m* (MI“ASM_1“) während der Beschleunigung hinreichend unter dem Kippmoment der bleibt, ist der Hochlaufvorgang zeitlich geführt. Für die Dauer der Drehzahländerung *n* (N“ASM_1“) wirkt an der Welle die Summe aus

Beschleunigungsmoment und Lastmoment. Danach steht nur noch das vorgegebene Lastmoment von 4 Nm an. Dieser Einfluss findet sich auch in der Amplitude

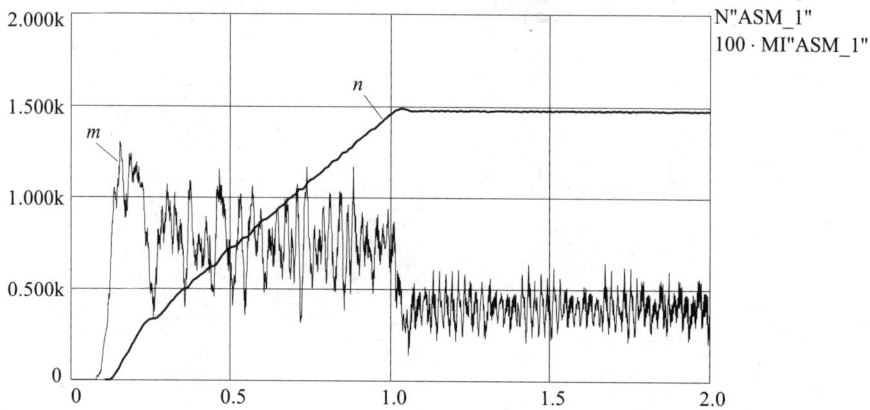

Bild 9.3.7 Drehzahl und Drehmoment des FU-Antriebs

des Strangstroms i_1 (AM1) wieder. Die dargestellte Ausgangsspannung des Oszillators u_{ref} (VMREF1) ist ein Abbild der Grundschwingung der an der Ständerwicklung anliegenden Spannung. Es ist deutlich erkennbar, wie gleichzeitig Frequenz und Amplitude der Spannung zeitlich linear ansteigen. Die Drehstrom-Asynchronmaschine ist ein schwingungsfähiges System mit im Allgemeinen starker Dämpfung, bei der ein Austausch der Energie zwischen mechanischen und elektrischen Energiespeichern stattfindet. Diese Eigenschaft schlägt sich in den Systemgrößen nieder.

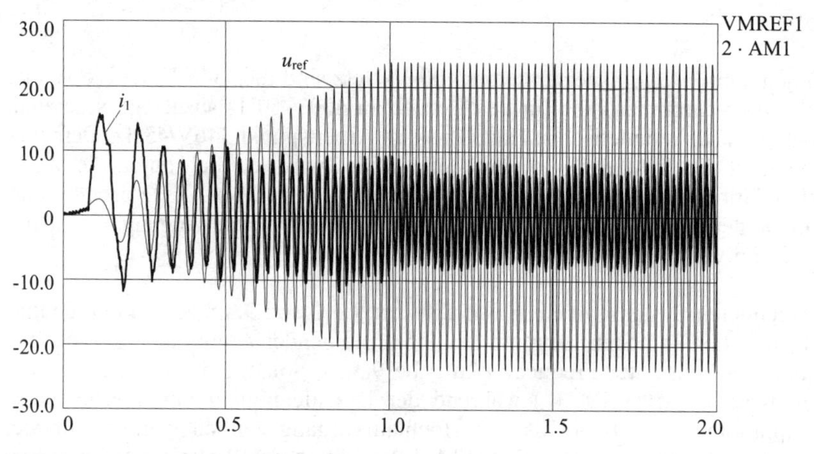

Bild 9.3.8 Strangstrom der D-ASM und Oszillatorausgangsspannung

Anregung:

- Man simuliere den Hochlaufvorgang, wenn die Frequenz zeitlich linear in 2 s von 0 Hz auf 50 Hz durchgesteuert wird.
- Man simuliere den Hochlaufvorgang, wenn die Frequenz zeitlich linear in 2 s von 0 Hz auf 50 Hz durchgesteuert wird und die Last mit der Drehzahl proportional von null bis 5 Nm bei 1500 min^{-1} ansteigt.

9.3.4 Sonderfunktionen der Synchronmaschinen

Welche Eigenschaft der Synchronmaschinen lässt sich bei Stromrichterbetrieb vorteilhaft nutzen?

Antwort:

Auf Grund der freizügigen Einstellbarkeit des Erregerstroms können Synchronmaschinen auch *übererregt* betrieben werden. Dann ist die induzierte Spannung der über Stromrichter gespeisten Wicklung größer als die Speisespannung. Dadurch können die Maschinen

- die Kommutierungsspannung für den speisenden Stromrichter selbst erzeugen und als „Stromrichtermotor“ mit *fremdgeführten* Stromrichtern gespeist werden, die in diesem Fall *lastgeführt* sind (lediglich zum Anfahren sind besondere Hilfsmittel nötig: **L** Abschnitt 9.3.2.2).
- außerdem können die Maschinen bei Übererregung Blindleistung des speisenden Netzes kompensieren, also als sogenannte *Phasenschieber* arbeiten, womit sie zur Netzstützung beitragen (**L** Abschnitt 7.2).

Die Übererregung ist – in auslegungsbedingten Grenzen – unabhängig von der mechanischen Belastung einstellbar, wodurch die Blindleistung dem Bedarf flexibel angepasst werden kann. In Industrieanlagen hat es sich bewährt, durchlaufende Großantriebe in dieser Weise zu betreiben und dadurch die Netze zu entlasten.

Anmerkung:

Synchronmaschinen mit *Dauermagneterregung*, wie sie für kleine und mittlere Leistungen verwendet werden, sind für diese Betriebsart nicht geeignet, da ihr Erregerfluss konstant ist. Gleiches gilt für *Reluktanzmotoren*, da auch sie ohne Erregerwicklung ausgeführt sind.

10 Formelzeichen

Die verwendeten Formelzeichen entsprechen weitgehend

DIN 40110	Wechselstromgrößen
DIN IEC 747	Halbleiterbauelemente
DIN 1304 Teil 7	Formelzeichen für elektrische Maschinen

Nachstehend aufgeführt ist die allgemein benutzte Nomenklatur und eine Liste der häufiger vorkommenden Bezeichnungen.

Die Bezeichnungen der Kenndaten von Ventilbauelementen sind in **L** Abschnitt 1.5 zusammengestellt.

Zeitabhängige Größen

u, i, p	Augenblickswerte allgemein
$u_{\sim}, i_{\sim}$	Augenblickswerte von Wechselgrößen
$u_{\mathrm{d}}, i_{\mathrm{d}}$	Augenblickswerte von Gleich- und Mischgrößen
$\hat{u}, \hat{i}$	Scheitelwerte von Wechselgrößen
U, I	Effektivwerte allgemein, vorzugsweise von Wechselgrößen
$U_{\mathrm{d\,eff}}, I_{\mathrm{d\,eff}}$	Effektivwerte von Mischgrößen
$U_{\sim}, I_{\sim}$	Effektivwerte des Wechselanteils von Mischgrößen
$U_{\mathrm{d}}, I_{\mathrm{d}}$	Mittelwerte (Gleichwerte) von Gleich- und Mischgrößen

Elektrische Winkel werden, den Gepflogenheiten der Praxis entsprechend, nebeneinander im Winkel- und Bogenmaß angegeben.

Allgemeine Formelzeichen

C	Kapazität
c	spezifische Wärmekapazität
d	relative Spannungsänderung Oberschwingungsgehalt
F	Formfaktor (2.1)
f	Frequenz
G	elektrischer Leitwert
g	Grundschwingungsgehalt
H	Schrittweite
I	Strom

Zeichen	Bedeutung
J	Trägheitsmoment
L	Induktivität
M	Drehmoment
m	Modulationsgrad
N	Windungszahl
n	Drehzahl
P	Wirkleistung
p	Pulszahl
	Polpaarzahl
Q	Blindleistung
	Kühlstrom
	Ladung
q	Kommutierungszahl
R	Widerstand
r	differentieller Widerstand
S	Scheinleistung
	Schlupf
T	Zeitkonstante
	Periodendauer
t	Zeit
U	Spannung
u	Überlappung(swinkel)
	relative Spannung
$ü$	Übersetzung (Transformator)
v	Geschwindigkeit
W	Energie
w	Welligkeit
Z	Impedanz
	transienter Wärmewiderstand
α	Steuerwinkel
γ	Löschwinkel
Δ	Differenz
η	Wirkungsgrad
ϑ	Temperatur
λ	Leistungsfaktor
	spezifischer Wärmeleitwert
ρ	Dichte
τ	Polteilung
Φ	Windungsfluss
φ	Phasenwinkel
	elektrisches. Potential
Ψ	Spulenfluss
Ω	mechanische Winkelgeschwindigkeit
ω	Kreisfrequenz

Indizies

Index	Bedeutung
A	Anker
a	Ausschalt-
C	Kollektor
cr	kritisch (Grenzwert)
D	Vorwärts-Sperrrichtung (Blockierrichtung) bei Thyristoren
	Diode
	Drehfeld
	Drain
d	Gleich- oder Mischgröße (direct)
	Verzerrung- (distortion)
diff	differentiell
E	Emitter
e	Einschalt-
eff	Effektivwert
equ	equipment
F	Vorwärtsrichtung, Durchlassrichtung bei Dioden (forward)
	Fremdkühlung
	Freilauf
	Stromfluss(zeit)
G	Steuer-, (gate)
	Gehäuse
	Generator
Gl	Glättungs-
h	Haupt-
I	Strom

i	ideell (Kommutierung vernachlässigt)
	innere
J	Sperrschicht (junction)
K	Kühlkörper
	Kühlung
	Kipp-
	Kompensation
k	Kommutierung
	Kurzschluss
L	Lastkreis
	Induktivität
	Lösch-
	Lückgrenze
M	periodischer oder Dauer-spitzenwert
max	nichtperiodischer Spitzenwert
min	Kleinstwert
N	Netz
	Nennwert
P	Transformator-Primärseite
p	Pulsbetrieb
Q	Abschalt-
q	Quelle
R	Rückwärtsrichtung
	Widerstand
	Läufer (Rotor)
r	ohmsch
S	Schaltverlust-
	Selbstkühlung
	Transformator-Sekundärseite
	Source
SC	short-circuit
SCe	short-circuit-equipment
T	Vorwärtsrichtung, Durchlass-richtung bei Thyristoren
th	thermisch (Wärme-)
U	Umgebung
	Spannung
u	Überlappung
V	Verlust-
	Ventil
x	induktiv
Z	Zünd-
	Impedanz
Zk	Zwischenkreis
α	Teilaussteuerung
ν	Ordnungszahl
σ	Streuung
μ	Magnetisierungs-
0	Anfangswert
	Leerlauf
	Vollaussteuerung
1	Grundschwingung

11 Abkürzungen

ASCII	American Standard Code for Information Interchange
CD-ROM	Compact Disc Read-Only Memory
Dgl	Differentialgleichung
EMV	Elektromagnetische Verträglichkeit
FRED	Fast Recovery Diode
FET	Feldeffekt-Transistor
GTO	Gate Turn-Off Thyristor (Abschaltthyristor)
IGBT	Insulated Gate Bipolar Transistor
MOS	Metal Oxide Semiconductor
PFC	Power Factor Correction
PWM	Pulsweiten-Modulation
SOA	Safe Operation Area
SSC	Simplorer Simulation Center
TSE	Trägerspeichereffekt
VHDL	Very High Speed Hardware Description Language